国之重器出版工程

网络强国建设

物联网在中国

物联网与北斗应用

王　博　刘向升　张存杰　**编著**

电子工业出版社

Publishing House of Electronics Industry

北京·BEIJING

内 容 简 介

本书是作者在查阅国内外相关文献并总结以往部分研究成果的基础上完成的，全书共分 7 章。第 1 章介绍全球卫星导航系统；第 2 章分别介绍物联网架构、信息传输协议、边缘组网、传感器及与互联网间的关系；第 3 章介绍信息安全与大数据；第 4 章简述从北斗服务基础设施建设到行业应用；第 5 章介绍"北斗+物联网"与行业赋能；第 6 章介绍"北斗+物联网"与行业变革；第 7 章对北斗系统创新到北斗应用创新、时空信息与万物互联的协同发展并结合人工智能视角下的北斗时空智联进行展望。

本书较全面地介绍了卫星导航、物联网、信息安全与大数据和行业应用，注重技术与实际应用的有机结合，能够为高等院校相关专业的师生和工程技术人员提供参考。

图书在版编目（CIP）数据

物联网与北斗应用 / 王博，刘向升，张存杰编著.—北京：电子工业出版社，2020.4（2021.8重印）

（物联网在中国）

ISBN 978-7-121-38547-6

Ⅰ．①物…　Ⅱ．①王…　②刘…　③张…　Ⅲ．①互联网络－应用②智能技术－应用③卫星导航－全球定位系统　Ⅳ．①TP393.4 ②TP18 ③P228.4

中国版本图书馆 CIP 数据核字（2020）第 031563 号

责任编辑：徐蔷薇　　　文字编辑：崔　彤
印　　刷：固安县铭成印刷有限公司
装　　订：固安县铭成印刷有限公司
出版发行：电子工业出版社
　　　　　北京市海淀区万寿路 173 信箱　　邮编：100036
开　　本：720×1000　1/16　印张：17.75　字数：315 千字
版　　次：2020 年 4 月第 1 版
印　　次：2021 年 8 月第 2 次印刷
定　　价：99.00 元

《物联网在中国》(二期)
编委会

主　任：张　琪

副主任：刘九如　卢先和　熊群力　赵　波

委　员：(按姓氏笔画排序)

马振洲	王　杰	王　彬	王　智	王　博
王　毅	王立建	王劲松	韦　莎	毛健荣
尹丽波	卢　山	叶　强	冯立华	冯景锋
朱雪田	刘　禹	刘玉明	刘业政	刘学林
刘建明	刘爱民	刘棠丽	孙文龙	孙　健
严新平	苏喜生	李芏巍	李贻良	李道亮
李微微	杨巨成	杨旭东	杨建军	杨福平
吴　巍	岑晏青	何华康	邹　力	邹平座
张　晖	张旭光	张学记	张学庆	张春晖
陈　维	林　宁	罗洪元	周　广	周　毅
郑润祥	宗　平	赵晓光	信宏业	饶志宏
骆连合	贾雪琴	夏万利	晏庆华	袁勤勇
徐勇军	高燕婕	陶小峰	陶雄强	曹剑东
董亚峰	温宗国	谢建平	靳东滨	蓝羽石
楼培德	霍珊珊	魏　凤		

《国之重器出版工程》
编 辑 委 员 会

专家委员会委员（按姓氏笔画排列）：

李伯虎　　中国工程院院士

李应红　　中国科学院院士

李春明　　中国兵器工业集团首席专家

李莹辉　　国际宇航科学院院士

李得天　　国际宇航科学院院士

李新亚　　国家制造强国建设战略咨询委员会委员、
　　　　　中国机械工业联合会副会长

杨绍卿　　中国工程院院士

杨德森　　中国工程院院士

吴伟仁　　中国工程院院士

宋爱国　　国家杰出青年科学基金获得者

张　彦　　电气电子工程师学会会士、英国工程技术
　　　　　学会会士

张宏科　　北京交通大学下一代互联网互联设备国家
　　　　　工程实验室主任

陆　军　　中国工程院院士

陆建勋　　中国工程院院士

陆燕荪　　国家制造强国建设战略咨询委员会委员、
　　　　　原机械工业部副部长

陈　谋　　国家杰出青年科学基金获得者

陈一坚　　中国工程院院士

陈懋章　　中国工程院院士

金东寒　　中国工程院院士

周立伟　　中国工程院院士

前　言

　　随着新一代信息技术的不断发展，提供感知信息的物联网与作为时空基准的卫星导航系统之间的结合越来越紧密。北斗卫星导航系统作为中国自主可控的时空基准，2020 年开始提供完整的全球服务。技术的关键在于应用，精准时空与万物互联的紧密结合在对多种行业进行赋能的同时，也引领了更多行业的变革。根据中国卫星导航定位协会统计，2018 年中国卫星导航与位置服务产业的总产值已经突破了 3000 亿元，其中北斗对产业的核心产值贡献超过 80%。因此，物联网与北斗应用的不断发展不仅关系到中国的国家安全，而且极大地促进了中国的经济发展。随着 5G、云计算、大数据、人工智能等一系列新兴技术的发展，物联网与北斗应用将会给产业发展带来更加蓬勃的生机。

　　2018 年 12 月 27 日，北斗三号基本系统建成及提供全球服务情况发布会在国务院新闻办公室新闻发布厅召开，发布会正式宣布北斗三号的基本系统已经完成建设并提供全球服务。北斗是中国自主建设、独立运行，可以与世界其他卫星导航系统兼容共用的全球卫星导航系统。从 20 世纪 90 年代开始，中国按"三步走"战略，完成北斗一号、北斗二号、北斗三号系统建设，"先有源后无源，先区域后全球"，走出了一条中国特色的卫星导航系统建设道路。

　　在"自主创新、团结协作、攻坚克难、追求卓越"的北斗精神指引下，北斗系统通过高强密度组网提供全球服务能力，高运行速度确保稳定服务，高标准打造国际合作新亮点，高精度带动应用新突破。目前，北斗系统已经能在全球范围内以 95% 的置信度达到水平 10m、高程 10m 的定位精度，0.2m/s 的测速精度，20ns 的授时精度，系统服务可用性大于 95%；在亚太地区，以 95% 的置信度达到水平和高程均为 5m 的定位精度，包括"一带一路"沿线国家和地区在内的世界各地人民，均可享受到北斗系统服务。通过北斗地基增强系统，北斗系统提供的时空信息精度能提高至实时厘米级、后处理毫米级，使得精准的时空信息能够以极低的成本和极便捷的方式被广泛应用至各种行业。

物联网是以感知为前提，实现人与人、人与物、物与物全面互联的网络。目前，物联网行业已经从技术完善阶段发展至应用普及阶段。随着各类近场通信技术和低功耗通信技术的不断完善，人工智能技术不断涌现，在供给侧改革和需求侧改革的双重推动下，物联网行业掀起了以基础性行业和规模消费为代表的第三次发展浪潮。相关数据显示，全球物联网产业规模由 2008 年的 500 亿美元增长至 2018 年的 1510 亿美元；到 2022 年，中国物联网市场支出预计将达 2552.3 亿美元，占全球同期总支出的 24.3%，仅次于美国的 25.2%，位列全球第二，万物互联的愿景正在实现。

技术发展的关键在于应用，只有应用普及的阶段，才是各类技术创造价值的阶段。在精准时空与万物互联等技术推动下，普及行业应用成为技术发展的重中之重。技术在为行业赋能的同时，也引领了行业的变革。

在新的形势下，北斗系统的行业应用要从注重平台建设向注重平台能力转变，将地基增强系统提供的精准时空信息与行业应用深度结合，提高平台的能力，为行业赋能；从注重规模、数量向注重品质、内涵转变。北斗应用的规模效应已经凸显，更重要的是把应用质量提升到一定水平；从传统领域划分向创新集成转变，以交通物流、安全应急等传统应用领域的经验和方案为依托，配合其他行业进行创新性应用的开发；从单一模式向多元模式转变，北斗提供的精准时空信息和物联网传感器提供的业务信息紧密结合，使北斗应用不再局限于定位、导航和授时，而是以时空为抓手，以感知为基础，以信息传输为纽带，全方位提升行业应用水平；从注重优势向注重共享转变，把在某一行业所形成的优势与更多行业共享，把北斗时空信息分享到越来越多的行业，不断践行两弹一星元勋、北斗系统首任总设计师孙家栋院士提出的"天上好用、地上用好"的理念。

本书在编写过程中，由王诚龙博士、贾婧媛博士、马子玄博士、刘泾洋硕士、陈佳琦硕士对稿件进行了整理并绘制了插图。本书中的行业应用分析内容得到了中国卫星导航定位协会及其精准应用专业委员会、深圳市北斗产业互联网研究院的大力支持。本书的出版还得到了北京市科技计划（Z181100003518003）和北京市金桥工程种子资金（ZZ19018）的支持，在此一并表示感谢。本书第 1 章～第 5 章、第 7 章及第 6 章 6.7～6.9 节由王

博执笔，第 6 章 6.1 节、6.5 节和 6.6 节由刘向升执笔，第 6 章 6.2～6.4 节由张存杰执笔，全书由王博统一定稿。本书初稿完成后，由苗前军博士、曹冲研究员和张全德教授级高工进行了审阅，提出了非常宝贵的意见和建议，特此表示衷心感谢。

物联网与卫星导航系统作为正在发展的高新技术，不仅涉及多种学科理论的交叉，同时还是一项工程性很强的应用技术，限于作者的水平和资料查阅范围，书中疏漏之处在所难免，敬请广大读者批评指正。

编著者

2020 年 2 月于北京

目 录

第1章 全球卫星导航系统 …………………………………………… 001

1.1 全球卫星导航系统概述 …………………………………………… 001

　　1.1.1 北斗卫星导航系统 ………………………………………… 002

　　1.1.2 GPS ………………………………………………………… 007

　　1.1.3 GLONASS …………………………………………………… 010

　　1.1.4 Galileo 卫星导航系统 ……………………………………… 016

1.2 几种常见信号 ……………………………………………………… 019

　　1.2.1 北斗系统信号 ……………………………………………… 019

　　1.2.2 GPS 信号 …………………………………………………… 021

　　1.2.3 GLONASS 信号 ……………………………………………… 029

　　1.2.4 Galileo 信号 ………………………………………………… 033

1.3 卫星导航定位原理 ………………………………………………… 035

　　1.3.1 伪距法测量 ………………………………………………… 035

　　1.3.2 伪距观测方程及定位计算 ………………………………… 037

　　1.3.3 载波相位测量 ……………………………………………… 042

　　1.3.4 卫星导航定位的精度 ……………………………………… 044

1.4 卫星导航系统误差 ………………………………………………… 048

　　1.4.1 卫星导航系统误差简介 …………………………………… 048

　　1.4.2 空间段误差 ………………………………………………… 049

　　1.4.3 环境段误差 ………………………………………………… 050

　　1.4.4 用户段误差 ………………………………………………… 053

1.5　卫星导航增强系统 ·· 057

　　1.5.1　星基增强系统 ·· 057

　　1.5.2　地基增强系统 ·· 059

　　1.5.3　北斗地基增强系统 ·· 060

1.6　北斗短报文 ·· 064

　　1.6.1　北斗短报文通信特点 ······································ 064

　　1.6.2　北斗短报文通信方式 ······································ 064

　　1.6.3　北斗短报文服务应用 ······································ 065

第2章　物联网 ·· 067

2.1　物联网架构 ·· 067

　　2.1.1　物联网技术架构 ·· 068

　　2.1.2　物联网平台架构 ·· 073

　　2.1.3　网络通信架构 ·· 075

　　2.1.4　物联网网关架构 ·· 078

　　2.1.5　物联网终端设备软件系统架构 ······························ 078

　　2.1.6　物联网云平台系统架构 ···································· 079

2.2　物联网信息传输协议 ·· 081

　　2.2.1　物联网近距离无线通信技术 ································ 081

　　2.2.2　物联网通信协议 ·· 087

2.3　边缘组网 ·· 093

　　2.3.1　边缘计算 ·· 093

　　2.3.2　物联网组网 ·· 097

　　2.3.3　MEC 组网方案 ··· 101

2.4　物联网传感器 ·· 106

　　2.4.1　传感器 ·· 107

　　2.4.2　物联网对传感器的特性要求 ································ 108

　　2.4.3　传感网 ·· 109

　　2.4.4　传感网技术 ·· 111

2.5　物联网与互联网 ·· 117

　　2.5.1　互联网 ·· 118

　　2.5.2　互联网与物联网的关系 ···································· 119

　　　2.5.3　物联网与互联网基本特性比较 ························ 120

第 3 章　信息安全与大数据 ···························· 122

　3.1　加密算法 ·· 122

　　　3.1.1　安全的基本概念 ···························· 122

　　　3.1.2　加密算法技术 ····························· 123

　　　3.1.3　对称密钥加密算法与非对称密钥加密算法 ········ 126

　3.2　加密芯片 ·· 149

　　　3.2.1　加密芯片概述 ····························· 149

　　　3.2.2　加密芯片的功能和基本原理 ·················· 149

　　　3.2.3　加密芯片所需实现的安全保护 ················ 152

　　　3.2.4　加密芯片的防御体系 ······················ 153

　3.3　云平台 ·· 155

　　　3.3.1　云平台的概念 ····························· 155

　　　3.3.2　云计算的特点 ····························· 158

　3.4　信息融合 ·· 160

　　　3.4.1　信息融合的理论概念 ······················ 160

　　　3.4.2　基础融合方法 ····························· 165

　　　3.4.3　基于精准时空信息的融合技术 ················ 167

　3.5　大数据分析 ······································ 171

　　　3.5.1　大数据分析概述 ··························· 171

　　　3.5.2　大数据分析过程中的常用工具 ················ 173

　　　3.5.3　大数据分析的基础方法 ····················· 175

　　　3.5.4　大数据的处理流程 ························· 177

　　　3.5.5　大数据分析平台的构建方案 ·················· 178

第 4 章　从北斗服务基础设施建设到行业应用 ············· 180

　4.1　北斗卫星导航系统精准服务基础设施 ·················· 180

　　　4.1.1　全国卫星导航定位基准服务系统 ··············· 180

　　　4.1.2　国家北斗精准服务网 ······················ 181

　4.2　"北斗+物联网"与行业应用 ························· 183

　　　4.2.1　"北斗+物联网"对行业的赋能作用 ············ 183

　　　4.2.2　"北斗+物联网"对行业的变革作用 ············ 184

第 5 章　"北斗+物联网"与行业赋能 ································· 187

　5.1　交通运输行业应用 ······································· 187

　　5.1.1　概述 ··· 187

　　5.1.2　应用方案 ··· 188

　　5.1.3　应用功能 ··· 191

　5.2　智慧物流行业应用 ······································· 192

　　5.2.1　概述 ··· 192

　　5.2.2　关键技术 ··· 194

　　5.2.3　应用方案 ··· 196

　5.3　电力授时行业应用 ······································· 201

　　5.3.1　概述 ··· 201

　　5.3.2　关键技术 ··· 202

　　5.3.3　应用方案 ··· 204

　5.4　应急救援应用 ··· 205

　　5.4.1　概述 ··· 205

　　5.4.2　应用方案 ··· 206

　5.5　建筑物安全监测应用 ····································· 208

　　5.5.1　概述 ··· 208

　　5.5.2　关键技术 ··· 209

　5.6　精准农业应用 ··· 213

　　5.6.1　概述 ··· 213

　　5.6.2　关键技术 ··· 213

　　5.6.3　应用方案 ··· 215

第 6 章　"北斗+物联网"与行业变革 ································· 219

　6.1　市政管网行业应用 ······································· 219

　　6.1.1　概述 ··· 219

　　6.1.2　应用方案 ··· 220

　6.2　养老关爱行业应用 ······································· 223

　　6.2.1　概述 ··· 223

　　6.2.2　关键技术 ··· 224

　6.3　儿童关爱行业应用 ······································· 226

6.3.1 概述 ·· 226

6.3.2 应用方案 ·································· 227

6.3.3 应用功能 ·································· 228

6.4 城市精细化管理 ·································· 230

6.4.1 概述 ·· 230

6.4.2 应用方案 ·································· 231

6.5 工程机械数字化施工 ···························· 233

6.5.1 概述 ·· 233

6.5.2 应用方案 ·································· 234

6.5.3 应用功能 ·································· 236

6.6 水务领域应用 ···································· 237

6.6.1 概述 ·· 237

6.6.2 应用方案 ·································· 238

6.6.3 应用功能 ·································· 240

6.7 生态环境监测 ···································· 241

6.7.1 概述 ·· 241

6.7.2 应用方案 ·································· 242

6.7.3 运作模式 ·································· 245

6.8 大气污染监管 ···································· 246

6.8.1 概述 ·· 246

6.8.2 应用方案 ·································· 247

6.8.3 应用功能 ·································· 261

6.9 车辆自动驾驶应用 ······························ 262

6.9.1 概述 ·· 262

6.9.2 关键技术 ·································· 263

第7章 北斗与物联网融合应用的未来展望 ·········· 265

7.1 从北斗系统创新到北斗应用创新 ············ 265

7.2 时空信息与万物互联的协同发展 ············ 266

7.3 人工智能视角下的北斗时空智联 ············ 268

第1章

全球卫星导航系统

1.1 全球卫星导航系统概述

全球卫星导航系统（Global Navigation Satellite System，GNSS）是用导航卫星发射的信号来确定载体位置从而进行导航的系统。1957 年，苏联成功发射的第一颗人造卫星成为 GNSS 发展的奠基石，人们不再局限于地面，开始放眼于太空，传统的技术也随着空间科学技术的发展焕发了新的活力。美国约翰·霍普金斯大学的两位研究人员通过观测卫星发射的无线电信号，将地面上常见的信号多普勒频移与卫星运动轨迹联系在一起，提出利用已知位置的地面观测站测量卫星播发信号的多普勒频移，获得太空中卫星精确位置的方法。地面观测站对卫星的联合观测试验，验证了这一方法的有效性，完成了卫星轨迹的测定工作。同一所大学的另外两位研究人员依据试验结果，提出了另一种思路，即如果已知卫星的精确位置，通过在地面上测量卫星信号的多普勒频移，便可以确定地面观测站的精确位置，卫星导航定位的基本概念由此产生。

卫星导航系统从 20 世纪 60 年代中期开始发展，现在已经被广泛应用于民用和军事的各个领域，带来了巨大的经济效益和社会效益。正是由于卫星导航系统在各个方面都起着至关重要的作用，许多国家都在努力建设自己独立的卫星导航系统。

美国的 GPS 是目前应用最为广泛的卫星导航系统，其应用范围已经覆盖全球的许多行业；俄罗斯的 GLONASS 由于受到各种因素的影响，发展速

度大大落后于 GPS，但是经过十几年的卫星补网，现已完成系统重建；欧盟所规划的 Galileo 系统也基本完成了组网卫星的发射，开始提供全球服务；中国也在北斗一号和北斗二号的基础上完成了北斗三号基本系统建设，开始提供全球服务，于 2020 年全面建成北斗全球卫星导航系统。当前，各国正在推进 GNSS 的兼容性操作，努力实现良性互动合作。

1.1.1 北斗卫星导航系统

北斗卫星导航系统（BeiDou Satellite Navigation System，BDS）是中国自主研发、独立运行的全球卫星导航系统，与美国的 GPS、俄罗斯的 GLONASS、欧盟的 Galileo 系统并称全球四大卫星导航系统。北斗卫星导航系统于 2012 年 12 月 27 日起启动区域性导航定位与授时的正式服务，由 16 颗导航卫星组成的北斗二号系统服务于包括中国及周边国家、地区在内的亚太大部分地区。2017 年，中国进行了北斗三号系统卫星的密集发射组网，截至 2018 年年底在轨卫星达到了 18 颗。

1. 北斗卫星导航系统组成

20 世纪 80 年代，随着 GPS 系统的建成，中国就提出了建立自主可控时空基准的卫星导航系统的构想，并在 2003 年完成了北斗卫星试验系统北斗一号的建设。2004 年，中国开始准备在北斗试验系统的基础上建设北斗全球卫星导航系统。与全球其他卫星导航系统（如 GPS、GLONASS 等）相比，北斗卫星导航系统除了具有导航、定位、授时功能，还具有独特的通信功能，即短报文通信。

北斗卫星导航系统是由中国自主建设、维护和运营的新一代卫星导航系统。区别于之前北斗试验系统的主动定位授时方式，北斗卫星导航系统采取被动式无源定位方法，采用广播的方式播发卫星导航信号克服了北斗一号有源定位、区域覆盖、系统生存能力差等诸多缺点。完全建成的北斗卫星导航系统与 GPS 和 GLONASS 的原理类似，也是全球性的卫星导航系统。

北斗卫星导航系统的建设发展战略分为三个阶段。

（1）第一阶段，建成北斗一号试验系统。中国从 2000 年开始，在 3 年内成功地发射了 3 颗北斗卫星，建成了双星定位结构的北斗试验系统，包括 2 颗工作卫星和 1 颗备份卫星。该系统能够提供基本的定位、授时和短报文通信服务，但采取的是有源方式，用户需要向卫星发送定位请求信号，使用不便且生存能力差。

（2）第二阶段，建设北斗二号区域系统。2007 年 4 月，北斗二号区域系统的首颗 MEO 卫星（COMPASS-M1）成功发射，确保了轨道和频率资源，并完成了大量技术试验。2009 年 4 月 15 日，北斗二号区域系统的首颗 GEO（Geostationary Orbit）卫星（COMPASS-G2）由长征三号丙运载火箭成功发射，验证了 GEO 导航卫星相关技术的科学性。2012 年 10 月，北斗二号区域系统成功发射了第 16 颗卫星，完成了卫星组网，2012 年 12 月 28 日正式运行，并为亚太地区提供导航、无源定位、授时等运行服务。

（3）第三阶段，北斗三号基本系统在 2018 年要服务于"一带一路"沿线国家和地区，在 2020 年之前要完成对全球的覆盖，向各类用户提供高精度、高可靠性的授时、定位和导航服务。

北斗卫星导航系统建设的基本原则是开放性、自主性、兼容性、渐进性。开放性，是指对全世界开放，提供免费高质量的服务；自主性，是指北斗卫星导航系统由中国独立自主发展和运行；兼容性，是指实现与其他卫星导航系统的兼容与互操作；渐进性，是指结合中国经济和科技的发展实际，按照循序渐进的模式发展，通过改进系统性能，确保系统建设阶段过渡平稳，最终为用户提供连续的长期全球服务。

北斗卫星导航系统计划为用户提供两种全球服务和两种区域服务。两种全球服务包含定位精度为 10m、授时精度为 50ns、测速精度为 0.2m/s 的免费开放服务，以及在更高精度、复杂条件下可靠性更高的授权服务；两种区域服务包含定位精度为 1m 的广域差分服务，以及短报文通信服务，后者在北斗三号系统中已经被拓展为全球服务。

北斗卫星导航系统可以分为空间星座部分、地面控制部分、用户终端部分。

（1）空间星座部分由 3 颗地球静止轨道（Geostationary Orbit，GEO）卫星和 27 颗非地球静止轨道（Non-Geostationary Orbit，Non-GEO）卫星组成，完整的北斗卫星导航系统的具体布局是"GEO+MEO+IGSO"的星座构型。北斗二号区域导航系统的建设，采用了 5 颗 GEO 卫星、3 颗倾斜地球同步轨道（Inclined Geosynchronous Orbit，IGSO）卫星和 4 颗中圆地球轨道（Medium Earth Orbit，MEO）卫星的星座方案。其中 5 颗 GEO 卫星分别固定在地球赤道上空相对静止的点上，4 颗 MEO 卫星运行在 2.15 万千米的轨道半径上，3 颗 IGSO 卫星分别处于 3 个半径为 3.6 万千米的不同轨道面上。

北斗三号全球导航系统，将按照计划由 3 颗 GEO 卫星、3 颗 IGSO 卫星和 24 颗 MEO 卫星组成共计 30 颗卫星的星座。这样的星座设计，保证了在地球上任意一点的任意时刻均能接收到 4 颗以上导航卫星发射的信号，观测条件良好的地区甚至可以接收到十余颗卫星的信号。

（2）地面控制部分包括监测站、时间同步上行注入站和主控站等系列地面站，以及星间链路运行管理设施。主控站是地面控制部分的核心，也是整个卫星导航系统的核心，它具有监控卫星星座、维持时间基准、更新导航电文等功能。时间同步上行注入站的功能是将从主控站发来的信息和控制指令注入各颗卫星，这些信息和指令包含卫星导航电文、广域差分信息和时间同步信号等重要内容。监测站的功能是对卫星进行监测，并完成数据采集。监测站对卫星星座进行连续观测，形成监测数据，然后汇总卫星、气象等信息后传给主控站处理。

（3）用户终端部分常见的器件有手机内的定位芯片、手持接收机、车载接收机及航海航空航天应用接收机等。用户终端部分就是整个卫星定位系统中完成位置、速度、时间（Position，Velocity，Time，PVT）解算这一功能的设备。根据兼容性的设计原则，北斗卫星导航系统的用户终端将能够很好地与其余全球卫星导航系统如 GPS、GLONASS 和 Galileo 实现兼容互操作。目前，北斗卫星导航系统用户终端已经在市场上得到了广泛应用，相关的政策和标准也已经或正在制定。

2．时间系统和坐标系

1）时间系统

卫星导航系统进行定位的原理为"距离=速度×时间"这一基本公式，即先测时间再转换为距离。例如，GPS 系统基于原子时定义了一个专用的时间系统 GPST（Global Positioning System Time），它与国际标准协调世界时（UTC）呈整数秒关系，自 2006 年 1 月 1 日起为 GPST = UTC + 14，并且 GPST 与 UTC 之间非整数秒的误差通常被控制在 40ns 内。

由于卫星信号电磁波的传播速度为光速，因此精准的时间系统至关重要，北斗卫星导航系统为自身定义了另一套时间系统，称为 BDT（BeiDou Time）。BDT 的起算历元时间为国际标准协调世界时 UTC 的 2006 年 1 月 1 日零时零分零秒，并且 BDT 与 UTC 之间存在小于 100ns 的偏差。

北斗卫星导航系统本着兼容性的原则，为了实现与其他系统的兼容和互操作，在设计之初就将 BDT 与 GPST 和 Galileo 时之间的互操作也考虑进来，BDT 与其他时间系统的时差将会被监测并播发。

2）坐标系

GPS 目前使用的坐标系是美国国防制图局（Defense Mapping Agency，DMA）于 1984 年提出的协议世界大地坐标系（World Geodetic System）（简称 WGS-84）。GPS 接收机解算出来的卫星速度与位置，都在 WGS-84 上被直观地表示出来。

北斗卫星导航系统使用的是中国 2000 大地坐标系（简称 CGCS2000）。该坐标系从 2008 年开始使用，过渡期为 8～10 年。该坐标系不仅能够兼容北斗系统，更与国际地球参考框架（International Terrestrial Reference Frame，ITRF）保持很高的一致性，差异约为 5cm，所以使用起来非常方便，对于大多数的应用而言，基本不用考虑 CGCS2000 与 ITRF 之间的坐标转换。

3. 信号特征

北斗卫星信号包含 3 部分内容，即导航电文（数据码）、伪随机噪声码（分为授权和开放两种服务）和载波。用户需要将卫星导航电文从卫星信号中解读出来，再通过一系列算法计算卫星当前的实时位置。伪随机噪声码一方面用于完成对数据码的调制，另一方面用于区分接收的卫星信号来源，而提供不同服务的伪随机噪声码还会对卫星信号进行加密，完成不同授权用户使用权限的区分。利用伪随机噪声码和载波，可以测量出卫星到接收机的距离，再利用从导航电文中解算出的卫星位置，即可计算用户的位置和速度信息。

由于卫星运行在距地面数万千米的太空，要使卫星信号穿过大气电离层等介质传播到地面，必须在特高频（Ultra High Frequency，UHF）频段传输，将经过伪随机码调制的数据码再调制到载波上，从而达到信号远距离传输的目的。

北斗二号区域系统申请的载波频段有 3 个，即信号将以不同的方式在 B1、B2、B3 三个频段上进行传播。具体的频段范围是 B1：1559.052MHz～1591.788MHz；B2：1166.22MHz～1217.37MHz；B3：1250.618MHz～1286.423MHz。

依据北斗卫星导航系统建设的渐进性原则，北斗星座的构成及广播信号发射阶段在不同的建设阶段会有所不同，如表 1.1 所示。

表 1.1　北斗星座的构成及广播信号发射阶段对应

年　份	星　座	信　号
2012	5GEO+3IGSO+4MEO（区域服务）	主要为北斗系统第二阶段信号
2020	3GEO+3IGSO+24MEO（全球服务）	主要为北斗系统第三阶段信号

在中心频点、码传输速率、调制方式、使用权限等诸多方面，北斗二号区域系统和北斗三号系统之间有很大变化。

表 1.2 为北斗二号区域系统的信号特征，该阶段重点完成区域导航、定位功能，面向亚太地区提供两种不同权限的定位服务。

表 1.2　北斗二号区域系统的信号特征

信　号	中心频点（MHz）	码速率（cps*）	带宽（MHz）	调制方式	服务类型
B1（I）	1561.098	2.046	4.092	QPSK	开放
B1（Q）		2.046			授权
B2（I）	1207.14	2.046	24	QPSK	开放
B2（Q）		10.23			授权
B3	1268.52	10.23	24	QPSK	授权

* cps 为 chips per second 的缩写，是码片速率单位。

表 1.3 为北斗三号系统卫星信号特征，与北斗二号区域系统信号相比，在建成全球卫星导航系统之后，只有 B3 频段的中心频点及调制方式没有发生变化，其余频段的中心频点和调制方式都发生了变化，调制方式由 QPSK 改为了 BOC。

表 1.3　北斗三号系统卫星信号特征

信　号	中心频点（MHz）	码速率（cps）	调制方式	服务类型
B1-C_D	1575.42	1.023	MBOC（6，1，1/11）	开放
B1-C_P				
B1-A		2.046	BOC（14，2）	授权
B2a$_D$	1191.795	10.23	AltBOC（15，10）	开放
B2a$_P$				
B2b$_D$				
B2b$_P$				
B3	1268.52	10.23	QPSK（10）	授权
B3-A$_D$		2.5575	BOC（15，2.5）	授权
B3-A$_P$				

相较于北斗二号区域系统，北斗三号系统还新增了多种卫星信号，提供了更多调制方式，在两种使用权限中都新增了多个种类的信号。

1.1.2　GPS

GPS（Global Positioning System）是美国国防部为满足军事部门对高精度导航和定位的要求而建立的。GPS 能够为陆、海、空三大领域的军队提供实时、全天候和全球性的导航服务，并能够进行情报收集、核爆监测和应急通信等一些军事活动。该系统真正始建于 1973 年，经过方案论证、工程研制和发射组网三个阶段，历经二十余年，耗资三百多亿美元，于 1994 年建成了全球覆盖率高达 98% 的 24 颗 GPS 卫星星座，并于 1995 年开始提供全球服务。

GPS 作为继美国子午星导航系统后发展起来的新一代卫星导航系统，提供有全球覆盖、全天时、全天候、连续性等优点的三维导航和定位能力，作为先进的测量、定位、导航和授时系统，已融入国家安全、经济建设和民生发展的各个方面。

1. GPS 的组成

GPS 由三部分构成，即空间卫星部分、地面控制部分和用户接收部分。

1）空间卫星部分

空间卫星部分又称空间段，由 21 颗 GPS 工作卫星和 3 颗在轨备用卫星组成，构成完整的"21+3"形式的 GPS 卫星工作星座。GPS 共有 6 个轨道面，分别编号为 A、B、C、D、E、F，每个轨道面上均匀分布着 4 颗卫星。轨道面相对于赤道平面的倾角为 55°，各个轨道面之间的夹角为 60°。这样的星座构型可以保证在地球上任何地点、任何时刻均能观测到至少 4 颗且几何关系较好的卫星并用于定位。GPS 卫星的平均轨道高度为 20200km，每 11 小时 59 分（恒星时）沿近圆形轨道运行一周。

2）地面控制部分

地面控制部分又称地面段，GPS 的地面控制部分由分布在全球的 1 个主控站、3 个注入站和若干监测站组成。主控站位于美国克罗拉多州斯平士（Colorado Springs）的联合空间执行中心（CSOC），它的作用是接收世界各地监测站对 GPS 卫星的观测数据，并计算出 GPS 卫星的星历和卫星时钟的改正参数，将这些数据编辑成导航电文。主控站生成的导航电文通过注入站以 S

波段的形式发送给 GPS 卫星，然后由 GPS 卫星将经过载波和测距调制以后的导航电文实时地播发给用户。主控站还担负着控制 GPS 卫星的职责，如当工作卫星出现故障时，主控站负责调度备用卫星来替代故障卫星工作。

3）用户接收部分

用户接收部分又称用户段，GPS 的空间部分和地面控制部分作为基础设施，向广大军用和民用用户提供导航、定位和授时服务，广泛应用于各个领域。用户通过 GPS 信号接收机，接收、解算卫星信号，实现导航、定位和授时功能。GPS 接收机通过天线接收卫星信号，利用射频前端对信号进行转换，通过基带部分对观测数据进行数据处理，利用导航算法解算得到导航、定位和时间信息。

2. GPS 卫星信号

传统的 GPS 卫星会发射两种频率的载波信号，即 L1 和 L2 载波，两种载波的频率分别为 1575.42MHz 和 1227.60MHz，其波长分别为 19.03cm 和 24.42cm，在 L1 和 L2 载波上又分别调制了测距码和导航电文。

C/A 码：C/A 码（Coarse/Acquisition Code）又称粗码，它被调制在 L1 载波上，是 1MHz 的伪随机噪声（Pseudo Random Noise，PRN）码，其码长为 1023 位，周期为 1ms，是普通民用用户用来测量接收设备到卫星距离的主要信号。

P 码：P 码（Precision Code）又称精码，它被调制在 L1 和 L2 载波上，是 10MHz 的伪随机噪声码，其周期为 7 天，只有美国的军用用户或特许用户才能够使用。

导航电文：导航电文中包含 GPS 卫星的轨道参数、卫星钟改正数、卫星历书及一些其他系统参数，它被调制在 L1 载波上，其信号频率为 50Hz。用户通过导航电文中的星历参数，计算 GPS 卫星在轨道上的瞬时位置，还可以通过星钟改正数计算时间。

GPS 所广播的信号种类较多，因此在实际的导航定位应用中，可以采用一种或几种信号同时进行处理，一般使用 L1 和 L2 载波相位观测值、分别调制在 L1 和 L2 载波上的 C/A 码和 P 码伪距以及 L1 和 L2 载波的多普勒频移。对于不同的应用需求，除使用载波和 PRN 码外，还使用以上观测值的不同组合形式，如载波相位的单差、双差和三差观测值，宽巷（Wide-lane）观测值和窄巷（Narrow-lane）观测值等。

随着 GPS 现代化计划的不断推进,GPS 的民用信号从原来的单一 L1C/A 码信号增加到 4 个,即除 L1C/A 码外,还提供在 L2C、L5 和 L1C 载波上所加载的民用码。其中,L2C 信号的频点为 1227.6MHz,该信号的目的是纠正民用双频接收机的电离层时延。由于 L2C 信号的有效功率更高,因此能够更快地实现信号捕获,提高导航定位的可靠性。L5 信号的频点为 1176.45MHz,该信号是为航空安全服务的无线电的保护频段,通过与 L1C/A 信号组合能够为机载 GPS 接收机提供双频电离层修正,以提高导航定位的精度和可靠性。L1C 信号的频点为 1575.42MHz,该信号是为了与欧盟的 Galileo 系统和其他 GNSS 实现互操作而设计的,它能够与现有的 L1 频点上的信号后向兼容。L1C 信号可以改进目前民用信号易受遮挡的问题,提高接收机的导航定位效果。

3. GPS 的优缺点

1）GPS 定位的优点

GPS 的基本原理是"测时–测距",即通过测量信号的传播时间来得到信号的传播距离,从而进行定位和导航。系统以高精度的原子钟为核心,通过广播特定的信号来提供大范围的被动式定位和导航,因此 GPS 具有以下优点。

（1）全球覆盖。GPS 的空间段有 24 颗卫星,星座设计合理,卫星均匀分布,轨道高达 20200km,因此能够保证在地球上和近地空间的任何一点,均可同步观测 4 颗以上的卫星,从而实现全球、全天候连续导航定位。

（2）高精度三维定位。GPS 能连续地为陆、海、空、天各类用户提供三维位置、三维速度和精确的时间信息。通过 PRN 码可以实现 5～10m 的单点定位精度,通过伪距差分、载波相位差分等方式可以实现亚米级、厘米级甚至毫米级的定位精度,可以满足不同应用的精度要求。

（3）被动式导航定位。GPS 卫星在不断地广播信号,因此用户设备只需被动地接收信号就可进行导航定位,不需要向外界发射任何信号。被动式导航定位不仅隐蔽性好,而且理论上可容纳无限多的用户。

（4）实时导航定位。GPS 接收机定位时间短,能够实现数据更新率 1～100Hz 的实时定位,能够满足某些高动态用户的需求。

（5）抗干扰性能好,保密性强。GPS 采用码分多址技术,利用不同的伪随机噪声码区分卫星。尤其是 P 码采用了较大的功率、较长的码长和较好的保密措施,因此具有良好的抗干扰性和保密性。

2）GPS 定位的缺点和改进途径

GPS 系统的优点很明显，但是也存在一些问题。

（1）缺少通信链路。GPS 是被动式导航定位系统，各个用户间没有通信链路，因此无法满足某些特殊工作的需要，如应急救援、航空管制、位置报告等。在实际应用中，一般采用 GPS 与卫星通信、GPS 与移动通信相结合的方案和技术。

（2）信号易受遮挡。由于受到卫星信号广播功率的限制，GPS 卫星信号从太空播发到地面接收机时已经非常微弱，因此容易受到高大建筑物、树木等的遮挡，导致导航定位精度下降。在实际应用中，一般采用 GPS 和惯性导航系统（INS）组合的方案。另外，美国通过 GPS 现代化计划研发新型 GPS 卫星，提升信号功率，改善信号易受遮挡的状况。

（3）信号无入水能力。GPS 信号属于 L 波段，无入水能力。因此，各类潜水器必须浮出水面来使用 GPS 导航，或向水面释放浮漂天线。为解决此问题，可以采用 GPS/INS 或 GPS/无线电等组合的导航系统。

1.1.3　GLONASS

GLONASS（Global Navigation Satellite System）是苏联建设的全球卫星导航系统，于 1982 年 10 月 12 日发射了第一颗卫星，于 1996 年 1 月 18 日完成全部卫星数（24 颗）的设计并开始整体运行。随着苏联的解体，目前 GLONASS 由俄罗斯空间局负责管理维护。GLONASS 与 GPS 类似，同样能够为陆、海、空、天的民用和军队用户提供全球范围内的实时、全天候三维连续导航、定位和授时服务。

1. GLONASS 构成

与 GPS 类似，GLONASS 也由空间段、地面段、用户段三大部分组成，但各部分的具体技术与 GPS 有较大差别。

1）空间段

GLONASS 的星座也是由 24 颗 GLONASS 卫星组成的，其中正常工作的卫星有 21 颗，备份星有 3 颗。随着俄罗斯对 GLONASS 不断进行维护，目前组成星座的 21 颗卫星都为 GLONASS-M 卫星或 GLONASS-K 卫星。24 颗卫星均匀地分布在 3 个轨道面上，这 3 个轨道面互成 120° 夹角，轨道倾角为 64.8°，轨道高度约为 19100km，轨道偏心率为 0.01，运行周期为 11

小时 15 分，每个轨道上均匀分布着 8 颗卫星。由于 GLONASS 卫星的轨道倾角大于 GPS 卫星的轨道倾角，所以 GLONASS 卫星在 50° 以上的高纬度地区可见性较好。因为 GLONAS 在设计建造时主要考虑俄罗斯处于高纬度地区的国土面积较大，为了确保能够全面覆盖，其卫星轨道必须有别于 GPS 的 6 个轨道面。GLONASS 星座在完整的情况下，可以保证在地球上任何地方、任何时刻都能收到至少 4 颗卫星的信号，确保用户能够获取可靠的导航定位信息。具体卫星星座的分布如表 1.4 所示。

表 1.4　GLONASS 卫星星座分布

轨道号		卫星分布（"—"表示没有卫星）							
轨道 1	卫星号	1	2	3	4	5	6	7	8
	频率号	01	−4	05	06	01	—	05	06
轨道 2	卫星号	9	10	11	12	13	14	15	16
	频率号	−2	−7	00	—	−2	−7	00	—
轨道 3	卫星号	17	18	19	20	21	22	23	24
	频率号	04	−3	03	02	04	−3	03	02

　　每颗 GLONASS 卫星上都有铷原子钟以生成高稳定的时间和频率标准，并向所有星载计算机提供高稳定的同步信号。星载计算机对地面控制部分上传的信息进行处理，生成导航电文、测距码和载波向用户广播，地面控制部分传给卫星的信息用于控制卫星在太空的运行。导航电文包括卫星的星历参数、卫星时钟相对 GLONASS UTC 的偏移值、卫星健康状态和 GLONASS 卫星历书等。与 GPS 类似，GLONASS 卫星可以同时发射民用码和军用码。

　　2）地面段

　　GLONASS 地面监控部分对 GLONASS 星座和卫星信号进行整体维护与控制。它包括系统控制中心（位于莫斯科的戈利岑诺）和分散在俄罗斯整个领土上的跟踪控制站网。地面监控部分负责跟踪、处理 GLONASS 卫星的轨道和信号信息，并向每颗卫星发射控制指令和导航电文。苏联解体之后，GLONASS 由俄罗斯空间局管理，地面支持段已经减少到只有俄罗斯境内的场地。地面控制部分包括 6 个组成单元：系统控制中心（SCC）、遥测跟踪指挥站（TT&C）、上行站（ULS）、监测站（MS）、中央时钟（CC）、激光跟踪站（SLR）。

　　地面监控部分的作用主要包括以下几个方面：①测量和预测各颗卫星的星历；②进行卫星跟踪、控制与管理；③将预测的星历、时钟校正值和历书

信息注入每颗卫星，以便在卫星上生成导航电文；④确保卫星时钟与GLONASS 时同步；⑤计算 GLONASS 时和 UTC（SU）之间的偏差；⑥监测 GLONASS 导航信号。

3）用户段

GLONASS 的用户设备（接收机）能接收卫星发射的导航信号，包括伪随机噪声码和载波相位，并测量其伪距和伪距变化率，同时从卫星信号中提取并处理导航电文。通过对导航电文和伪距信息的处理来计算出用户所在的位置、速度和时间信息。GLONASS 提供的单点绝对定位水平方向精度约为16m，垂直方向精度约为 25m。

GLONASS 用户设备发展比较缓慢，除了历史原因导致的 GLONASS 星座不完善、系统运行不稳定等因素，还由于 GLONASS 采用频分多址技术，用户设备比较复杂，并且苏联对其技术保密，致使 GLONASS 接收机的研制和生产成本较高，结果造成了接收机种类少、功能有限、功耗大、便携性差、可靠性差等结果，市场占有率低。但是作为与 GPS 同期发展并且功能相当的全球卫星导航系统，其应用潜力随着俄罗斯对 GLONASS 的不断完善而不断凸显。由于 GLONASS 与 GPS 在系统构成、工作频段、定位原理、星历数据结构及信号调试方式等方面相同或类似，所以从原理上可以将 GPS 与GLONASS 接收机进行组合，共同接收卫星信号。目前，GPS/GLONASS 组合接收机也得到了广泛应用，多颗卫星带来的冗余提升了之前利用单一卫星导航系统接收机的可靠性。

GPS/GLONASS 组合接收机可以同时接收、处理这两个系统的信号，有以下优点：用户同时可接收 GPS 和 GLONASS 卫星信号，观测卫星数目增加，将会明显改善观测卫星的几何分布，提高定位精度；由于增加了可接收卫星的数目，在一些容易遮挡信号的地区，如城市、峡谷、森林等，可以更加精确地进行测量、导航和监控；另外，利用两个独立的卫星定位系统进行导航和定位测量，可以相互校验，带来更高的可靠性和安全性。

2. GLONASS 时间系统

GLONASS 时间是整个导航系统的时间基准，它属于 UTC 时间系统，但是区别于 GPS，GLONASS 以俄罗斯维持的世界协调时 UTC（SU）作为时间基准。UTC（SU）与国际度量衡标准局维持的国际标准 UTC 相差在 1μs以内。GLONASS 时间与 UTC（SU）之间存在 3h 的整数差，在秒数上两者相差在 1ms 以内。GLONASS 卫星播发的导航电文中有 GLONASS 时与 UTC（SU）的相关参数。

UTC 是以原子时秒长为基础，在时刻上尽量接近世界时的一种时间系统。受到地球极移和其自转不均匀性的影响，两者之间存在差别，并且随着时间差别不断扩大，为了确保两者的差别不至于过大，UTC 存在跳秒现象，又称闰秒（Leap Second）。因为 GLONASS 时间属于 UTC，所以也存在闰秒。GLONASS 时间根据国际度量衡局（BIPM）的通知进行闰秒改正，由于 GPS 不存在闰秒，因此在进行 GPS 和 GLONASS 组合测量时，需要考虑两者时间的差别。

GLONASS 的时间系统中包含有两套时间尺度：GLONASS 时和 GLONASS 卫星时。GLONASS 时由 GLONASS 地面监控系统中的中央同步器时标生成，是整个系统的时间，而 GLONASS 卫星时由各颗卫星上装备的原子钟产生，是一种原子时。由于闰秒的存在，GLONASS 时和 GLONASS 卫星时并不完全相同，GLONASS 卫星时相对于 GLONASS 时与 UTC（SU）的修正在 GLONASS 地面综合控制站计算，并且每两天向卫星注入一次。

3. GLONASS 的坐标系

GLONASS 在 1993 年以前采用苏联的 1985 年地心坐标系（SGS-85），1993 年后使用 PZ-90 坐标系。PZ-90 属于地心地固（ECEF）坐标系。据官方消息，GLONASS 的坐标系在 2006 年年底已由 PZ-90 更新到 PZ-90.02，且与国际地球参考框架（ITRF）的差异保持在分米级。PZ-90.02 与 ITRF2000 两者之间只有原点平移，在 X、Y、Z 方向分别为−36cm、+8cm、+18cm。

GLONASS 公布的接口控制文件（ICD）对 PZ-90 坐标系的定义如下：①坐标原点位于地球质心；②Z 轴：指向 IERS 推荐的协议地极原点（1900—1905 年的平均北极）；③X 轴：指向地球赤道与 BIH 定义的零子午线交点；④Y 轴：满足右手坐标系。由于测轨跟踪站站址坐标不可避免地存在坐标误差和测量误差，定义的坐标系与实际使用的坐标系存在一定的差异。PZ-90 大地坐标系采用的参考椭球参数和其他参数如表 1.5 所示。

表 1.5 PZ-90 大地坐标系采用的参考椭球参数和其他参数

地球旋转角速度	7292115×10^{-11} rad/s
地球引力常数（GM）	398600.44 km³/s²
大气引力常数（fM$_a$）	0.35×10^9 m³/s²

光速（c）	299792458 m/s
参考椭球长半径（a）	6378136 m
参考椭球扁率（f）	1/298.257839303
重力加速度（赤道）	978032.8 mgal
由大气引起的重力加速度改正值（海平面）	−0.9 mgal
重力位球谐函数二阶带谐系数（J_2）	$108262.57×10^{-8}$
重力位球谐函数四阶带谐系数（J_4）	$-0.23709×10^{-5}$
参考椭球正常重力位（u_0）	$62636861.074 \ m^2/s^2$

4．GLONASS 卫星信号

与 GPS 类似，GLONASS 卫星同样会发射 L 波段的 L1、L2 两种载波信号。GLONASS 的 L1 信号上调制有 P 码、C/A 码和导航电文，L2 信号上调制有 P 码和导航电文。C/A 码用于向民间机构提供标准定位，而 P 码用于俄罗斯军方高精度定位或某些授权用户。2005 年之后，应国际电联的要求，俄罗斯已将 GLONASS L1 载波频率转移到 1598.0625MHz～1606.5MHz，L2 载波频率转移到 1242.9376MHz～1249.6MHz。

GLONASS-M 卫星是第二代 GLONASS 导航卫星，与第一代导航卫星相比，它具有精度高、使用寿命长，增设了 L2 民用码，能够发送更多导航电文信息等优势。它的使用在很大程度上提高了 GLONASS 的工作性能。GLONASS-K 卫星是第三代 GLONASS 导航卫星，它的使用寿命将延长至 10～12 年，并增加了第三个民用 L3 频段。

GLONASS 采用频分多址（Frequency Division Multiple Access，FDMA）方式来识别不同卫星，即每颗卫星播发的导航信号的载波频率是不相同的。但是，相邻卫星之间的频率间隔是一样的，其中 L1 载波的频率间隔为 0.5625MHz，L2 载波的频率间隔为 0.4735MHz。由于采用 FDMA 方式会存在多个频点，会占用较宽的频段，24 颗 GLONASS 卫星的 L1 频道需占用的频宽约为 14MHz。由于空间频率资源有限，应国际电联要求，俄罗斯规定在同一个轨道面上，位置对立的两颗 GLONASS 卫星使用同一个载波频率，从而将卫星载波频率通道数减少到 12 个，达到了降低带宽、减少频率通道数的要求。

5．GLONASS 与 GPS 的比较

GLONASS 和 GPS 是目前最完善的两个全球性的卫星导航系统，两者在

系统组成、信号结构、信号类型、坐标系和时间系统等方面有异同。两个系统的相似之处主要包括以下几个方面。

（1）在系统组成上，两个系统均由空间段、地面段和用户段组成。

（2）在卫星星座上，两个系统的卫星数相同。

（3）在信号频段上，两个系统的频段相差不超过 30MHz，因此可共用一个天线和一个带宽前置放大器来接收两个信号。

（4）在定位精度上，GLONASS 和 GPS 都提供两个精度等级，其中高精度供军用和特殊用户使用，低精度供民众使用。

（5）在应用范围上，两者都可以用于陆、海、空、天运载体的导航、定位和授时。

虽然 GLONASS 和 GPS 有很多相似之处，但在关键的坐标系、时间系统和调制方式等方面，两个系统却截然不同，主要体现在以下几个方面。

（1）卫星轨道不同。GPS 的星座为 6 个轨道面，GLONASS 的星座为 3 个轨道面，同时两者的卫星轨道高度也不相同。

（2）时间系统不同。两个时间系统虽然都属于原子钟系统，但 GPS 的时间系统采用的是华盛顿的协调世界时 UTC（USNO），是一个没有跳秒的连续计时系统；而 GLONASS 时间系统采用的是苏联的协调世界时 UTC（SU），是一个有同步跳秒的非连续计时系统。GPS 时=UTC+跳秒，GLONASS 时=UTC+3.00h。因此，GLONASS 时与 UTC（SU）之间仅相差 3h 和小于 1μs 的系统差，而没有跳秒差。

（3）参考坐标系不同。GPS 采用的是 WGS-84 世界大地坐标系，而 GLONASS 采用的是 PZ-90 大地坐标系，两者之间存在换算关系。

（4）导航电文的内容不同。GPS 以开普勒轨道根数形式播发导航星历，每隔 2 小时更新一次。GPS 依据开普勒轨道方程，并考虑卫星的摄动，计算 GPS 卫星在 WGS-84 世界大地坐标系中的瞬时位置。GLONASS 直接给出参考历元的卫星位置、速度，以及太阳、月亮对卫星的摄动加速度，每隔 30min 更新一组星历参数，计算 GLONASS 卫星在 PZ-90 坐标系中的瞬时位置。

（5）卫星识别方式不同。GPS 采用码分多址（CDMA）方式，每颗卫星使用相同的载波频率发射信号；GLONASS 采用频分多址（FDMA）方式，每颗卫星使用不同的频率发射信号。2005 年前 GLONASS 卫星的频段已超越国际电信联合会（International Telecommunication Union，ITU）的规定，俄罗斯在 ITU 的要求下开始实施 GLONASS 改频计划，并已于 2005 年完成

转移频率的计划。与 GPS 发射信号采用双频段一样，GLONASS 的信号也是用 L1 和 L2 两个频段发射的，并且 L2 频段的信号也采用特殊码调制，以保证军用和特殊用户的使用。

GLONASS 与 GPS 的差异如表 1.6 所示。

表 1.6　GLONASS 与 GPS 的差异

参　数	GPS	GLONASS
星座卫星数	24	24
轨道面个数	6	3
轨道高度	20183km	19130km
轨道半径	26560km	25510km
运行周期	11h58min00s	11h15min40s
轨道倾角	55°	64.8°
载波频率	L1：1575.42MHz	L1：1598.0625MHz～1606.5MHz
	L2：1227.60MHz	L2：1242.9376MHz～1249.6MHz
传输方式	码分多址（CDMA）	频分多址（FDMA）
调制码	C/A 码和 P 码	C/A 码和 P 码
卫星星历数据格式	开普勒轨道参数	地心直角坐标系参数
系统时间参考系	UTC（USNO）	UTC（SU）
坐标系	WGS-84	PZ-90
码速率	C/A 码：1.023Mb/s	C/A 码：0.511Mb/s
	P 码：10.23Mb/s	P 码：5.11Mb/s
SA	已解除	无
导航电文格式	每篇电文一个 30s 的主帧，每个主帧 5 个 6s 的子帧，每个子帧 30 位	每篇电文一个 150s 的超帧，包括 5 个 30s 的帧，每帧 15 个 2s 的串，每串 100 位
电文发送率	500 baud	50 baud
超帧时间长度	2.5 min	12.5 min

1.1.4　Galileo 卫星导航系统

伽利略（Galileo）卫星导航系统，是一个即将完成建设的全球卫星导航系统，该系统由欧洲航天局（简称欧空局）和欧洲导航卫星系统管理局合作建造，后者的总部设在捷克共和国的布拉格。该系统的目的是为欧盟国家提供一个自主的高精度定位系统，该系统免费提供基本服务，但高精度定位服务仅提供给特定的用户。其功能是在水平和垂直方向提供 1m 以内精度的定位服务，并在高纬度地区提供比其他系统更好的定位服务。

Galileo 的第一颗实验卫星 GIOVE-A 于 2005 年 12 月 28 日发射，第一颗正式卫星于 2011 年 8 月 21 日发射。截至 2016 年 12 月，Galileo 的在轨卫星达到 18 颗，于 2016 年 12 月 15 日投入使用，并免费提供基础的服务。2017 年 12 月 13 日，Galileo 第 19～22 颗卫星发射成功，计划于 2020 年完成全部卫星组网，提供覆盖全球的导航服务。

1．Galileo 卫星导航系统组成

Galileo 卫星导航系统分为空间段、地面段、用户服务三大部分，与其他 GNSS 相同，采用测时-测距原理进行导航定位。

1）空间段

Galileo 卫星导航系统的卫星星座由分布在 3 个轨道上的 30 颗中等高度轨道卫星（MEO）构成，具体参数如表 1.7 所示。

表 1.7　Galileo 系统的参数

卫星参数	参数值
每条轨道卫星颗数	10（9 颗工作，1 颗备用）
卫星分布轨道面数	3
轨道倾斜角	56°
轨道高度	23616 km
运行周期	14 h 4 min
卫星寿命	20 年
卫星质量	625 kg
电量供应	1.5 kW
射电频率	1202.025 MHz、1278.750 MHz、1561.098 MHz、1589.742 MHz

Galileo 卫星导航系统的卫星颗数与卫星的布置和 GPS 及 GLONASS 的星座有一定的相似之处。Galileo 卫星导航系统的工作寿命为 20 年，中等高度轨道卫星（MEO）星座的工作寿命设计为 15 年。Galileo 卫星导航系统的卫星时钟有两种类型：被动氢脉塞时钟和铷钟。在正常工作状况下，被动氢脉塞时钟将被用作主要振荡器，铷钟也会同时运行作为备用，并时刻监视被动氢脉塞时钟的运行情况。

2）地面段

地面段由完好性监控系统、轨道测控系统、时间同步系统和系统管理中

心组成。该系统有两个地面操控站，分别位于德国慕尼黑附近的奥博珀法芬霍芬（Oberpfaffenhofen）和意大利的富齐诺（Fucino）；地面段有 29 个分布于全球的伽利略传感器站；另外还有 5 个 S 波段上行站和 10 个 C 波段上行站，负责控制中心与卫星之间的数据交换。控制中心与传感器站之间通过冗余通信网络连接。

地面站是系统的核心，其主要功能是：控制 Galileo 卫星星座，保证卫星上原子钟与系统时同步，提供信号的完好性信息、监控卫星状态及卫星提供的服务，处理系统内部与外部的信息等。

3）用户服务部分

Galileo 系统能够为用户提供多种服务，主要包括以下内容。

（1）公开服务。Galileo 系统的公开服务与 GPS 类似，提供免费的定位、导航和授时信号。此服务针对大众化应用，比如各类智能手机终端和车载导航终端。

（2）商业服务。商业服务相对于公开服务有附加的功能：分发在开放服务器中的加密附加数据；非常精确的局域差分应用，使用开放信号覆盖 PRS 信号 E6；支持 Galileo 卫星导航系统定位应用和无线通信网络的良好性领航信号。

（3）生命安全服务。生命安全服务的有效性超过 99.9%。Galileo 卫星导航系统和当前的 GPS 相结合，或者与新一代的 GPS Ⅲ 和 EGNOS 相结合，将能满足更高的要求。生命安全服务还将应用于船舶进港、机车控制、交通工具控制、机器人技术等。

（4）公共特许服务。公共特许服务将以专用的频率向欧洲共同体提供更广泛的连续性服务，主要包括：保障欧洲国家安全，如一些紧急服务、政府工作和执行公务，紧急救援、运输和电信应用，以及其他对欧洲有战略意义的经济和工业活动。

2. Galileo 卫星导航系统信号特征

Galileo 卫星导航系统提供的 10 个信号分布在 3 个频段上，分别是 E5A 与 E5B（1164MHz～1215MHz）、E6（1215MHz～1300MHz）和 L1（1559MHz～1592MHz）。

（1）E5A 上调制 2 个信号，包括低速率的导航信息和辅助导航信息；E5B 上也调制 2 个信号，包括导航信息、完备性信息、SAR 数据和辅助导航信息。

（2）E6 上调制 3 个信号，包括加密的导航信号、商用信号、辅助导航信息。

（3）L1 上调制 3 个信号，包括加密的导航信号、导航信息、完备性信息和 SAR 数据、辅助导航信息。

3．Galileo 卫星导航系统特点

（1）卫星发射信号功率大。Galileo 卫星导航系统的卫星发射信号功率比 GPS 的高，可以在一些 GPS 不能进行定位的区域完成定位，如果某一区域的用户需要附加的服务，Galileo 卫星导航系统也可以通过虚拟卫星来提供。当用户接收到的信号不满足定位要求时（4 个不同的卫星信号），可以通过虚拟卫星转发卫星信号来补充。

（2）TCAR（Three-Carrier-Phase-Ambiguity Resolution）技术。Galileo 卫星导航系统载波相位的测量定位原理与 GPS 的相同，但是 Galileo 卫星导航系统至少有 3 个载波频率，欧洲航天局提出了使用三载波的 TCRA 方案，可以很好地解决整周模糊度的问题。

（3）系统通信。Galileo 卫星导航系统在运行初期配备了通信功能，计划通过地面已有的通信网络来实现其通信功能，主要考虑使用欧洲的全球移动通信系统（UMTS）。对此，专家们提出一项 Galileo 和 S-UMTS 协作系统（GAUSS）的计划，GAUSS 计划中的接收机可以同时接收、处理通信信号和导航信号，有通信和导航功能。

（4）SAR 服务。Galileo 卫星导航系统还提供了一种搜索和救援服务（SAR），此服务通过用户接收机和卫星完成，用户向卫星发射救援信号，信号由卫星发给 COSPAS/SARSAT 地面同步卫星，然后转发到地面救援系统，地面站救援系统接收到救援信号，确认后原路反馈信息给用户，同时展开救援行动。

1.2　几种常见信号

1.2.1　北斗系统信号

1．北斗一号卫星信号结构

1）交错正交相移键控（OQPSK）调制

北斗一号卫星信号采用了 OQPSK 的调制方式。OQPSK 是在 QPSK 之

后发展起来的一种恒包络数字调制技术，它是一种改进的 QPSK 调制方式。当 I 和 Q 两个信道上只有一路数据的极性发生变化时，QPSK 信号相位发生 90°的变化，当两路数据同时发生变化时（如由 00 变为 11），信号相位将发生 180°的突变。

OQPSK 方式可以解决 QPSK 方式的相位突变问题。OQPSK 将同向支路（I）与正交支路（Q）的数据流在时间上错开半个码元周期，各支路数据流经过差分编码，然后分别进行 B/SK 调制，最后经过合成器进行矢量合成输出，便得到了 OQPSK 信号。

2）北斗一号卫星信号结构

北斗一号卫星信号原理结构如图 1.1 所示。首先，I 支路和 Q 支路信息分别通过基带信号产生器进行编码，包括对两路信息加 CRC 校验位和数据帧头，生成 8kb/s 的数据流，并采用编码效率为 1/2 的（2，1，7）、编码长度为 7 的卷积编码方式，生成码速率为 16kb/s 的非归零双极性信号，然后分别与码速率为 4.08Mb/s 的 Kasami 序列和 Gold 序列相乘，产生扩频信号。I 支路扩频信号经过半个码片的时间延迟后，进行 B/SK 正弦调制；Q 支路扩频信号直接进行 B/SK 余弦调制，最后相加后进入信道。

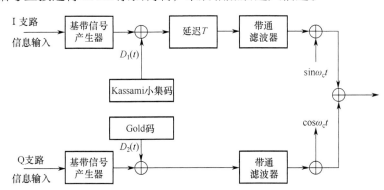

图 1.1　北斗一号卫星信号原理结构

2. 北斗二号卫星信号

1）北斗二号卫星信号频带

2009 年 7 月，在维也纳全球卫星导航系统国际委员会（ICG）关于未来导航系统兼容性工作组会议上，中国向国际电信联盟申请了多个频带，分别为 B1、B2 和 B3，共发射 B1-C、B1、B2、B3、B3-A 五种导航信号。其中，B1 频段为 1559MHz～1563MHz 和 1587MHz～1591MHz，分别与 Galileo 卫星 E2-L1-E1 频段中的 E2、E1 频段重叠；B2 频段为 1164MHz～1215MHz，与 Galileo 卫星的 E6 频段部分重叠。

2）北斗二号卫星信号特点

中国卫星导航定位应用管理中心（China National Administration of GNSS and Applications，CNAGA）的相关负责人在维也纳工作组会议上公布了北斗二号卫星所使用的方式和频段。北斗二号卫星将广泛使用 BOS 调制及其衍生的调制方式。由于 B2a 的中心频率为 1176.45MHz，因此北斗二号接收机可以兼容 Galileo E5a 信号或者 GPS L5 信号。

北斗二号提供授权服务（AS）和公开服务（OS）两种服务类型，其中 AS 服务在一个更高的安全级别上提供高精度导航定位，并包含系统的完好性信息，服务对象为付费及军事用户；OS 服务供全球用户免费使用，其指标为：定位精度 10m、测速精度 0.2m/s、授时精度 50ns。

1.2.2　GPS 信号

GPS 信号是 GPS 卫星向广大用户发送的用于导航定位的已调波，其调制波是测距码和卫星导航电文的组合码。GPS 信号包括 3 种信号分量：载波（L1 和 L2）、数据码（导航电文）和测距码［C/A 码和 P(Y)码］。GPS 信号的构成如图 1.2 所示。

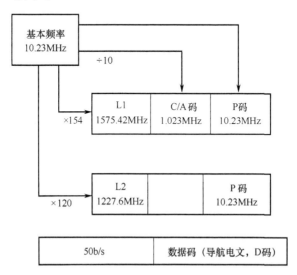

图 1.2　GPS 信号的构成

GPS 卫星的基准频率 f_0 由卫星上的原子钟直接产生，频率为 10.23MHz。

卫星信号的所有成分均是该基准频率的倍频或分频：$f_{L1} = 154 \times f_0 = 1575.42\text{MHz}$，$\lambda_{L1} = 19.03\text{cm}$，$f_{L2} = 120 \times f_0 = 1227.60\text{MHz}$，$\lambda_{L2} = 24.42\text{cm}$，C/A 码码率 $= f_0 \div 10 = 1.023\text{MHz}$，P 码码率 $= f_0 = 10.23\text{MHz}$，卫星（导航）电文码率 $= f_0 \div 204600 = 50\text{Hz}$。

1. 载波

载波的主要作用是搭载其他的调制信号，测定多普勒频移和测距。目前主要有 L1 和 L2 两种载波。载波波长如图 1.3 所示，L1 的频率为 1575.43MHz，波长为 19.03cm；L2 的频率为 1227.60MHz，波长为 24.42cm。GPS 实现现代化后增加了 L5 信号，其频率为 1176.45MHz，波长为 25.48cm。

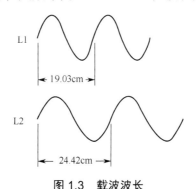

图 1.3　载波波长

GPS 所选择的载波频率有利于减弱电离层折射的影响，有利于测定多普勒频移。选择两个频率可以很好地消除信号的电离层折射延迟（信号的频率影响电离层折射延迟）。

2. 测距码

GPS 卫星主要采用两种测距码，即 P(Y)码和 C/A 码，它们均属于伪随机噪声码。由于这两种测距码构成的方式和规律比较复杂，这里仅就其产生方式、特点和作用等有关概念进行简单描述。

C/A 码用于分址、粗测距和搜捕卫星信号，它属于一种民用的明码，具有一定的抗干扰能力。C/A 码由两个 10 级反馈移位寄存器组合产生，C/A 码产生原理如图 1.4 所示。

C/A 码产生器中两个 10 级反馈移位寄存器于每星期六零时，在置"1"脉冲作用下全处于"1"状态。在 1.023MHz 钟脉冲的驱动下，两个移位寄存器产生的码长分别为 $N = 2^{10} - 1 = 1023$，周期为 $Nt_0 = 1\text{ms}$ 的 m 序列 $G_1(t)$

和 $G_2(t)$ ，其特征多项式分别为

$$\begin{cases} G_1 = 1 + x^3 + x^{10} \\ G_2 = 1 + x^2 + x^3 + x^6 + x^8 + x^9 + x^{10} \end{cases} \quad （1.1）$$

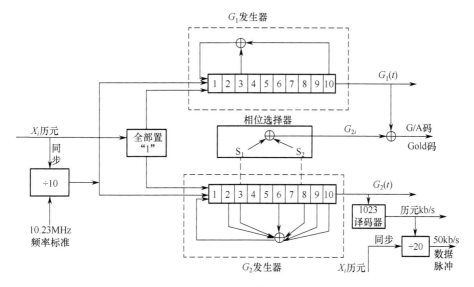

图 1.4　C/A 码产生原理

　　为了让不同卫星具有不同的 C/A 码，这两个移位寄存器的输出采用了非常特别的组合方式。其中 $G_1(t)$ 直接提供输出序列；$G_2(t)$ 先选择某两个存储单元的状态进行模 2 相加后再输出，由此可以得到一个与 $G_2(t)$ 平移等价的 m 序列 G_{2i} ，再将其与 $G_1(t)$ 进行模 2 相加，结构不同的 C/A 码（也称 Gold 码）便可产生。由于 $T = Nt_0 = 1\text{ms}$ 的码元共有 1023 位，故 $G_2(t)$ 可能会有 1023 种平移等价序列，1023 种平移等价序列与 $G_1(t)$ 模 2 相加后，可以产生 1023 种 m 序列，即 1023 个不同结构的 C/A 码。这完全可以覆盖 24 颗卫星分址的需求。

　　这组 C/A 码的码长、数码率和周期均相同，即码长为 $N = 2^{10} - 1 = 1023\text{bit}$ ，码元宽度为 $t_0 = 1/f = 0.97752\mu\text{s}$ （距离约为 293.1m），周期为 $T = Nt_0 = 1\text{ms}$ ，码率为 1.023MHz。

　　由于 C/A 码的码长很短，只有 1023bit，所以易于捕捉。为了捕捉 C/A 码，测定卫星信号的传播延时，我们通常需要对 C/A 码逐个进行搜索。若以每秒 50 个码元的速度对 C/A 码进行搜索，对于只有 1023 个码元的 C/A 码，搜索时间只需要 20.5s。利用 C/A 码捕获卫星后，我们即可获得导航电文，

通过导航电文的信息，可以很容易地捕捉 GPS 的 P(Y)码。所以，C/A 码一般也称捕获码。

C/A 码的码元宽度较宽，假设两个序列的码元误差为码元宽度的 1/100～1/10，则利用 C/A 码测距，测距误差为 2.93～29.3m。由于精度较低，C/A 码也被称为粗码。

P 码是一种精密码，主要用于军用领域。当 AS 启动后，P 码便被加密以构成所谓的 Y 码。P 码和 Y 码码片速率是一样的，通常将该精密码简记为 P(Y)。两组各有两个 12 级反馈移位寄存器，结合起来就产生了 P(Y)码，产生 P(Y)码的原理如图 1.5 所示。

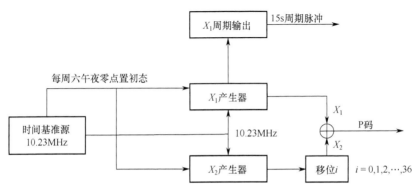

图 1.5　产生 P(Y)码的原理

12 级反馈移位寄存器产生的 m 序列的码元总数为 $2^{12}-1=4095$。通过截短法将两个 12 级 m 序列截短为一周期中码元数互为素数的截短码，如 X_{1a} 码元数为 4092，X_{1b} 码元数为 4093，将 X_{1a} 和 X_{1b} 通过模 2 相加，就得到了周期为 4092×4093 的长周期码。再对乘积码进行截短，截出周期为 1.5s、码元数 N_1 等于 15.345×106 的 X_1。产生 X_1 码的原理如图 1.6 所示。

通过相同的步骤，在另外一组中，两个 12 级反馈移位寄存器产生 X_2 码，只是 X_2 码比 X_1 码周期稍微长一些，为 $N_2=15.345\times10^6+37(\text{bit})$。

N_1 和 N_2 乘积码的码元数为 $N=N_1\cdot N_2=23546959.765\times10^3\text{bit}$，相应周期为 $T=N/10.23\times10^6\times86400=266.4(\text{d})\approx38(\text{周})$。

乘积码 $X_1(t)\cdot X_2(t+i\times t_0)$，$t_0$ 为码元宽度，i 可取 0，1，…，36 共 37 种数值，可以产生 37 种乘积码。截取乘积码中周期为一星期的一段，可产生 37 种周期相同、结构相异（均为一周）的 P(Y)码。对于 GPS 的 24 颗卫星来讲，每颗卫星都可以采用 37 种 P(Y)码中的一种，那么每颗卫星所使用的 P 码均互不相同，实现了码分多址。在这 37 种 P 码中，5 个供地面站使用，32 个供 GPS 卫星使用。每星期六零点将 X_1 和 X_2 置初态"1"，此后经过一周再回到初态。由于 P 码序列长，如果采用搜索 C/A 码的方法对每个码元依次搜索，搜索速度为 50 码/s 时需要花费 14×10^5 天，这是不实际的。因此，一般会先捕获 C/A 码，然后根据导航电文中给出的有关信息捕获 P(Y)码。

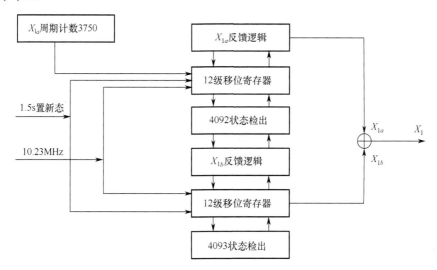

图 1.6　产生 X_1 码的原理

　　由于 P(Y)码的码元宽度只有 C/A 码的 1/10，这时若码元的对齐精度仍为码元宽度的 1/100～1/10，由此引起的测距误差为 0.29～2.936m，精度相比 C/A 码提高 10 倍。所以，P(Y)码可用于较精密的定位，通常也称精密码。

　　由于 P(Y)码周期长（7 天）、码类多、码率高（10.23MHz），因此它是用于精测距、抗干扰及保密的军用码。根据美国国防部规定，P(Y)码是专供军用的。目前，只有特许用户接收机才能接收 P(Y)码，且价格昂贵。因此，开发研究无码接收机、Z 技术、平方技术，用来充分挖掘 GPS 信息资源就成了一项极具实用价值的工作。

3．GPS 导航电文

1）导航电文格式

导航电文是指包含导航信息的数据码。导航信息包括卫星星历、卫星历

书、卫星工作状态、星钟改正参数、时间系统、大气折射改正参数、轨道摄动改正参数、遥测码以及由 C/A 码确定 P(Y)码的交换码等，是用户利用 GPS 进行导航定位的数据基础。

导航电文是二进制编码文件，按照规定的格式组成数据帧向外播发。导航电文格式如图 1.7 所示。每帧电文包含 5 个子帧，含有 1500bit。每个子帧含有 10 个字，每个字为 30bit。导航电文的播送速度是 50b/s，每个子帧的播送时间是 6s。

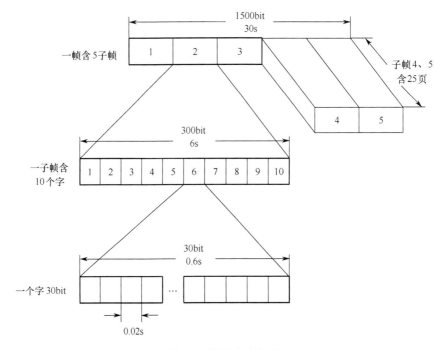

图 1.7　导航电文格式

每 30s 子帧 1、子帧 2 和子帧 3 循环一次；而子帧 4 和子帧 5 有 25 种形式，各含 25 页；子帧 1、子帧 2、子帧 3 和子帧 4、子帧 5 的每一页，均构成一帧。整个导航电文共有 25 帧、37500bit，需要 12.5min 才能播完。

子帧 1、子帧 2 和子帧 3 中含有单颗卫星的卫星钟修正参数和广播星历，其内容每小时更新一次；子帧 4、子帧 5 是全部 GPS 卫星的星历，它的内容仅在地面站注入新的导航数据后才更新。

2）导航电文内容

每帧导航电文中，各子帧的内容如图 1.8 所示。各子帧由交接字（HOW）、遥测字（TLW）及数据块 3 部分构成。1、2、3 子帧的第 3～10 字组成数据块 Ⅱ，第 4 子帧和第 5 子帧的第 3～10 字组成数据块 Ⅲ。

图 1.8　1 帧导航电文的内容

（1）遥测字（TLW）：遥测字是每个子帧的第一个字，作为捕获导航电文的前导，为各子帧提供了一个用于同步的起点。TLW 共 30bit，帧头（同步码）为第 1～8bit；遥测电文为第 9～22bit，包括地面监控系统注入数据时的状态信息、诊断信息和其他信息；预留位为第 23bit 和第 24bit；奇偶校验位为第 25～30bit。

（2）交接字（HOW）：交接字是每个子帧的第二个字，共 17bit，从每周六/周日子夜起算的时间计数（正计数）。用户可以迅速地捕获 P 码。第 18bit 表示从信息注入后，卫星是否发生滚动动量矩卸载现象；第 19bit 是卫星同步指示，指示数据帧时间是否与字码 X_1 钟时间一致；第 20～22bit 是子帧识别的标志。

（3）数据块 Ⅰ：数据块 Ⅰ 主要包含健康状态数据和卫星时钟，主要内容为：

① 卫星时间计数器（WN）：从 1980 年 1 月 5 日协调世界时 UTC 零时算起的星期数称为 GPS 周，位于第 3 字的第 1～10bit。

② 调制码标识：第 3 字的第 11～12bit，"10" 为 C/A 码调制，"01" 为

P 码调制。

③ 卫星测距精度（URA）：第 3 字的第 13～16bit，"10" 为 C/A 码调制，"01" 为 P 码调制。

④ 第 3 字的第 17bit 表示导航数据是否正常，第 18～22bit 指示信号编码正确性。

⑤ 电离层延迟改正参数（T_{GD}）：改正 L1、L2 载波的电离层时延差，占用第 7 字的第 17～24bit，为单频接收机用户提供粗略的电离层折射修正（双频接收机无须此项改正）。

⑥ 时钟数据龄期（AODC）：时钟改正数的外推时间间隔，它是卫星钟改正参数的参考时刻 t_{oc} 与计算该改正参数的最后一次测量时间 t_L 之差，即

$$AODC = t_{oc} - t_L$$

⑦ 卫星钟改正参数：将每颗卫星上的钟相对于 GPS 时改正。虽然 GPS 星钟采用了精度很高的铯钟和铷钟，但仍有偏差。另外，由于相对论效应，卫星钟比地面钟走得快，每秒差 448ps（每天相差 3.87×10^{-5} s）。我们将卫星标称频率 10.23MHz 减小到 10.22999999545MHz 的实际频率去消除这一影响，但相对论效应所产生的时间偏移不是常数，同时各个钟的品质不同，所以星钟指示的时间与理想的 GPS 时之间有误差，称为星钟误差，即

$$\Delta t = a_0 + a_1(t - t_{oc}) + a_2(t - t_{oc})^2 \tag{1.2}$$

式中，a_0 是在星钟参考时刻，t_{oc} 星钟对于 GPS 时的偏差（零偏）；a_1 是在星钟参考时刻，t_{oc} 星钟相对于实际频率的频偏（钟速）；a_2 是星钟频率的漂移系数（钟漂）。t_{oc} 占第 8 字的第 9～24bit，a_0 占第 10 字的第 1～22bit，a_1 占第 9 字的第 9～25bit，a_2 占第 9 字的第 1～8bit。

（4）数据块Ⅱ：数据块Ⅱ又称卫星星历表，是导航电文中的核心部分。数据块Ⅱ包含了计算卫星运行位置的信息，GPS 接收机根据卫星星历的参数进行实时的导航定位计算。卫星每 30s 发送一次，每小时更新一次。

（5）数据块Ⅲ：数据块Ⅲ含有全部 GPS 卫星的历书数据，它是各颗卫星历书的概略形式，主要内容为：①第 5 子帧的第 1～24 页提供了 1～24 颗卫星的历书；②第 5 子帧的第 25 页提供了 1～24 颗卫星的健康状况和 GPS 星期编号；③第 4 子帧的第 2～10 页提供了第 25～32 号卫星的历书；④第 4 子帧的第 25 页提供了 32 颗卫星的反电子欺骗的特征符（AS 关闭或接通）及第 25～32 颗卫星的健康状况；⑤第 4 子帧的第 18 页提供了电离层延时改

正模型参数 α_0、α_1、α_2、α_3、β_0、β_1、β_2、β_3，还给出了 GPS 时间和 UTC 的相互关系参数 Δt_G，用下式计算，即

$$\Delta t_G = A_0 + A_1(t - t_{01}) + \Delta t_{LS} \tag{1.3}$$

式中，t_{01} 为参考时刻；Δt_{LS} 为跳秒引起的时间变化。

当用户的 GPS 接收机捕获到某颗卫星后，利用数据块Ⅲ所提供的其他卫星的历书、码分地址、时钟改正数及卫星的工作状态等数据，可以较快地捕获到其他卫星信号并选择最合适的卫星。

1.2.3　GLONASS 信号

1. GLONASS 信号结构

GLONASS 卫星与 GPS 卫星一样，也发送 L1 和 L2 两种载波信号，并且在载波上采用 B/SK 调制用于定位的导航电文和测距的伪随机码。与 GPS 的码分多址（CDMA）复用技术所不同的是，GLONASS 采用了频分多址（FDMA）的方式，每颗卫星都在不同的频率发射相同的 PRN 码，接收机可根据所要接收的某颗卫星信号，将接收的频率调谐到所希望接收的卫星频率上。

因为处理多频所需要的前端部件更加复杂，FDMA 方式通常造价昂贵而且会使接收机的体积增大；而 CDMA 方式的信号处理可以共用同一个前端部件。但 FDMA 的抗干扰能力明显更强，一般情况下干扰信号源只能干扰一个 FDMA 信号，而且 FDMA 不需要考虑多个信号之间的干扰效应（互相关）。因此，GLONASS 的抗干扰可选方案要多于 GPS，而且具有更简单的选码准则。

GLONASS 卫星信号的产生原理如图 1.9 所示，每颗卫星以两个分立的 L1 和 L2 载波为中心发射信号。与 GPS 类似，GLONASS 的 PRN 测距码也由军用的 P 码和民用的 C/A 码组成；不同的是，GLONASS 包含两种导航电文，分别对应于 P 码和 C/A 码。L1 载波上调制 P 码⊕P 码电文、C/A 码⊕C/A 码电文，L2 载波上调制 P 码⊕P 码电文。GLONASS 现代化后的 GLONASS-M 型卫星增加了导航电文功能，为了提高民用卫星的导航精度，在 L2 载波上也调制了 C/A 码。

2. GLONASS 信号频率

GLONASS 卫星采用了 FDMA 方式，按照系统的初始设计，每颗卫星发

送的 L1 和 L2 载波信号的频率是互不相同的，每颗 GLONASS 卫星根据下式确定相应的载波频率（MHz）：

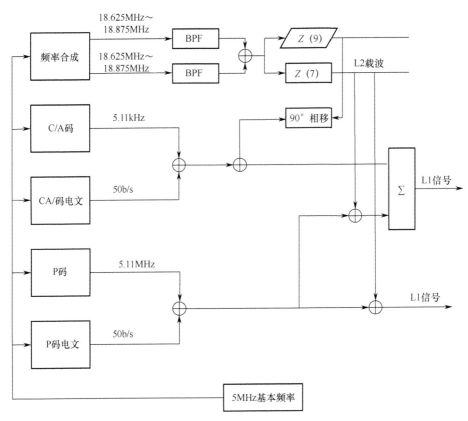

图 1.9　GLONASS 卫星信号的产生原理

$$f = (178.0 + K/16) \cdot Z \qquad (1.4)$$

式中，K 为 GLONASS 卫星发送信号的频率，取正整数；Z 为倍乘系统；L1 载波取 9，L2 载波取 7。因此，可以进一步得到每颗 GLONASS 卫星的载波频率为

$$f_{L1} = 1602 + 0.5625 \cdot K$$
$$f_{L2} = 1246 + 0.4375 \cdot K \qquad (1.5)$$

从式（1.5）中可以看出，L1 频段上相邻频率间隔为 0.5625MHz，L2 上相邻频率间隔为 0.4375MHz。

在 GLONASS 卫星技术发展的过程中，其频率计划是有所改变的。设计之初，GLONASS 卫星的频道 K 取值为 0～24，可以识别 24 颗卫星。但所得到的频率与射电天文研究的频率（1610.6MHz～1613.8MHz）存在一定的交叉干扰；另外国际电讯联合会已将频段 1610.0MHz～1626.5MHz 分配给近地卫星移动通信，因此俄罗斯计划减小 GLONASS 卫星的频率和载波带宽，频率修改计划分两步走：1998—2005 年，频道号 K=-7～12；2005 年以后频道号 K=-7-4。

　　频率改变后，最终配置将只使用 12 个频道（K=-7～4），但卫星有 24 颗，因此计划让处于地球两侧的卫星共享同样的 K 值。因为地球上任何一个地方，不可能同时看见在同一轨道平面上位置相差 180° 的两颗卫星，这两颗卫星可以采用同一频率而不至于产生干扰。该频率计划是在正常条件下的建议值，俄罗斯也有可能分配其他的 K 值，用于某些指挥或控制等特殊情况。

3. GLONASS 信号码特性

　　GLONASS 卫星与 GPS 卫星类似，都采用了伪随机码，方便进行伪码测距。每颗卫星用两个 PRN 码调制其 L 波段的载波，一个称为 C/A 码的序列供民用，另一个称为 P 码的序列留作军用，并可以辅助捕获 P 码。由于 GLONASS 卫星采用了 FDMA 方式，所以其具体的伪随机码设计及特性与 GPS 卫星有所不同。

　　GLONASS 卫星的 C/A 码采用了最长长度 9 级反馈移位寄存器来产生 PRN 码序列，码的重复周期为 1ms，码长为 511bit，码率为 0.511Mb/s。

　　GLONASS 卫星的 C/A 码使用这种高时钟速率下相对较短的码，主要优点是可以快速捕获，同时高的码率有利于增强远距离的分辨率；缺点是该短码会以 1kHz 的频率产生一些不想要的频率分量，造成与干扰源之间的互相关，进而削弱扩频的抗干扰性能。但是由于 GLONASS 卫星的频率是分开的，因此可以显著降低卫星信号之间的相关性。

　　GLONASS 卫星的 P 码采用了最长长度 25 级反馈移位寄存器来产生 RRN 码序列，码长为 33 554 432bit，码率为 5.11Mb/s，码的重复周期为 1s（实际重复周期为 6.57s，但码片序列截短为 1s 重复一次）。

　　与 C/A 码相比，P 码每秒仅重复一次，虽然会以 1Hz 的间隔产生不想要的频率分量，但其相关问题并不像 C/A 码那样严重。同样 FDMA 技术实际上消除了各卫星信号之间的互相关问题。虽然 P 码在相关特性和保密性方面具有优势，但在捕获方面做出了牺牲。P 码含有 5.11×10^8 个码相移的可能性，因此接收机一般要先捕获 C/A 码，然后根据 C/A 码协助捕获 P 码。

4．GLONASS 导航电文

与 GPS 有所不同的是，GLONASS 卫星的导航电文由 P 码导航电文和 C/A 码导航电文两种导航电文组成。两种导航电文的数据流均为 50b/s，并以模 2 加的形式分别调制到 P 码和 C/A 码上。导航电文主要用于提供频道分配信息和卫星星历，另外还提供卫星健康状况、历元定时同步位等信息。此外，俄罗斯还计划提供有利于 GLONASS 卫星与 GPS 卫星组合使用的数据，如 WG-S84 与 PZ-90 之差、两种卫星导航系统的系统时之差等信息。

1）C/A 码导航电文

GLONASS 卫星的导航电文按照汉明码方式编码向外播送，是一种二进制码。一个完整的导航电文一般是由 5 个帧组成的超帧，每帧含有 15 行，每行 100bit。图 1.10 所示为 GLONASS 卫星 C/A 码导航电文格式，每帧播放重复时间为 30s，整个导航电文播放时间为 2.5min。

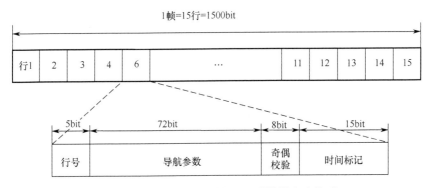

图 1.10 GLONASS 卫星 C/A 码导航电文格式

每帧的前 3 行为卫星实时数据，包含卫星轨道参数、被跟踪卫星的详细星历和卫星时钟改正参数等；其他各行包含 GLONASS 星座中其他卫星的概略星历信息，以及近似时间改正数、所有卫星健康状态等非实时的数据，其中每帧含有 5 颗卫星的星历。

2）P 码导航电文

由于 P 码为军用码，因此俄罗斯没有公开有关 P 码电文的细节。国际上一些独立的机构或组织通过研究接收到的 GLONASS 卫星信号，公布了一些 P 码的特性。这些信息并不能对其连续性等方面给出保证，俄罗斯可能会随时不事先通知而对 P 码进行调整。

P 码导航电文是由 5 个帧组成的超帧，每帧含有 5 行，每行 100bit。每帧播放重复时间为 10s，整个导航电文播放时间为 12min。每帧前 3 行含有被跟踪卫星的详细信息，其他各行包含 GLONASS 星座其他卫星的概略星历。

P 码电文与 C/A 码电文的最大区别在于，前者获得所有卫星近似星历与实时星历分别需要 12min 和 10s，而后者分别需要 2.5min 和 30s。

1.2.4　Galileo 信号

1. Galileo 频率规划

Galileo 系统主要是为满足不同用户需求而设计的，它定义了独立于其他卫星导航系统的 5 种基本服务：公开服务（OS）、生命安全服务（SOL）、商业服务（CS）、公共特许服务（PRS）及搜寻救援服务（SAR），在不同的频段上发射不同类型的数据，因此 Galileo 系统是个多载波的卫星导航系统。

Galileo 系统将在 E5 频段（1164MHz～1215MHz）、E6 频段（1260MHz～1300MHz）、E2-L1-E1 频段（1559MHz～1300MHz）上提供 6 种右旋圆极化（RHCP）的导航信号。其中 E5 频段又可以划分为 E5a、E5b 两个频段，E2-L1-E1 频段是对 GPS 卫星 L1 频段的扩展，为了方便起见也可以表示为 L1。

Galileo 系统所有的频段都位于无线电导航卫星服务（RNSS）频段内，同时 E5 和 L1 频段已被分配给了航空无线电导航服务（ARNS），因此该频段的信号可以应用于专门的与航空相关且对安全性要求高的服务。

在 L1 频段（E2-L1-E1）采用了与 GPS 的 L1 频段相同的中心频率 1575.42MHz，而 E5a 和 E5b 频段的中心频率分别为 1176.45MHz 和 1207.14MHz。这样是为了保持与 GPS 卫星的兼容性。

2. Galileo 信号设计

Galileo 信号由所在的频段进行命名，每颗卫星将发射 6 种导航信息：L1F、L1P、E6C、E6P、E5a、E5b，另外还包括专门用于搜寻救援服务（SAR）的 L6 信号。各种信号分别说明如下：

（1）L1F 信号：位于 L1 频段，是一个可公开访问的信号，包括一个无数据通道（称为导频通道）和一个数据通道。它调制有未加密的测距码和导航电文，可供所有用户接收，另外还包含加密的商业信息和完好性信息。

（2）L1P 信号：位于 L1 频段，是一个限制访问的信号，其电文和测距码采用官方的加密算法进行加密。

（3）E6C 信号：位于 E6 频段，是一个供商业访问的信号，包括一个导频通道和一个数据通道，其测距码和电文采用商业的加密算法。

（4）E6P 信号：位于 E6 频段，是一个限制访问的信号，其电文和测距码采用官方的加密算法进行加密。

（5）E5a 信号：位于 E5 频段，是一个可公开访问的信号，包括一个导频通道和一个数据通道。它调制有未加密的测距码和导航电文，可供所有用户接收，传输的基本数据用于支持导航和授时功能。

（6）E5b 信号：位于 E5 频段，是一个可公开访问的信号，包括一个导频通道和一个数据通道。它调制有导航电文和未加密的测距码，可供所有用户接收，另外数据流中还包含加密的商业数据和完好性信息。

（7）L6 信号：在 406MHz～406.1MHz 的频带检索出求救信息，并用 1544MHz～1545MHz 频带（保留为紧急服务使用）传播给专门的地面接收站。

3．Galileo 扩频码

Galileo 信号不仅采用了新的调制体制，在其扩频码中也使用了新技术。Galileo 信号中所使用的扩频码（测距码）分为主码和副码两种，前者同时用于导频通道和数据通道，而后者仅用于导频通道。主码是通常卫星信号中用于扩频所使用的伪随机码，副码是 Galileo 信号中的一个创新点，它在主码基础上对信号再次进行调制，从而构成层状结构的码型。主码产生器基于传统的 Gold 码，其线性反馈移位寄存器最多达到 25 级，副码的预定义序列长度最大为 100bit。目前，Galileo 信号最终使用的码参数仍处于试验与优化调整阶段。

Galileo 信号的扩频码设计，在抗干扰保护和捕获时间之间提供了很好的折中考虑。对于接收到的卫星信号，当信号信噪比较高时，只需对主码进行相关解扩就可获得所需的相关增益；当信号信噪比较低时，可以进一步对二级码进行相关解扩，获得进一步的相关增益。

4．Galileo 导航电文

Galileo 导航电文采取了一种固定的帧格式，使给定的电文数据内容（完好性、历书、星历、时钟改正数、电离层改正数等）在子帧上的分配具有灵活性。为了提高传输效率，分别针对不同的信号，其帧格式的研究正在进行中。

完整的导航电文在各个数据通道上以超相帧的形式传输，一个超相帧包含若干子帧，子帧由数据域、同步字（UW）、循环冗余校验（CRC）位、尾比特等构成导航电文的基本结构，Galileo 导航电文的基本构成如图 1.11 所示。

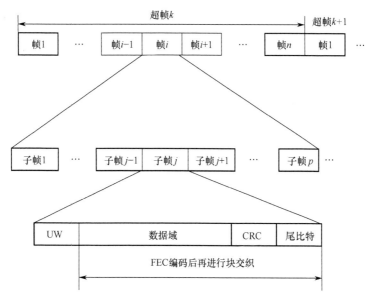

图 1.11　Galileo 导航电文的基本构成

子帧的同步字 UW 可以使接收机完成对数据域边界的同步，在发送端同步码采用未编码的数据符号；CRC 校验覆盖了整个子帧的数据域（除了尾比特和同步字）；所有子帧通过前向纠错（FEC）编码后，对所有子帧（不包含同步码）通过块交织的方式进行保护。

1.3　卫星导航定位原理

1.3.1　伪距法测量

1. 伪距的概念

伪距法定位是最常用的一种定位方式，根据 GNSS 接收机在某一时刻得到的 4 颗或 4 颗以上 GNSS 卫星的伪距及已知的卫星坐标，采用空间距离交会法求得接收机天线所在点的三维坐标。所测伪距就是由卫星发射的信号到达 GNSS 接收机的传播时间乘以信号传播速度光速所得出的测量距离。由于卫星时钟、卫星坐标接收机的时钟、多路径效应及卫星信号经过电离层和对流层时

产生的有延迟等误差因素的影响，实际测出的距离 ρ' 与卫星到接收机天线的几何距离 ρ 有一定的差值，因此一般称测量出的包含误差的距离为伪距。

通过测量 GNSS 卫星发射的测码距信号到达用户接收机的传播时间，可算出接收机到卫星的距离，即

$$\rho' = \Delta t \cdot c \tag{1.6}$$

式中，Δt 为传播时间；c 为光速。

式（1.6）求出的距离为伪距 ρ'，其与几何距离 ρ 之间的关系可用下式表示：

$$\rho' = \rho + \delta\rho_1 + \delta\rho_2 + c\delta t_i - c\delta t^j \tag{1.7}$$

式中，$\delta\rho_1$ 与 $\delta\rho_2$ 分别表示电离层与对流层的改正项；δt_i 表示接收机时钟相对于标准时间的偏差；δt^j 表示卫星时钟相对于标准时间的偏差。

伪距法单点定位精度虽然不高（定位误差约为 10m），但是由于伪距法定位使用的测距码具有无模糊度、定位速度快等优点，仍然是 GNSS 定位系统进行导航的基本方法。同时伪距又可以作为载波相位测量中解决整周期模糊度的辅助值。因此，了解伪距测量及伪距定位的基本原理和方法还是非常必要的。

2. 伪距测量原理

伪距定位中最关键的步骤是伪距测量，其基本过程如下。

GNSS 卫星依据自己的时钟发出某一结构的测距码，该测距码经过 τ 时间的传播后到达接收机。接收机在自己的时钟控制下产生一组结构与卫星发出的测距码完全相同的码——复制码，并通过时延器使其延迟 τ' 的时间，将这两组测距码进行相关处理，若自相关系数 $R(\tau') \neq 1$，则继续调制延迟时间 τ' 直至自相关系数 $R(\tau') = 1$ 为止，此时接收到的 GNSS 卫星测距码与接收机所产生的复制码完全对齐，延迟时间 τ' 即为 GNSS 卫星信号从卫星传播到接收机所用的时间，卫星至接收机的距离就是 τ' 与 c 的乘积。

伪距测量原理如图 1.12 所示，自相关系数 $R(\tau')$ 的测定由接收机锁相环中的积分器和相关器来完成。由卫星时钟控制的测距码 $a(t)$ 在 GNSS 时间的 t 时刻从卫星天线发出，穿过电离层和对流层经时间延迟 τ 到达 GNSS 接收机，接收机所接收到的信号为 $a(t-\tau)$。由接收机时钟控制的本地码发生器会产生一个与卫星发出的测距码相同的本地码 $a(t+\Delta t)$，Δt 为接收机时钟与卫星时钟的钟差。码移位电路将本地码延迟时间 τ'，相关器将所接收的卫星信号进行相关运算，经过积分器后，即可得到自相关系数 $R(\tau')$

$$R(\tau') = \frac{1}{T} \int a(t - \tau) a(t + \Delta t - \tau') dt \qquad (1.8)$$

式中，T 表示为测距码的周期；调整延迟时间 τ'，可使相关输出值达到最大，从而得到伪距 ρ'。图 1.12 是伪距测量原理图。

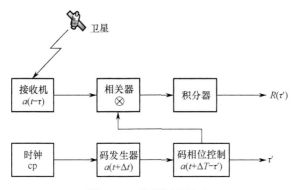

图 1.12　伪距测量原理

　　每一颗 GNSS 卫星产生并发射的测距码是按照一定规律排列的，在一个周期内码和时间是一一对应的。GNSS 接收机识别出每个码的形状特征，即可推算出信号传播的时延 τ'，进而得到伪距，所以伪距测量中可以采用码相关技术来确定伪距。但实际上在接收机中产生的每个码都带有一定的随机误差，并且卫星信号经过星地间长距离传送后受到误差影响，也会产生形变，所以根据测距码形状的特征来推算信号时延 τ' 就会产生较大的误差。而采用码相关技术在复制码和测距码间自相关系数 $R(\tau')$ 取最大值的情况下确定信号的传播时间 τ'，就有效排除了各类随机误差的影响，实质上就是采用了多个测距码特征来确定时延 τ'。由于接收机的复制码和卫星信号中的测距码在产生过程中均不可避免地带有误差，而且卫星信号中的测距码在传输过程中还会由于各种外界干扰而产生形变，两者的自相关系数无法达到"1"，只能在两者的自相关系数为最大时确认本地复制码和接收到的卫星测距码基本对齐，从而确定伪距。采用这种方式可以最大幅度地消除各种随机误差的影响，以达到提高精度的目的。

1.3.2　伪距观测方程及定位计算

1. 伪距观测方程的建立

　　在 GNSS 定位中，观测方程主要用来描述观测值与位置参数之间的函数关系。测距码信息（C/A 码或 P 码）的距离延迟作为观测量的观测方程，称

为伪距测量观测方程，也称伪距观测方程。

在建立伪距测量方程之前，我们先做一些符号上的规定：

（1）t^j（GNSS）：卫星 S^j 发射信号时的理想 GNSS 时刻；

（2）t_i（GNSS）：接收机 T_i 收到该卫星信号时的理想 GNSS 时刻；

（3）t^j：卫星 S^j 发射信号时的卫星时钟的时刻；

（4）t_i：接收机 T_i 收到该卫星信号时接收机时钟的时刻；

（5）Δt_i^j：卫星信号到达观测站的传播时间；

（6）δt^j：卫星时钟相对于理想 GNSS 时刻的钟差；

（7）δt_i：接收机时钟相对于理想 GNSS 时刻的钟差。

则有

$$t^j = t^j(\text{GNSS}) + \delta t^j$$
$$t_i = t_i(\text{GNSS}) + \delta t_i$$

（1.9）

信号从卫星传播到观测站的时间为

$$\Delta t_i^j = t_i - t^j = t_i(\text{GNSS}) - t^j(\text{GNSS}) + \delta t_i - \delta t^j \qquad (1.10)$$

假设卫星至观测站的几何距离为 ρ_i^j，在忽略大气影响的情况下可得相应的伪距 $\tilde{\rho}_i^j$ 为

$$\tilde{\rho}_i^j = \Delta t_i^j \cdot c = c \cdot \Delta \tau_i^j + c \cdot \delta t_i^j = \rho_i^j + c \cdot \delta t_i^j \qquad (1.11)$$

式中，$t_i(\text{GNSS}) - t^j(\text{GNSS}) = \Delta \tau_i^j$，$\delta t_i - \delta t^j = \delta t_i^j$，当卫星时钟与接收机时钟严格同步时，$\delta t_i - \delta t^j = \delta t_i^j = 0$，式（1.11）确定的伪距就是站星之间的几何距离。

通常 GNSS 卫星的钟差可从卫星发播的导航电文中获得，经钟差改正后，各卫星之间的时间同步差可保持在 20ns 以内。如果忽略卫星钟差影响，并考虑到电离层、对流层折射的影响，可得伪距观测方程的常用形式为

$$\tilde{\rho}_i^j(t) = \rho_i^j(t) + c\delta t_i - c\delta t^j + \delta I_i^j(t) + \delta T_i^j(t) \qquad (1.12)$$

式中，$I(t)$ 和 $T(t)$ 分别指电离层折射改正和对流层折射改正。

2．定位计算

在式（1.12）中，对流层和电离层折射改正项可以按照一定的模型进行计算，卫星钟差可以从导航电文中得到。假定对流层和电离层的折射改正项已经精确求得，且卫星时钟和接收机时钟的改正数也已知，那么一旦测定了伪距，实质上也就等于测定了站星间的几何距离。而几何距离 ρ_i 和卫星坐标 (X_i, Y_i, Z_i) 与接收机坐标 (X, Y, Z) 之间的关系如下：

$$\rho_i = \sqrt{(X_i - X)^2 + (Y_i - Y)^2 + (Z_i - Z)^2} \tag{1.13}$$

由于卫星坐标可以根据卫星导航电文求得，因此式（1.13）中有 3 个未知数。若用户同时对 3 颗卫星进行伪距测量，即可解出接收机的位置（X, Y, Z）。

在上述假设中，任意观测瞬间的时钟改正数是精确已知的，而这只有稳定度特别好的原子钟才有可能实现，在数目有限的卫星上配备原子钟是可以办到的；但是在每一个接收机上都安装原子钟是不现实的，这不仅增加了接收机的体积和重量，而且大大增加了成本。

为了解决上面提出的问题，我们将观测时刻接收机的时钟改正数也作为一个未知数，那么在任何一个观测瞬间，用户至少需要同时观测 4 颗卫星，以便计算出这 4 个未知数。

观测站与卫星之间的几何距离是非线性的，即

$$\rho_i^j(t) = \sqrt{(X^j(t) - X_i)^2 + (Y^j(t) - Y_i)^2 + (Z^j(t) - Z_i)^2} \tag{1.14}$$

将式（1.14）代入式（1.12）得到伪距

$$\tilde{\rho}_i^j(t) = \sqrt{(X^j(t) - X_i)^2 + (Y^j(t) - Y_i)^2 + (Z^j(t) - Z_i)^2} + c\delta t_i - c\delta t^j + \delta I_i^j(t) + \delta T_i^j(t) \tag{1.15}$$

伪距定位方法如图 1.13 所示，用户同时观测标号分别为#1、#2、#3、#4 的卫星，且假设各颗卫星的位置坐标即（X_i, Y_i, Z_i），$i = 1$, 2, 3, 4，是已知的，假设用户的真实位置与其估计位置坐标分别为（X, Y, Z）和（X_{es}, Y_{es}, Z_{es}），且有

$$\begin{cases} X = X_{es} + \Delta x \\ Y = Y_{es} + \Delta y \\ Z = Z_{es} + \Delta z \end{cases} \tag{1.16}$$

各颗卫星到达用户估计位置的距离分别为 ρ_{es_1}, ρ_{es_2}, ρ_{es_3}, ρ_{es_4}，因此有

$$\rho_{es\_1} = \sqrt{(X_1 - X_{es})^2 + (Y_1 - Y_{es})^2 + (Z_1 - Z_{es})^2} \tag{1.17}$$

$$\rho_{es\_2} = \sqrt{(X_2 - X_{es})^2 + (Y_2 - Y_{es})^2 + (Z_2 - Z_{es})^2} \tag{1.18}$$

$$\rho_{es\_3} = \sqrt{(X_3 - X_{es})^2 + (Y_3 - Y_{es})^2 + (Z_3 - Z_{es})^2} \tag{1.19}$$

$$\rho_{es\_4} = \sqrt{(X_4 - X_{es})^2 + (Y_4 - Y_{es})^2 + (Z_4 - Z_{es})^2} \tag{1.20}$$

将式（1.17）～式（1.20）用泰勒公式展开并代入式（1.15），得

$$\tilde{\rho}_i^1 = \rho_{es\_1} + \frac{\partial \rho_{es\_1}}{\partial X_1} \cdot \Delta x + \frac{\partial \rho_{es\_1}}{\partial Y_1} \cdot \Delta y + \frac{\partial \rho_{es\_1}}{\partial Z_1} \cdot \Delta z + c\delta t_i^1 + \delta I_i^1(t) + \delta T_i^1(t) \tag{1.21}$$

$$\tilde{\rho}_i^2 = \rho_{\text{es\_2}} + \frac{\partial \rho_{\text{es\_2}}}{\partial X_2} \cdot \Delta x + \frac{\partial \rho_{\text{es\_2}}}{\partial Y_2} \cdot \Delta y + \frac{\partial \rho_{\text{es\_2}}}{\partial Z_2} \cdot \Delta z + c\delta t_i^2 + \delta I_i^2(t) + \delta T_i^2(t) \quad （1.22）$$

$$\tilde{\rho}_i^3 = \rho_{\text{es\_3}} + \frac{\partial \rho_{\text{es\_3}}}{\partial X_3} \cdot \Delta x + \frac{\partial \rho_{\text{es\_3}}}{\partial Y_3} \cdot \Delta y + \frac{\partial \rho_{\text{es\_3}}}{\partial Z_3} \cdot \Delta z + c\delta t_i^3 + \delta I_i^3(t) + \delta T_i^3(t) \quad （1.23）$$

$$\tilde{\rho}_i^4 = \rho_{\text{es\_4}} + \frac{\partial \rho_{\text{es\_4}}}{\partial X_4} \cdot \Delta x + \frac{\partial \rho_{\text{es\_4}}}{\partial Y_4} \cdot \Delta y + \frac{\partial \rho_{\text{es\_4}}}{\partial Z_4} \cdot \Delta z + c\delta t_i^4 + \delta I_i^4(t) + \delta T_i^4(t) \quad （1.24）$$

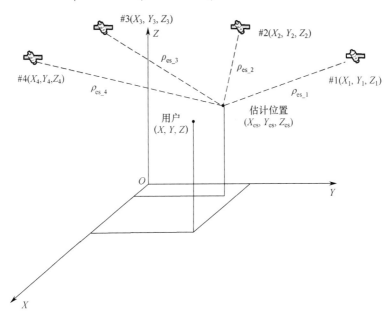

图 1.13　伪距定位方法

将式（1.17）～式（1.20）代入式（1.21）～式（1.24），得到

$$\tilde{\rho}_i^1 = \rho_{\text{es\_1}} + \frac{X_{\text{es}} - X_1}{\rho_{\text{es\_1}}} \cdot \Delta x + \frac{Y_{\text{es}} - Y_1}{\rho_{\text{es\_1}}} \cdot \Delta y + \frac{Z_{\text{es}} - Z_1}{\rho_{\text{es\_1}}} \cdot \Delta z + c\delta t_i^1 + \delta I_i^1(t) + \delta T_i^1(t)$$

$$（1.25）$$

$$\tilde{\rho}_i^2 = \rho_{\text{es\_2}} + \frac{X_{\text{es}} - X_2}{\rho_{\text{es\_2}}} \cdot \Delta x + \frac{Y_{\text{es}} - Y_2}{\rho_{\text{es\_2}}} \cdot \Delta y + \frac{Z_{\text{es}} - Z_2}{\rho_{\text{es\_2}}} \cdot \Delta z + c\delta t_i^2 + \delta I_i^2(t) + \delta T_i^2(t)$$

$$（1.26）$$

$$\tilde{\rho}_i^3 = \rho_{\text{es\_3}} + \frac{X_{\text{es}} - X_3}{\rho_{\text{es\_3}}} \cdot \Delta x + \frac{Y_{\text{es}} - Y_3}{\rho_{\text{es\_3}}} \cdot \Delta y + \frac{Z_{\text{es}} - Z_3}{\rho_{\text{es\_3}}} \cdot \Delta z + c\delta t_i^3 + \delta I_i^3(t) + \delta T_i^3(t)$$

$$（1.27）$$

$$\tilde{\rho}_i^4 = \rho_{es\_4} + \frac{X_{es} - X_4}{\rho_{es\_4}} \cdot \Delta x + \frac{Y_{es} - Y_4}{\rho_{es\_4}} \cdot \Delta y + \frac{Z_{es} - Z_4}{\rho_{es\_4}} \cdot \Delta z + c\delta t_i^4 + \delta I_i^4(t) + \delta T_i^4(t)$$

$$(1.28)$$

式（1.25）～式（1.28）即为测码伪距观测方程的线性化形式，将其写为一般形式，即

$$\tilde{\rho}_i^j(t) = (\rho_i^j(t))_0 - k_i^j(t)\delta X_i - l_i^j(t)\delta Y_i - m_i^j(t)\delta Z_i + c\delta t_i^j + \delta I_i^j(t) + \delta T_i^j(t) \quad (1.29)$$

式中，k，l，m 是观测站至卫星的方向余弦。

为了求出用户的位置和卫星与接收机的钟差，只需计算出 Δx，Δy，Δz，Δt_i^j，由于用户是同时观测 4 颗卫星的，因而 4 颗卫星与接收机钟差 δt_i^j 是相同的，记为 Δt，那么可以将式（1.25）～式（1.28）写为如下形式：

$$\begin{bmatrix} \tilde{\rho}_i^1 - \rho_{es\_1} \\ \tilde{\rho}_i^2 - \rho_{es\_2} \\ \tilde{\rho}_i^3 - \rho_{es\_3} \\ \tilde{\rho}_i^4 - \rho_{es\_4} \end{bmatrix} = \begin{bmatrix} \dfrac{X_{es} - X_1}{\rho_{es\_1}} & \dfrac{Y_{es} - Y_1}{\rho_{es\_1}} & \dfrac{Z_{es} - Z_1}{\rho_{es\_1}} & c \\ \dfrac{X_{es} - X_2}{\rho_{es\_2}} & \dfrac{Y_{es} - Y_2}{\rho_{es\_2}} & \dfrac{Z_{es} - Z_2}{\rho_{es\_2}} & c \\ \dfrac{X_{es} - X_3}{\rho_{es\_3}} & \dfrac{Y_{es} - Y_3}{\rho_{es\_3}} & \dfrac{Z_{es} - Z_3}{\rho_{es\_3}} & c \\ \dfrac{X_{es} - X_4}{\rho_{es\_4}} & \dfrac{Y_{es} - Y_4}{\rho_{es\_4}} & \dfrac{Z_{es} - Z_4}{\rho_{es\_4}} & c \end{bmatrix} \cdot \begin{bmatrix} \Delta x \\ \Delta y \\ \Delta z \\ \Delta t \end{bmatrix} + \begin{bmatrix} \delta I_i^1 + \delta T_i^1(t) \\ \delta I_i^2 + \delta T_i^2(t) \\ \delta I_i^3 + \delta T_i^3(t) \\ \delta I_i^4 + \delta T_i^4(t) \end{bmatrix}$$

$$(1.30)$$

若忽略式（1.30）的最后一项，即电离层和对流层的折射修正项，则有

$$\begin{bmatrix} \Delta x \\ \Delta y \\ \Delta z \\ \Delta t \end{bmatrix} = \begin{bmatrix} \dfrac{X_{es} - X_1}{\rho_{es\_1}} & \dfrac{Y_{es} - Y_1}{\rho_{es\_1}} & \dfrac{Z_{es} - Z_1}{\rho_{es\_1}} & c \\ \dfrac{X_{es} - X_2}{\rho_{es\_2}} & \dfrac{Y_{es} - Y_2}{\rho_{es\_2}} & \dfrac{Z_{es} - Z_2}{\rho_{es\_2}} & c \\ \dfrac{X_{es} - X_3}{\rho_{es\_3}} & \dfrac{Y_{es} - Y_3}{\rho_{es\_3}} & \dfrac{Z_{es} - Z_3}{\rho_{es\_3}} & c \\ \dfrac{X_{es} - X_4}{\rho_{es\_4}} & \dfrac{Y_{es} - Y_4}{\rho_{es\_4}} & \dfrac{Z_{es} - Z_4}{\rho_{es\_4}} & c \end{bmatrix}^{-1} \cdot \begin{bmatrix} \tilde{\rho}_i^1 - \rho_{es\_1} \\ \tilde{\rho}_i^2 - \rho_{es\_2} \\ \tilde{\rho}_i^3 - \rho_{es\_3} \\ \tilde{\rho}_i^4 - \rho_{es\_4} \end{bmatrix}$$

$$(1.31)$$

这样就求得了 Δx、Δy、Δz、Δt。对于这种近似计算，考虑到近似坐标精度比较低，坐标改正量 $(\Delta x, \Delta y, \Delta z)$ 的值比较大，因此用坐标 $(X_{es} + \Delta x$，$Y_{es} + \Delta x, Z_{es} + \Delta x)$ 代替初始的用户近似位置坐标 (X_{es}, Y_{es}, Z_{es})，重复上述计算，如此进行迭代，直至两次迭代坐标无明显的差别，最终求出用户的坐标 (X,Y,Z)。

1.3.3 载波相位测量

利用卫星测距码测距的精度较低，很难满足精密测量的要求，因此当要求测量精度达到厘米级甚至毫米级时，必须利用载波相位测量技术。

1. 载波相位测量原理

接收机需要在同一时刻测量载波信号在卫星和接收机处的相位，再将两者作差以获得卫星到接收机的伪距。例如，在某一时刻，卫星 S 发出一路载波信号，该信号在卫星 S 处的相位为 φ_S，在接收机 R 处的相位为 φ_R。φ_S 和 φ_R 为从某一点开始计算的包括整周数在内的载波相位。为方便计算，均以周为单位，一周对应 360° 的相位变化，在距离上对应一个载波波长。若载波的波长为 λ，则卫星 S 至接收机 R 间的距离为

$$\rho = \lambda(\varphi_S - \varphi_R) \tag{1.32}$$

但是在实际工作中，φ_S 是无法测得的，代替的办法是由接收机的振荡器产生一个频率和初相与卫星信号完全相同的基准信号，使得在任意一个瞬间，接收机基准信号的相位就等于卫星 S 的信号相位。

在实际的载波相位测量中，所测得的相位差包括整周部分和不足一个整周的小数部分，即相位观测值为

$$\varphi = \varphi_S - \varphi_R = N + \Delta\varphi \tag{1.33}$$

式中，N 为整周数；$\Delta\varphi$ 为不足一整周的小数部分。但是由于载波是一个单纯的正弦波，不具有任何可辨识的标识，因此无法确切知道正在测量的是第几周的相位。换句话说，N 实际不能测定，这个未知的整数 N 称为整周未知数或整周模糊度。

2. 载波相位观测方程

载波相位观测量是接收机和卫星位置的函数，只有得到了它们之间的函数关系，才能从观测量中求解出接收机的位置。

假设载波信号是正弦波 $y = A\sin(\omega t + \varphi_0)$，卫星发射载波信号的时刻为 t^j，如果接收机的时钟无误差，则接收机产生复制信号的时刻也为 t^j，接收机接收到卫星信号的时刻为 t_k，则载波信号传播的时间为 $t_k - t^j = \Delta t + N \cdot T$。于是可得星站间的距离为

$$\rho = c(\Delta t + N \cdot T) = c\frac{\Delta\varphi' + N \cdot 2\pi}{2\pi f} = \lambda\frac{\Delta\varphi'}{2\pi} + N \cdot \lambda = \lambda \cdot \Delta\varphi + N \cdot \lambda \tag{1.34}$$

式中，$\Delta\varphi'$ 以弧度为单位，而 N 和 $\Delta\varphi$ 以周数为单位。由式（1.34）可得

$$\lambda \cdot \Delta\varphi = \rho - N \cdot \lambda \qquad (1.35)$$

当接收机在 t_0 时刻锁定卫星信号并开始测量时，只能测出相位不足一周的小数部分 $\Delta\varphi$，即式（1.35）左端是可测得的，而初始时刻的相位整周数 N 是未知的，即式（1.35）右端两项是未知的。只要卫星不失锁，到 t_i 时刻，卫星与接收机间的相位差将含有三项：一是初始时刻的整周部分，该部分是固定值；二是整周变化部分，该部分可由整波计数器测得；三是不足整周的小数部分。

用 $\varphi(t_i)$ 表示整周变化部分与不足整周部分之和，并考虑接收机钟差的影响，则载波相位观测方程为

$$\lambda \cdot \varphi(t_i) = \rho + c \cdot \delta t(t_i) - N \cdot \lambda \qquad (1.36)$$

将卫星和接收机的坐标代入式（1.36），并考虑电离层和对流层改正后可得

$$\lambda \cdot \varphi(t_i) = a_k^j \delta X + b_k^j \delta Y + c_k^j \delta Z + c \cdot \delta t(t_i) - N \cdot \lambda + l_0 \qquad (1.37)$$

式中，l_0 包括几何距离近似值及电离层和对流层改正。式（1.37）中有 5 个未知数，如果观测 5 颗卫星则会有 9 个未知数。

近似载波相位观测伪距方程有

$$\tilde{\rho}_i^j(t) = \rho_i^j(t) + \delta I_i^j(t) + \delta T_i^j(t) + c\delta t_i - c\delta t^j - \lambda N_i^j(t_0) \qquad (1.38)$$

线性化之后得

$$\begin{aligned} \tilde{\rho}_i^j(t) = (\rho_i^j(t))_0 - (k_i^j(t)\delta X_i + l_i^j(t)\delta Y_i + m_i^j(t)\delta Z_i) + \\ \delta I_i^j(t) + \delta T_i^j(t) + c\delta t_i - c\delta t^j - \lambda N_i^j(t_0) \end{aligned} \qquad (1.39)$$

3. 载波相位观测的主要问题

载波相位测量中，无法直接测定卫星载波信号在传播路径上相位变化的整周数，存在整周不确定性问题，即整周模糊度。此外，在接收机跟踪 GNSS 卫星进行观测的过程中，常常由于外界噪声信号干扰、接收机天线被遮挡等原因，导致卫星信号失锁，从而产生周跳现象。整周模糊度求解问题，是载波相位观测中的关键问题，也是难点问题，可通过适当的数据处理方法来解决。

如果要进行测相伪距动态绝对定位，观测前应将接收机固定在一点上观测一段时间，以求得整周模糊度，这一过程称为初始化，然后才能进行测相伪距动态绝对定位。

在载波相位观测时应注意，整周数的变化部分由计数器记录，这期间信

号不能间断，如果此期间到达接收机的信号被遮挡造成失锁，遮挡期间整周计数暂停，遮挡移去后继续计数，这就丢掉了遮挡期间的若干相位周数。这种情况叫周跳，引起周跳的另一种原因是强电磁干扰。

1.3.4 卫星导航定位的精度

GNSS 的定位精度主要取决于两个因素：卫星的几何分布和测量误差。GNSS 定位误差可以用几何图形精度因子 GDOP 与总的等效距离误差 σ 的乘积来表示。本节将讨论如何测量误差的来源，评价定位精度的方法，以及卫星的几何分布对定位精度的影响等问题。

1. GNSS 测量误差

GNSS 卫星定位指通过地面接收卫星传送的载波相位、伪距和星历数据来确定地面某一点的三维坐标。GNSS 的测量误差主要来源是 GNSS 卫星、信号的传播过程和接收机。在高精度的测量过程中，定位精度还会受到与地球整体运动有关的负荷潮汐、固体潮汐及相对论效应等的影响。

1）与 GNSS 卫星有关的误差（空间段误差）

这部分误差主要包括卫星星历误差和卫星时钟误差，它们是由于 GNSS 的地面监控部分不能准确地预测并测量出卫星时钟的钟漂和卫星的运行轨道而引起的。

卫星上虽然使用了高精度的原子钟，但它们仍不可避免地存在着误差。这种误差既包含系统误差（由频偏、钟差、频漂等产生的误差），也包含随机误差。系统误差要比随机误差大，但可以通过模型加以修正，因而随机误差就成为衡量卫星钟质量的重要标志。

GNSS 地面监控部分用星历参数来描述、预测卫星运行的轨道，但 GNSS 卫星在运行过程中必然会受到各种复杂摄动力的影响，所以预测的轨道模型与卫星的真实轨道之间必然存在差异。各颗卫星的星历误差一般是相互独立的。

2）与信号传播有关的误差（环境段误差）

GNSS 信号从卫星端传播到接收机需要穿越大气层，大气层对信号传播的影响主要是大气时延。大气时延误差通常分为对流层延时和电离层延时。

离地面 50～1000km 的大气层称为电离层，电离层中的大气分子和原子在太阳光的照射与地外高能射线的作用下，会分解成电子和大气电离子。当电磁波穿过充满电子的电离层时，它的传播速度和方向会发生改变，致使 GNSS 的测量结果产生电离层的偏离误差。

对流层位于大气层的底部，其顶部离地面大约 40km，对流层集中了大气层 99% 的质量，其中的氮气、氧气和水蒸气等是造成 GNSS 信号传播时延的主要原因。卫星信号通过对流层时传播速度要发生变化，从而使测量结果产生相应误差，该误差会受到气压、气温及温度等因素的影响。

此外，接收机天线除了接收从 GNSS 卫星发射后经直线传播的电磁波信号，还可能接收一个或多个由该电磁波经周围地物反射一次或多次后的信号，这称为多路径效应。多路径效应同样会对 GNSS 的测量结果产生误差，该误差受接收机天线性能和接收机周围环境的影响。

3）与接收机有关的误差（用户段误差）

该部分含义相当广泛，包括接收机的位置误差（接收机天线零相位中心点与接收机位置不重合）、接收机的时钟误差、各部分电子器件的热噪声、信号量化误差、测定码相位与载波相位的算法误差及接收机软件中的计算误差等。

2. 精度因子

在导航学中，一般采用精度因子（Dilution of Precision，DOP）来评价定位结果，精度因子也称精度系数或误差系数，其对定位结果的影响为

$$m_x = \text{DOP} \cdot \sigma \tag{1.40}$$

DOP 即伪距绝对定位中权系数矩阵中主对角线元素的函数，权系数矩阵为

$$Q_x = (A_i^{\text{T}} A_i)^{-1} \tag{1.41}$$

或者表示为

$$Q_x = \begin{bmatrix} q_{11} & q_{12} & q_{13} & q_{14} \\ q_{21} & q_{22} & q_{23} & q_{24} \\ q_{31} & q_{32} & q_{33} & q_{34} \\ q_{41} & q_{42} & q_{43} & q_{44} \end{bmatrix} \tag{1.42}$$

式（1.42）中的元素反映了在一定的几何分布的情况下，不同参数的定位精度及其空间相关性的信息，这是评价定位结果的依据。利用这些元素的不同组合，即可从不同方面对定位精度做出评价。

式（1.42）的权系数矩阵一般是在空间直角坐标系中给出的，而实际为了估算观测站的位置精度，常采用其在大地坐标系中的表达式。假设在大地

坐标系中，相应点位的权系数矩阵为

$$\boldsymbol{Q}_B = \begin{bmatrix} q_{11} & q_{12} & q_{13} \\ q_{21} & q_{22} & q_{23} \\ q_{31} & q_{32} & q_{33} \end{bmatrix} \tag{1.43}$$

根据方差和协方差传播定律可得

$$\boldsymbol{Q}_B = \boldsymbol{H}\boldsymbol{Q}_x'\boldsymbol{H}^{\mathrm{T}} \tag{1.44}$$

式中，

$$\boldsymbol{Q}_x' = \begin{bmatrix} q_{11} & q_{12} & q_{13} \\ q_{21} & q_{22} & q_{23} \\ q_{31} & q_{32} & q_{33} \end{bmatrix} \tag{1.45}$$

$$\boldsymbol{H} = \begin{bmatrix} -\sin B\cos L & -\sin B\sin L & \cos B \\ -\sin L & \cos L & 0 \\ \cos B\cos L & \cos B\sin L & \sin B \end{bmatrix} \tag{1.46}$$

在实际中，根据不同要求，可选用不同的精度评价模型和相应的精度因子，通常包括如下几种。

（1）三维位置精度因子 PDOP（Position DOP），

$$\mathrm{PDOP} = \left(q_{11} + q_{22} + q_{33}\right)^{1/2} \tag{1.47}$$

其相应的三维定位精度为

$$m_{\mathrm{p}} = \mathrm{PDOP} \cdot \sigma \tag{1.48}$$

（2）水平分量精度因子 HDOP（Horizontal DOP），

$$\mathrm{HDOP} = \left(q_{11} + q_{22}\right)^{1/2} \tag{1.49}$$

其相应的水平分量精度为

$$m_{\mathrm{H}} = \mathrm{HDOP} \cdot \sigma \tag{1.50}$$

（3）垂直分量精度因子 VDOP（Vertical DOP），

$$\mathrm{VDOP} = \left(q_{33}\right)^{1/2} \tag{1.51}$$

其相应的垂直分量精度为

$$m_{\mathrm{V}} = \mathrm{VDOP} \cdot \sigma \tag{1.52}$$

（4）接收机钟差精度因子 TDOP（Time DOP），

$$\mathrm{TDOP} = \left(q_{44}\right)^{1/2} \tag{1.53}$$

其相应的钟差精度为

$$m_{\mathrm{T}} = \mathrm{TDOP} \cdot \sigma \tag{1.54}$$

（5）同时还有几何精度因子 GDOP（Geometric DOP），几何精度因子是

综合 PDOP 和 TDOP，描述三维位置和时间误差综合影响的精度因子，

$$\text{GDOP} = \left(\text{PDOP}^2 + \text{TDOP}^2\right)^{1/2} = \left(q_{11} + q_{22} + q_{33} + q_{44}\right)^{1/2} \tag{1.55}$$

其相应的时空精度为

$$m_{\text{G}} = \text{GDOP} \cdot \sigma \tag{1.56}$$

3. 卫星的几何分布

精度因子影响 GNSS 绝对定位的误差，而所测卫星的几何分布情况影响精度因子。由于观测卫星的选择和卫星的运动不同，所测卫星在空间的几何分布图形是不断变化的，因而精度因子的数值也是不断变化的。

既然卫星的几何分布图形影响精度因子，那么哪种分布图形比较适宜自然是值得关心的问题。理论分析得出结论：假设观测站与 4 颗卫星构成一个六面体，则精度因子 GDOP 与该六面体体积 V 的倒数成正比，即

$$\text{GDOP} \propto \frac{1}{V} \tag{1.57}$$

从式（1.57）可以看出，所测卫星在空间的分布范围越大，六面体的体积就越大，则 GDOP 值越小；反之，六面体的体积越小，GDOP 值越大。

理论分析表明：由观测站至 4 颗卫星的观测方向中，当任意两个方向之间的夹角接近 109.5° 时，其六面体的体积最大。但实际观测中，为减弱大气折射的影响，所测卫星的高度角不能过低。因此，必须在满足卫星高度角要求的前提下，尽可能使六面体的体积接近最大。通常认为，当高度角满足上述条件，1 颗卫星处于天顶，而其余 3 颗相距约 120° 时，六面体体积接近最大,这可作为实际工作中选择和评价卫星分布的参考。图 1.14 为 GDOOP 比较图。

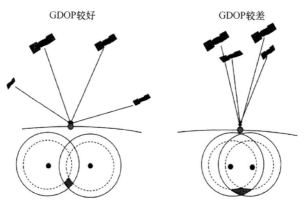

GDOP 较好　　　　　　　　GDOP 较差

图 1.14　GDOP 比较图

1.4 卫星导航系统误差

1.4.1 卫星导航系统误差简介

根据卫星导航定位测量误差产生的原因和性质，卫星导航系统的误差可以分为系统误差（也称偏差，Bias）和偶然误差（Errors）。系统误差是具有系统性特征的误差，对卫星导航系统的影响较大，最大可达数百米。系统误差通常与某些变量如时间、位置和大气等函数有关系，因此系统误差的影响可以通过对系统误差源建模的方法来消除或抑制。偶然误差包括卫星信号发生部分和接收机信号接收处理部分的随机噪声、观测误差和多路径效应等其他外部某些具有随机特征的影响误差。偶然误差具有随机性，对卫星定位系统的影响较小，通常在毫米级至米级。

卫星导航定位中出现的各种误差，从误差源产生的阶段来讲可以分为三类：一是产生于空间段的误差，二是产生于环境段的误差，三是产生于用户段的误差。

（1）在空间段产生的误差主要与卫星本身有关，包括由于卫星轨道误差、卫星钟差、地球自转及相对论效应等原因产生的误差。卫星轨道参数和星钟模型是由卫星广播的导航电文给出的，但实际上卫星并不精确地位于导航电文所预报的位置。即使卫星时钟用导航电文中的星钟模型校正后，也不会与卫星导航系统时间同步。这些误差在各颗卫星之间是不相关的，它们对伪距测量结果和载波相位测量结果的影响相同。空间段中卫星轨道和卫星时钟的误差与地面跟踪台站的位置和数目、卫星导航系统的标准时间、描述卫星轨道的模型及卫星在空间的几何结构有关。

（2）在环境段产生的误差包括与卫星信号传输路径和观测方法有关的误差，如电离层和对流层延迟、多路径效应误差等。卫星信号在穿越大气层时会在电离层和对流层发生折射，从而导致信号传输误差。地面上的高大建筑物和水面等反射面也会反射卫星信号，从而产生多路径效应，产生信号的干涉误差。

（3）在用户段产生的误差主要是由接收机时钟偏差、天线相位中心偏差等引起的误差。由于卫星电磁波信号传输的速度为光速，接收机的时钟偏差对卫星导航定位结果会造成极大的影响，一般将其设为未知数来求解。在精密测量时，天线本身的相位中心与实际测量的物理中心不一致也会给测量带来误差。

各种原因产生的误差有相当复杂的频谱特征和其他特征，而且部分误差源之间可能还是相关的，在进行精密测量时必须分析其复杂的交叉耦合关系。在本书中，为了使读者更清晰地了解各种误差源的产生与消除方法，假设误差源是非相关的，并用不同的方程来描述其特性。

1.4.2　空间段误差

1. 卫星星历误差

卫星星历误差又称卫星轨道误差，是由星历参数或者其他轨道信息所推算出的卫星位置与卫星的实际位置之差。

卫星导航系统的地面监测站的位置是精确已知的，且站内有精准的原子钟。在进行卫星轨道测定时，可用分布在不同地区的若干监测站跟踪监测同一颗卫星，测定星站间距离，再根据观测方程，确定卫星所在的位置。由已知地面监测的位置求解卫星位置的定位方式，称为反向测距定位（或称定轨）。主控站将监测站长期测量的数据进行最佳滤波处理，形成星历，注入卫星，再以导航电文的形式发射给用户。

由于卫星在空中运行受到多种天体摄动力的影响，地面监测站难以充分、可靠地测定这些摄动力的影响，因此所测定的卫星轨道含有误差。同时监测系统的质量，如跟踪站的数量及空间分布、轨道参数的数量和精度、计算轨道时所用的轨道模型及定规软件的完善程度，也会导致星历误差。此外，用户得到的卫星星历并不是实时的，而是由用户接收的导航电文中对应某一时刻的星历参数推算出来的，由此也会导致计算卫星位置时产生误差。广播星历误差对观测站坐标的影响一般可达数米甚至上百米。另外，星历误差是一种系统性误差，不可能通过多次重复观测来消除。所以，我们必须在对星历模型进行修正或在接收结算时，考虑误差并进行消除。

2. 卫星时钟误差

卫星时钟误差指的是卫星的时钟与导航系统标准时之间的不同步偏差。卫星上虽然使用了高精度的原子钟（如铯钟、铷钟），但是这些钟与卫星导航系统标准时之间会有钟差、频偏、频漂和随机误差，并且随着时间推移，这些频偏和频漂还会发生变化。由于卫星位置是时间的函数，所以卫星导航系统的观测量均以精密测量时为依据，星钟误差会对伪码测距和载波相位测量

结果产生影响，这种偏差的总量可达 1ms，产生的等效距离误差可达 300km。

卫星导航系统实质上是一个测时/测距定位系统，所以卫星导航系统定位精度与时钟误差密切相关。以 GPS 为例，GPS 测量的统一时间标准为 GPS 时间系统，该时间系统由 GPS 地面监控系统来确定和保持。各 GPS 卫星都配置高精度的原子钟以保证卫星时钟的高精度，但它们与 GPS 标准时之间仍存在总量为 0.1～1ms 的偏差和漂移，由此引起的等效距离误差将达到 30～300km，必须予以精确修正。

3. 相对论效应的影响

相对论效应是由于卫星钟和接收机钟所处的状态不同而引起的卫星钟和接收机钟之间产生相对钟差的现象，包括狭义相对论效应和广义相对论效应。

根据狭义相对论，一个频率为 f 的振荡器安装在飞行速度为 v 的载体上，由于载体在运动，对地面观测者来说钟将产生频率变化。所以由于时间膨胀，钟的频率将随着速度的变化而变化。在狭义相对论的影响下，时钟安装在卫星上之后会变慢。

另外，根据广义相对论，处于不同等位面的振荡器，其频率将由于引力位的不同而产生变化。这种现象常被称为引力频偏。即根据广义相对论，钟的频率与其所处的重力位有关。在广义相对论的作用下，卫星上钟的频率将会变快。

在狭义相对论效应和广义相对论效应的共同作用下，卫星钟比安装在地面上的钟走得快。为消除相对论效应的影响，卫星上的时钟应该调整得比地面慢些。但是，由于地球运动和卫星轨道高度的变化及地球重力场的变化，上述相对论效应的影响并非常数，对于精密定位来说，这种影响是不能忽略的。

1.4.3 环境段误差

环境段产生的误差主要包括电离层延迟误差、对流层延迟误差、多路径效应误差和其他干扰。大气折射效应是指信号在穿过大气层时，速度将发生变化，传播路径也会发生弯曲，也称大气延迟。在卫星导航定位系统的测量定位中，通常仅考虑信号传播速度的变化。在色散介质中，不同频率的信号所产生的折射效应不同；在非色散介质中，不同频率的信号所产生的折射效应相同。对于卫星导航定位系统的信号来说，电离层是色散介质，对流层是非色散介质。

1. 电离层延迟误差

大气层可以分为电离层和对流层两大部分，其中电离层离地面 50～1000km。电离层主要由太阳辐射而电离的气体组成，包含大量的自由电子和正离子。因此，当卫星信号的电磁波穿过电离层时，由于电荷密度的不同会导致信号的传播速度和传播路径均发生变化。观测站在计算时如果仍然采用传播时间乘以真空中光速的方法来求取信号的传播距离，就会引起较大的误差，这一误差就是电离层延迟误差。

卫星信号的电离层延迟误差具有以下特点。

（1）对于同一地点的观测站，不同方向所接收的卫星信号中包含的电离层延迟误差不同。观测站天顶方向的电离层延迟误差最小，卫星仰角越低的地方，电离层延迟导致的误差越大。

（2）相同地点的观测站，在不同时刻观测到的卫星信号所包含的电离层延迟误差不同，白天电离层延迟误差比夜晚的误差要大。

（3）不同地点的观测站，电离层延迟误差不同。但是电离层延迟误差具有较强的地理相关性，因此对于同一颗卫星，距离不远（50km 以内）的观测站所接收到的信号其电离层延迟误差基本相同。

卫星导航系统的电离层延迟误差经过双频观测改正后的距离残差是厘米级的。因此在进行精密测量时，一般采用双频卫星导航定位接收机。对于使用单频卫星导航定位接收机的用户，无法测量其电离层的延迟。为了减轻电离层延迟误差的影响，在进行计算时采用卫星信号中的导航电文提供的实测电离层模型，或用当地的电离层统计模型对观测量加以改正。但是由于电离层电子的数量变化大，导航电文中提供的实测模型改正效果较好，而历史数据统计模型改正效果较差。

一种方法是利用两台或多台接收机，对同一颗或同一组卫星进行同步观测，再求同步观测值的差值，以减弱电离层折射的影响。尤其当两个或多个全球卫星导航系统观测站的距离较近时（20km 左右），由于卫星信号到达不同观测站的路径相似，所经过的电离层介质状况相似，所以通过不同观测站求相同卫星同步观测值的差值，便可显著地减弱电离层折射的影响。对单频接收机的用户，这一方法效果尤其明显。

2．对流层延迟误差

对流层是位于地面向上 40km 范围内的大气底层，质量占整个大气质量的 99%。对流层与地面接触，从地面得到辐射热能，垂直方向平均每升高 1km 温度会降低约 6.5℃，而水平方向（南北方向）的温度差每 100km 一般不会超过 1℃。对流层具有很强的对流作用，风、雨、云、雾、雪等主要天气现象均出现在其中。该层大气除了含有各种气体元素，还含有水滴、冰晶、尘埃等杂质，对电磁波传播影响很大。在对流层中，由于折射的存在，电磁波的传播速度会发生变化。

对流层的大气密度比电离层更大，大气状态也更复杂。因此，卫星信号通过对流层时，路径也会发生弯曲。除了与高度变化有关，对流层的折射率与大气压力、温度和湿度关系密切。由于大气对流作用强，大气的压力、温度、湿度等因素变化非常复杂，所以目前大气对流层折射率的变化及其影响的判断，尚难以准确地模型化，根据经验值所得到的对流层延迟的改正模型较多。目前使用的各种对流层模型，即使应用实时测量的气象资料，电磁波的传播路径延迟经对流层折射改正之后的残差仍保持在对流层影响的 5% 左右。

3．多路径效应

多路径效应也叫多路径误差，指的是卫星向地面发射信号时，接收机除了接收卫星直射的信号，还可能收到周围建筑物、水面等一次或多次反射的卫星信号，这些信号叠加起来，会引起测量参考点（卫星导航接收机天线相位中心）位置的变化，从而使观测结果产生误差。

多路径效应主要受接收机附近的反射表面影响，如高大的建筑物、军舰高层结构、航天飞机或其他空间飞行器的外表面等，如图 1.15 所示。在图 1.15 中，卫星信号通过 3 个不同的路径到达接收机天线，其中一个直接到达，另外两个间接到达。因此，接收机天线所收到的信号有相对相位的偏移，而且这些相位差与路径长度成正比。由于反射信号的路径形状是任意的，多路径效应没有通用的模型。但是，多路径效应的影响可以通过多个载波及载波相位的测量差进行估计，其原理是：对流层、星钟误差和相对论作用以相同的量影响伪码和载波相位测量，电离层和多路径作用是频率相关的。因此，一旦得到与电离层无关的伪码距和载波相位，对它们进行差分处理，除多路径外，前面所述的所有影响可以消除，剩下的主要是多路径的影响。

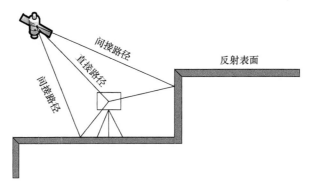

图 1.15　多路径效应

1.4.4　用户段误差

用户段误差主要是指在用户接收设备上产生的相关误差，主要包括观测误差、接收机钟差、接收机天线相位中心偏差、载波相位观测的整周跳变和地球自转与潮汐现象在接收机上产生的误差等。

1. 观测误差

观测误差不仅与卫星导航系统接收机软、硬件的观测分辨率有关，还与天线的安装精度有关。根据实验结果，一般认为观测的分辨率误差为信号波长的 1%，对卫星导航系统码信号和载波信号的观测精度，以 GPS 系统为例，如表 1.8 所示。

表 1.8　观测分辨率引起的观测误差

信　　号	波长/m	观测误差/m
C/A 码	293	2.9
P 码	29.3	0.3
L1 载波	0.1905	2.0×10^{-5}
L2 载波	0.2445	2.5×10^{-5}

天线的安装精度引起的观测误差指的是天线对中误差、天线整平误差及量取天线相位中心高度（天线高）的误差。例如，当天线高度为 1.6m 时，如果天线整平误差为 0.1°，则由此引起光学对中器的对中误差约为 3mm。所以，在精密定位中应注意整平天线，仔细对中，以减少安装误差。

2. 接收机钟差

卫星导航系统接收机一般采用高精度的石英钟，其日频稳定度约为

10^{-11}。如果站钟与星钟的同步误差为 $1\mu s$,则引起的等效距离误差约为 $300m$ 。若要进一步提高站钟精度,可使用恒温晶体振荡器,但它的体积及耗电量大,频率稳定度也只能提高 $1\sim 2$ 个数量级。在单点定位时,一般将钟差作为未知参数与观测站的位置参数一并求解。在定位时,如果假设每一个观测瞬间钟差都是独立的,则处理较为简单,所以该方法被广泛地应用于动态绝对定位中。在载波相位相对定位过程中,采用对观测值求差(星间单差、星站间双差)的方法,可以有效地消除接收机钟差。在定位精度要求较高时,可采用外接频标(时间标准)的方法,如铷原子钟或铯原子钟等,这种方法常用于固定观测中。

3．接收机天线相位中心偏差

接收机的位置偏差是指接收机天线的相位中心相对测站中心位置的偏差。在卫星导航系统定位过程中,无论是测码伪距还是测相伪距,其观测值都是卫星到卫星导航系统接收机天线相位中心的测量距离。而天线对中都是以天线几何中心为准的,所以对于天线的要求是它的相位中心与几何中心应尽可能保持一致。

实际上天线的相位中心位置会随信号输入的强度和方向不同而发生变化,所以观测时相位中心的瞬时位置(称为视相位中心)与理论上的相位中心位置将会有所不同。天线相位中心与几何中心的差称为天线相位中心的偏差,这个偏差会造成定位误差,根据天线性能的好坏,可达数十毫米或数厘米,所以对精密相对定位来说,这种影响也是不容忽视的。

如何减小相位中心的偏移,是天线设计中的一个关键问题。在实际测量中,若使用同一类型的天线,在相距不远的两个或多个测站上同步观测同一组卫星,可通过求观测值的差来削弱相位中心偏差的影响。不过,这时各观测站的天线都应按天线盘上附有的方位标志进行定向,以满足一定的精度要求。另外,建立观测方程时也需要考虑卫星和接收机天线相位中心的偏差改正。相位中心的偏差改正可以通过改正卫星或接收机的坐标来实现,也可以通过直接改正观测值的方法来实现。

4．载波相位观测的整周跳变

目前普遍使用的精密观测方法是载波相位观测法,它能将定位精度提高到毫米级。但是,在观测历元 t ,卫星导航系统接收机只能提供载波相位非整周的小数部分和从锁定载波时刻 t_0 至观测历元 t 之间的载波相位变化整周数，而无法直接获得载波相位于锁定时刻在整个传播路径上变化的整周数，其原理如图 1.16 所示。

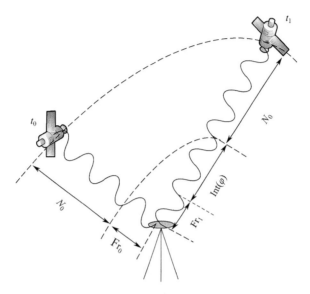

图 1.16　载波相位观测原理

因此，在测相伪距的观测中，需求出载波相位整周模糊度，其计算值的精确度会对测距精度产生影响。确定整周模糊度 N_0 是载波相位测量的一项重要工作。由于卫星导航接收机在进行载波相位测量的同时也可以进行伪距测量，而伪距观测值减去载波相位测量的实际观测值（转换为以距离为单位）之后即可得到 $\lambda \cdot N_0$。但由于伪距测量的精度较低，所以要用较多的 $\lambda \cdot N_0$ 取平均值后才能获得准确的整周数。但是以上方法的精度较低，在实际测量中一般根据基线的长度，求取整周模糊度的整数解或实数解。因为整周未知数在理论上讲应该是一个整数，利用这一特性能提高解的精度。在短基线定位时一般采用这种方法，而当基线较长时，误差的相关性将降低，许多误差消除得不够完善。所以无论是基线向量还是整周未知数，都无法估计得很准确，在这种情况下通常将实数解作为最后解。

如果在观测过程中接收机可以保持对卫星信号的连续跟踪，则整周模糊度 N_0 将保持不变，整周计数 $Int(\varphi)$ 也将保持连续，但当由于某种原因使接收机无法对卫星信号进行连续跟踪时，在卫星信号被重新锁定后，N_0 将发生变化，而 $Int(\varphi)$ 也不会与前面的值保持连续，这一现象称为整周跳变，其示意图如图 1.17 所示。

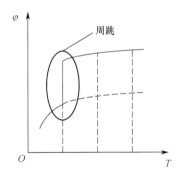

图 1.17　整周跳变示意图

在采用载波相位观测法测距时，除了要解决整周模糊度的计算问题，在观测过程中还可能出现周跳问题。值得注意的是，周跳现象在载波相位测量中是很容易发生的，它对测相伪距观测值的影响很大，是精密定位数据处理中非常重要的问题。

周跳现象将会破坏载波相位测量的观测值 $\mathrm{Int}(\varphi)+\Delta\varphi$ 随时间而有规律变化的特性，但卫星的径向速度很大，最大可达 0.9km/s，整周计数每秒可变化数千周。所以，相邻观测值间的差值也较大，如果周跳仅仅是几周或几十周，则不容易被发现。此时可以采用在相邻的两个观测值之间依次求多次差的方法对周跳进行探测。

5. 地球自转及消除方法

与地球固联的协议地球坐标系，随地球一起绕 z 轴自转，卫星相对于协议地球坐标系的位置（坐标值）是相对历元而言的。如果发射信号的某一瞬时，卫星处于协议坐标系中的某个位置，当卫星信号传播到观测站时，由于地球会自转，卫星已不在发射瞬时的位置，此时确定卫星位置应该考虑地球的自转改正，来消除地球自转的影响。

6. 地球潮汐效应及消除方法

日、月天体的引力会导致海洋产生潮汐现象，促使海水质量重新分布，从而产生海洋潮汐的附加位。这些附加位的变化引起地面监测站位置的周期性变形，近海地区受到的影响尤其明显，垂向估值变化可以达到几厘米。海洋潮汐负荷分布与全球海潮高分布相关，海潮起落异常复杂，但其根本的动力源来自日、月天体。

在地球固体潮和海洋负荷潮的共同作用下，观测站垂向位移量最大可达

80cm，导致不同时间的卫星导航系统的定位结果存在周期变化。因此，在大范围的高精度相对定位或差分定位的工作中，必须利用地球潮汐改正误差模型进行修正，以便获得高精度的三维定位结果。

1.5　卫星导航增强系统

1.5.1　星基增强系统

卫星导航系统增强系统是借助美国 GPS 实施可用性选择（SA）政策而发展起来的。2000 年美国取消了 SA 政策，导航定位精度有了一定程度的提高，随着全球卫星导航系统应用的不断推广和深入，现有的卫星导航系统在定位精度、可用性、完好性等方面还是无法满足一些高端用户的要求。为此，各种卫星导航增强系统应运而生。

1. 美国 WAAS

广域增强系统（Wide Area Augmentation System，WAAS）是根据美国联邦航空局（FAA）的导航需求而建设的 GPS 星基增强系统。WAAS 包含三部分内容：一是提供 L 波段测距信号，二是提供 GPS 差分改正数据，三是提供完好性信息。以此为基础改进单一 GPS 系统的导航精度、完好性和可用性。

WAAS 于 2003 年 7 月正式开始运行，现由 38 个参考站（其中 9 个在非美国的北美地区）、3 个主控站、6 个地球上行站、2 个运行控制中心及 3 颗地球同步卫星（不属于 GPS 编制）组成。其中，3 颗地球同步卫星分别位于西经 133°、107.3°和 98°；25 个地面站按其需求分布在美国境内，负责搜集 GPS 卫星的一切数据。其中，3 个主控站分别位于美国的东西部沿海，负责搜集卫星的轨道误差、卫星上原子钟误差，校正由于大气及电离层传播所造成的信号延时等，将得到的数据通过两颗地球同步卫星广播出去。

WAAS 并不具有像 GPS 那样的功能，它的空间部分为两颗地球同步卫星，所以覆盖范围不是全球性的。目前 WAAS 为美国本土提供信号。WAAS 的目标是改善 GPS 标准定位信号 SPS 的完好性、可用性、连续服务性和精度，可以为民航、车辆及个人用户提供服务。

2. 欧洲 EGNOS

欧洲地球静止导航重叠服务（European Geostationary Navigation Overlay

Service，EGNOS）系统的联合建设工作由欧洲航天局、欧洲空间导航安全组织和欧盟委员会提出。EGNOS 的实施始于 1998 年，其卫星实验平台 2000 年 2 月开始投入使用。

EGNOS 系统在原理上和美国的 WAAS 是一样的，覆盖的区域则是整个欧洲。EGNOS 系统能够为欧洲无线电导航用户提供高精度的导航和定位服务，系统包括 3 颗地球静止轨道卫星和一个地面站网络。卫星发送的定位信号类似于 GPS 和 GLONASS 卫星的信号，但 EGNOS 的信号加入了完好性信息，包括每颗 GPS 和 GLONASS 卫星的位置、卫星上原子钟的精度及可能影响定位精度的电离层干扰信息。3 颗地球静止轨道卫星分别是 IN-MARSAT AOR-E（西经 15.5°）、ARTEMIS（西经 21.3°）和 IN-MARSAT IOR-W（东经 65.5°），地面部分由 34 个测距与完好性监测站（RIMS）、4 个控制中心和 6 个导航地面站组成。该系统的稳定性很好，精度很高。在实际应用中，该系统的定位精度优于 1 米，可靠性达到 99%。

3. 日本 MSAS

日本多功能卫星增强系统（Multi-functional Satellite Augmentation System，MSAS）由日本气象厅和日本交通厅组织建造。它是一种类似于美国 WAAS 的 GPS 外部增强系统，但不同的是 MSAS 采用日本自行发射的"多功能运输卫星"（MTSAT），主要目的是为日本飞行区的飞机提供全程通信和导航服务。MTSAT 卫星装有导航信号转发器，转发由地面基准站播发的导航增强信号。系统能够覆盖日本、澳大利亚等地区。

MTSAT 卫星是一种地球静止卫星，位于东经 40°和东经 145°。MSAS 系统由两颗卫星组成，其中 MTSAT 1R 卫星已于 2005 年 2 月 26 日发射，MTSAT 2 卫星于 2006 年 2 月 18 日发射。MTSAT 卫星采用 Ku 波段和 L 波段两个频点，其中，Ku 波段的频率主要用来播发高速的通信信息和气象数据，L 波段的频率与 GPS 的 L1 频率相同，主要用于导航服务。

4. 印度 GAGAN

印度 GPS 辅助增强导航（GPS Aided GEO Augmented Navigation，GAGAN）系统建造的目的是满足日益增长的空中交通导航的需要，加强航空导航能力。GAGAN 系统将提高安全性，改善恶劣天气条件下机场和空域的使用状况，增强可靠性，减少飞行延误。

GAGAN 系统由印度机场管理局（AAI）、印度空间研究组织（ISRO）

与美国雷声公司联合组织开发。AAI 负责建造地面基础设施，包括基站、上行链路地面站和主控中心。GAGAN 系统的建设主要包括两个阶段：技术验证（TDS）阶段和最后操作运行（FOP）阶段。在 TDS 阶段主要完成系统指标分配、系统联调和在轨测试，该阶段测试的内容主要是系统的精度指标，不包括完好性信息和生命安全服务（SOL）的测试。FOP 阶段在 TDS 阶段完成的基础上，采用 3 颗地球静止卫星对 GPS 信号进行增强，完成最后的集成并投入运行，且能对系统的完好性信息和 SOL 服务进行论证。

GAGAN 系统由空间段和地面段组成。空间段是 GSAT 4 卫星上的 GPS 双频（L1 与 L5）导航有效载荷，卫星采用 C 波段和 L 波段的频率作为载波。其中，C 波段主要用于测控，L 波段的 L1、L5 频率与 GPS 的 L1（1575.42MHz）和 L5（1176.45MHz）频率完全相同，并可与 GPS 兼容和互操作。空间信号覆盖整个印度，能为用户提供 GPS 信息和差分改正信息。地面段由 8 个印度基站、1 个印度主控中心（INMCC）、1 个印度陆地上行链路站（INLUS）及相关导航软件和通信链路组成。

5. 俄罗斯 SDCM

俄罗斯差分校正与监视系统（System of Differential Correction and Monitoring，SDCM）类似于美国的 WAAS 和欧洲的 EGNOS 系统，它能够监视 GPS 和 GLONASS 的完好性，提供 GLONASS 的差分校正和分析结果等。该系统由两部分组成：地基参考站网络和两颗地球静止轨道中继卫星，其水平定位精度可达 1～1.5m，垂直定位精度可达 2～3m，基站附近（200km 范围内）的实时定位精度可以达到厘米级。SDCM 计划建设 19 个地面参考站，空间部分的两颗中继卫星即“射线”5A 和 5B 由位于克拉斯诺亚尔斯克的列舍特涅夫研究与产品中心研制，这两颗卫星能够提供 GLONASS 校正数据，分别部署在西经 16°和东经 95°。

SDCM 可以覆盖俄罗斯联邦全境。目前，俄罗斯政府计划在俄罗斯境外建立监测站，以改善 GLONASS 的完好性，提高精度和可靠性。

1.5.2　地基增强系统

1. HA-NDGPS

国家差分 GPS 是由美国联邦铁路管理局、美国海岸警卫队和联邦公路管理局经营和维护的地面增强系统，它为地面和水面的用户提供更精确和完善的 GPS 导航服务。现代化的工作包括正在开发的高精度 NDGPS

（HA-NDGPS），此系统可以用来加强性能使整个覆盖范围内的精确度达到10～15cm。NDGPS 严格按照国际标准建造，世界上五十多个国家已经采用了类似的标准。

2. LAAS

局域增强系统（Local Area Augmentation System，LAAS）是一个能够在局部区域内提供高精度 GPS 定位服务的导航增强系统。其原理与广域增强系统（WAAS）类似，只是用地面的基准站代替了 WAAS 中的 GEO 卫星，通过这些基准站向用户发送测距信号和差分改正信息，可以实现飞机精密进场的功能。

3. IGS

国际 GNSS 服务组织（the International GNSS Service，IGS）的前身为国际 GPS 服务组织。IGS 提供的高质量数据和产品被用于地球科学研究等多个领域。IGS 组织由卫星跟踪站、数据中心、分析处理中心等组成，它能够在网上实时地提供高精度的 GPS 数据和其他数据产品，可以满足广泛的科学研究工作及工程领域的需要。

4. CORS

连续运行参考站系统（CORS）是一种被广泛使用的地基增强手段。其工作原理是在同一批测量的 GNSS 点中选出一些点位可靠并对整个测区具有控制意义的测量站，进行较长时间的连续跟踪观测，通过这些站点组成的网络解算，获取覆盖该地区和该时间段的"局域精密星历"及其他改正参数，用于测区内其他基线观测值的精密解算。

CORS 站很好地迎合了长距离、大规模的厘米级高精度实时定位的需求。CORS 在测量中扩大了覆盖范围，降低了作业成本，提高了定位精度并减少了用户定位的初始化时间。

1.5.3 北斗地基增强系统

北斗地基增强系统是国家重大信息基础设施，用于协助北斗卫星导航系统增强定位精度和提高完好性服务。北斗地基增强系统由北斗基准站系统、通信网络系统、国家数据综合处理系统与数据备份系统、行业数据处理系统、区域数据处理系统和位置服务运营平台、数据播发系统、北斗/GNSS 增强用户终端等分系统组成。

北斗地基增强系统通过在地面上按一定距离建立的若干固定北斗基准站接收北斗导航卫星发射的导航信号，经通信网络传输至数据综合处理系统，处理后得到北斗导航卫星的精密轨道和钟差、电离层修正数、后处理数据产品等信息，通过卫星、数字广播、移动通信等方式实时播发，并通过互联网提供后处理数据产品的下载服务，满足北斗卫星导航系统服务范围内广域米级和分米级、区域厘米级的实时定位和导航需求，以及后处理毫米级的定位服务需求。

1．北斗地基增强系统组成

1）北斗基准站网

北斗基准站网包括框架网和区域加强密度网两部分。框架网基准站大致均匀布设在中国陆地和沿海岛礁，可以满足北斗地基增强系统提供广域实时米级、分米级增强服务及后处理毫米级高精度服务的组网要求。区域加强密度网的基准站以省、直辖市或自治区为区域单位布设，根据各自的面积、地理环境、人口分布、社会经济发展情况等进行覆盖，满足北斗地基增强系统提供区域实时厘米级增强服务、后处理毫米级高精度服务所需的组网要求。

2）通信网络系统

通信网络系统包括框架网和区域加强密度网及国家数据综合处理系统/数据备份系统，用于对国家数据综合处理系统和行业数据处理系统、北斗综合性能监测评估系统、位置服务运营平台、数据播发系统间的通信网络及相关设备的数据传输，网络配置与监控。

3）国家数据综合处理系统

北斗地基增强系统的国家数据综合处理系统负责从北斗基准站网实时接收北斗、GPS、GLONASS 卫星的观测数据流，生成北斗基准站观测数据文件、广域增强数据产品、区域增强数据产品、后处理高精度数据产品等，并推送至行业数据处理系统、位置服务运营平台、数据播发系统。

4）行业数据处理系统

行业数据处理系统包括交通运输部、自然资源部、中国地震局、中国气象局及中国科学院共 6 个行业数据处理子系统及国家北斗数据处理备份系统。这 6 个行业数据处理子系统接收国家数据综合处理系统的北斗基准站的观测数据和生成的增强数据产品，针对行业特点进行增强数据产品的再处

理，形成支持各行业进行深度应用的增强数据产品。北斗地基增强系统的国家数据处理备份系统为北斗地基增强系统基准站网观测数据的工作提供基本的远程数据备份服务，确保当国家数据综合处理系统观测数据丢失或被损坏后，能够远程备份系统进行恢复。

5）数据播发系统

数据播发系统接收国家数据综合处理系统生成的各类增强数据产品，针对各类数据产品的播发需求进行处理和封装，再通过各类播发手段将处理封装后的增强数据产品传输至用户终端或接收机，供用户使用。数据播发系统利用卫星广播、数字广播和移动通信等方式播发增强数据产品。

6）北斗/GNSS 增强用户终端

北斗/GNSS 增强用户终端（接收机）用于接收北斗卫星导航系统的导航信号和数据播发系统播发的增强数据产品信号，实现高精度定位、导航功能。

2．北斗地基增强系统服务产品

北斗地基增强系统现提供广域增强服务、区域增强服务、后处理高精度服务共三类服务，分别对应广域增强数据产品、区域增强数据产品、后处理高精度数据产品共三类产品，广域增强数据产品、区域增强数据产品通过移动通信方式提供服务，后处理高精度数据产品通过文件下载方式提供服务。

广域增强数据产品包括北斗/GPS 卫星精密轨道改正数、钟差改正数、电离层改正数等。

区域增强数据产品包括北斗/GPS/GLONASS 区域综合误差改正数。

后处理高精度数据产品包括北斗/GPS 事后处理的精密轨道、精密钟差、EOP、电离层产品等。

3．北斗地基增强系统服务性能指标

（1）广域增强精度服务范围为播发范围内的中国陆地及领海。

（2）区域增强精度服务范围参照区域加强密度网站点分布，以区域服务系统发布的服务范围为准。

（3）后处理高精度服务范围为播发范围内的中国陆地及领海。

其定位精度是指在约束条件下，各服务范围内的用户使用相应产品后所获得的位置与用户的真实位置之差的统计值，包括水平定位精度和垂直定位精度。北斗地基增强系统定位精度指标如表 1.9～表 1.12 所示，未说明连续观测时间要求的默认为连续观测 24 小时后的定位精度指标。

表 1.9 北斗广域定位精度指标

产品分类	定位精度（95%）	约束条件
广域增强数据产品	单频伪距定位： 水平≤2m 垂直≤4m	北斗有效卫星数 > 4 PDOP 值 < 4
	单频载波相位精密单点定位： 水平≤1.2m 垂直≤2m	北斗有效卫星数 > 4 PDOP 值 < 4
	双频载波相位精密单点定位： 水平≤0.5m 垂直≤1m	北斗有效卫星数 > 4 PDOP 值 < 4 初始化时间 30～60min

表 1.10 北斗 GPS 组合广域定位精度指标

产品分类	定位精度（95%）	约束条件
广域增强数据产品	单频伪距定位： 水平≤2m 垂直≤3m	北斗有效卫星数 > 4 GPS 有效卫星数 > 4 PDOP 值 < 4
	单频载波相位精密单点定位： 水平≤1.2m 垂直≤2m	北斗有效卫星数 > 4 GPS 有效卫星数 > 4 PDOP 值 < 4
	双频载波相位精密单点定位： 水平≤0.5m 垂直≤1m	北斗有效卫星数 > 4 GPS 有效卫星数 > 4 PDOP 值 < 4 初始化时间 30～60min

表 1.11 区域定位精度指标

产品分类	定位精度（RMS）	约束条件
区域增强数据产品	水平≤5cm 垂直≤10cm	北斗有效卫星数 > 4 或 GPS 有效卫星数 > 4 或 GLONASS 有效卫星数 > 4 PDOP 值 < 4 初始化时间≤60s

表 1.12 后处理定位精度指标

产品分类	定位精度（RMS）	约束条件
后处理高精度数据产品	水平≤5mm±1ppm×D 垂直≤10mm±2ppm×D	北斗有效卫星数 > 4 或 GPS 有效卫星数 > 4 PDOP 值 < 4 连续观测 2 小时以上

1.6　北斗短报文

　　北斗系统最大的特点在于其短报文通信服务。北斗系统是目前唯一可以进行短报文通信的导航系统，从诞生之初北斗就开创性地把定位、导航、授时和位置报告短报文功能融为一体，这是与其他系统所不同的。北斗短报文在生命救援、特殊行业中都发挥了重要的作用，如 2008 年的汶川地震救援、2012 年的黄岩岛事件，都是通过北斗系统把位置信息通报到救援中心的。

1.6.1　北斗短报文通信特点

1．通信链接

　　北斗短报文通信通过无线卫星互相链接，用户通过北斗卫星与其他用户建立通信链接，它类似于互联网通信的链路层。卫星 TCP/IP 传输技术中定义的链路层不仅仅指整个系统的通信链接，而是在这个基础上高了一个层次。其实际链路中并没有实现链路控制功能，存在数据丢失和传播延迟问题，也存在信息往返不对称问题。

2．通信频度和通信量的限制

　　北斗系统的短报文服务，早期的用户通信容量为 36 汉字/次，目前可支持的用户通信容量为 120 汉字/次，提供服务的频度根据分类有所不同，最慢为 10 分钟 1 次，最快为 1 秒 1 次。

3．数据格式的类型

　　北斗系统短报文通信使用的数据格式分为两种，一种为汉字通信采用的 ASCII 码方式，另一种为 BCD 码方式。

4．通信过程中的干扰和制约因素

　　北斗短报文通信易受天气等环境因素影响，其通信长度和频率制约了其灵活性，数据传输的误码率较高，更适用于紧急救援等特殊行业。

1.6.2　北斗短报文通信方式

1．用户机与用户机通信

　　北斗用户机发送的短报文通过卫星通道直接到达北斗用户机，用户机可分为主卡和子卡，子卡发送短报文时会同时向主卡指挥机发送一份短报文，主卡指挥机可以向所有子卡播出短报文，类似于短信群发的功能，此功能可应用在海洋船舶系统中的天气播报、紧急通知等领域。由于北斗短报文通信频率限制为 1 次/分钟，一般用户机将会以队列的方法控制短报文，按顺序逐条发送，但是指挥机端或用户机接收端的接收短报文没有时间限制。

2．用户机与普通手机通信

北斗的用户机需要经过指挥机端的通信服务转发之后才能向普通手机发送短信。首先，北斗用户机发送短报文至指挥机，指挥机端的通信服务通过串口收到短报文，判断短报文内容的前 11 位为手机号码时，北斗指挥机端通过识别手机号，将其短报文通过网络推送至短信网关，再由短信网关发到目标手机上，以实现无信号无网络覆盖地的北斗用户机与普通手机之间进行短报文通信的功能。相反，普通手机也可以向北斗用户机发送短报文。指挥机端的通信服务收到来自手机的短信之后，通过识别短信内容的前 6 位判断其发送目标，通过调用指挥机端的接口，使用指挥机发送给用户，实现普通手机发送短信送用户机的功能。

3．紧急救援通信

北斗系统设置了北斗短报文紧急通道，此通道可以按照设定的时间间隔不断发出求救信号，不受时间限制。一般紧急救援的短报文发送提供设备按钮或者软件按钮，以最简便、快捷的方式提供给用户，以便紧急情况下使用。

1.6.3　北斗短报文服务应用

北斗系统的短报文服务，可以将用户的位置信息发送出去，使得第三方可以了解用户的情况，具有非常重要的军用和民用价值，应用前景广阔，服务领域涉及应急通信、位置监控、数据传输等，包括渔船位置监控、野生动物位置追踪、户外和海上应急救援、气象监测、电力抄表、水利水文监测、武警边防、森林巡检、油井油田数据监测等，每个应用都可以充分利用北斗短报文在无手机信号的盲区实现卫星通信且具有通信成本低的特点，通过终端产品及业务系统的定制，形成各种解决方案，将短报文技术真正应用到具体的应用场景中，解决实际应用中的痛点。

目前北斗短报文技术与移动互联网技术相结合，开阔了更多的应用场景，真正实现了北斗短报文的民用通信功能，如以 App 手机应用的形式，解

决无公网信号区域的通信问题，用户下载并安装与之相匹配的 App 之后，使用自己的手机通过蓝牙与装有 RD 模块的北斗终端连接即可使用，这可以解决海员、渔民在海上与亲友联系困难的问题，除此之外还可向紧急救援服务单位提供移动信号中断时（地震、灾难时）的紧急救援的文字信息等，或者为喜欢去偏远地区远足的人提供查询最近的停车位、餐厅、旅馆等服务，同时提供无信息覆盖的遇险情况下的求救服务等。当在没有信号覆盖的沙漠、偏远山区、海洋等人烟稀少地区进行搜索救援时，也可以通过终端机及时报告灾民所处位置和受灾情况，有效提高救援搜索效率。

第 2 章

物联网

物联网（Internet of Things，IoT）是通过各种信息传感装置实时采集信息，按事先规定好的协议，把物理世界中任意的实际物体与互联网连接起来，并进行信息传输、交互，最终达到智能辨识、准确定位、跟踪和管控信息目的的一种网络。

物联网具有互联互通、深入感知和智能服务三个根本特性。物联网的基础特征是互联互通，物联网首先要能够满足多种异构网络、异构终端和传感设备的通信要求，为下一步进行大量数据的感知和交互做准备；深入感知是物联网的关键，通过对现实存在的物理感知信息进行多层次融合和协同处理，提供经过处理后的感知数据信息给应用层使用，最终物联网要能实现智能服务的功能。物联网根据对物理环境实时感知和信息融合的结果，自主决策以动态适应实时变化的物理世界。国家"十三五"规划（2016—2020 年）也明确提出支持积极促进物联网的发展，同时把"互联网 +"等作为国家战略。

2.1 物联网架构

物联网应该具有三个显著功能，即全面感知、可靠传输、智能处理。全面感知即使用射频识别（RFID）、传感器、二维码等传感设备全面收集物理世界的物体信息；可靠传输是将感知的信息通过各种通信网络与互联网实时准确地完成传输；智能处理是在分析处理大量数据信息时采用云计算、模糊辨识等智能计算技术，实现物体的智能化控制。

2.1.1　物联网技术架构

1. 物联网三层架构

物联网的架构按照技术划分,可分为感知层、网络层和应用层三层架构,如图 2.1 所示。

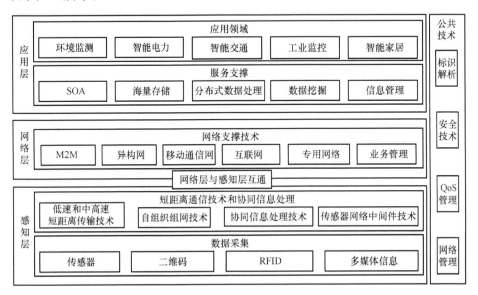

图 2.1　物联网三层架构示意图

（1）感知层是对物体进行辨识、收集数据信息的主要部分,处于物联网三层架构的底层,相当于人类感知器官的神经末梢,用于感知外界事物。感知层主要由传感器及传感器网关组成,通过信息传感设备,如传感器、二维码、RFID 等来对数据信息进行采集,并实现对被监测物体的辨识。感知层的关键技术包括传感器技术、识别技术及定位技术等。

在物联网中主要的信息采集设备为传感器,它是完成物联网感知、服务、应用的基础。传感器将采集到的物理量、化学量等物质世界中的信息利用相关机制转换为一定形式的电信号,然后通过相应的信号处理装置进行信号处理,并产生相应动作。传感技术就是将模拟信号转换为数字信号,将信息量化的技术。在物联网中,传感器节点由多个模块构成,模块功能包括感知、信息处理、收发网络信息、提供能量等。相比于传统的传感器,物联网中的传感器具有协同、计算、通信等附加功能,具有感知、计算及通信的能力。在检测范围内布置大量的传感器节点,组建的无线网络系统称为无线传感网。无线传感网通过各个传感器节点相互协作来感知、采集处理该网络区域的监测信息，并传输给观测者。

自动识别技术将物理世界与信息世界统一在一起，此技术是物联网与其他网络不同的主要特点。自动识别技术就是使用特定的辨识设备来识别物体中间件的接近活动，从而能够自主提取与被识别物体有关的数据信息，并将信息提供给上层设备进行进一步处理的一种技术。通过自动识别技术，物联网可以自动采集数据，并对信息进行识别标识，输入计算机中，辅助人们完成大量数据的实时分析。

定位技术是采用某种计算方式，测量在指定坐标系中人、物体、事件发生的位置的一种技术，是物联网发展和应用的主要研究方向之一，物联网中主要采用的定位技术手段主要有卫星、WiFi、ZigBee、RFID 等。

（2）物联网的网络层是物联网的关键部分，通信网络对从感知层传递来的感知信息进行分析处理并传输给其他网络，并将控制命令回馈给感知层。由于网络层可以将感知层数据限定在特定区域内传输，所以又称网络层为传输层。网络层相当于物联网的神经中枢和大脑，它由各种专用网络、互联网、通信网等组建而成，使得端与端之间的数据可以高效、无障碍传输，其传输可靠性高、并且传输过程较为安全，能进行更为广泛的数据互联，具有寻址、路由选择、网络连接、数据保持/中断等功能。网络层需要利用嵌入式系统对其进行网络物理化的处理，该嵌入式系统可通过计算技术对其物理设备进行管控。网络层中包含的关键技术有远距离有线/无线通信技术、网络技术等。

（3）应用层将从前两层得来的信息进行处理和传递，并进行控制和决策，实现信息存储、数据挖掘等功能，从而达到智能化管理、应用和服务的目的。物联网应用层由不同行业的应用组成，如医学物联网、农业物联网等，应用层根据用户的具体需求向其提供接口，完成不同行业、不同应用、不同系统间的信息交互和共享，实现真正的物联网智能应用。由网络层传递来信息数据之后，应用层进行相关的数据分析和处理，形成用户所需信息，并且可进行部分信息处理，为用户提供丰富的特定服务。应用层根据功能不同，可划分为服务支撑子层和应用子层两个子层构架。服务支撑子层通过利用下层传递来的信息数据组建能够符合要求的实时更新的动态资源数据库；应用子层的主要作用是根据行业需求不同，对数据资源、网络和感知层等各项技术进行修改，做出不同的解决方案。

物联网的应用范围很广，如对环境污染等的监控、智能检索、智能生活、设备控制、支付服务等，可将其应用分成监控型、查询型、控制型、扫描型等。

物联网是一个大规模的信息系统，它需要处理的数据量极为庞大，物联网应用层需要解决的一个重要问题是怎样对海量数据进行适当的处理，并提取其中的有效信息。物联网应用层中的重要技术有人工智能技术、云计算技术、M2M 平台技术等。

1）人工智能技术

人工智能技术可以提高机器自动化及智能化程度，从而改善操作环境，减轻工作量。人工智能技术还可以提高设备的可靠性，降低维护运行成本，进行智能化故障诊断等。

2）云计算技术

物联网在处理海量数据时，云计算能够将网络中的计算处理程序分解为多个子程序，再将子程序通过多个服务器组成的系统对其数据信息进行处理分析，并把结果发回客户端。云计算技术融合了传统计算机技术和传统网络技术中不同的计算方法、信息虚拟化、均衡负载等功能。云计算数据处理能力强且计算结果可靠性高，存储能力极强，在计算技术中的性价比较高，对物联网应用非常适用。对于多种多样的物联网应用，云计算技术构建了统一的平台用于服务交付，对计算方法、资源存储方法做出了改进，并提供了统一的数据存储格式和数据处理方法。利用云计算可大幅度简化应用交付过程，降低交付成本，提高处理效率。图 2.2 所示为云计算模型。

3）M2M 平台技术

M2M（Machine to Machine）即机器与机器间的通信。M2M 侧重研究机器之间的无线通信方式，主要有机器对机器、机器对移动电话（用户远程监视）、移动电话对机器（用户远程控制）。M2M 的通信方法是智能交互式的，机器可根据既定的程序主动发起通信，而不是被动等待通信，并且可根据获得的数据进行智能化抉择，向相应设备发出决策指令。图 2.3 所示为 M2M 系统结构。

M2M 产品通常由三部分构成，即无线终端、传输通道、应用中心。特定行业的应用终端即无线终端，而并不是一般互联网中所说的终端设备，如手机、笔记本电脑等；终端上的数据经过传输通道送达应用中心完成数据汇总，应用中心可根据汇总的数据对分散的无线终端实现管控。

除上述形式的物联网架构表示方法外，物联网还有"海—网—云"或

"端—管—云"等架构表示方法。其中"端"表示终端设备，是所有物联网感知终端和用户终端的全体；"管"表示传输管道，相当于网络传输层；"云"表示云端，将应用包含在了云服务的范畴内，相当于应用层。不同的架构表示方法只是从不同的角度出发，但其表达的物联网本质是相同的。

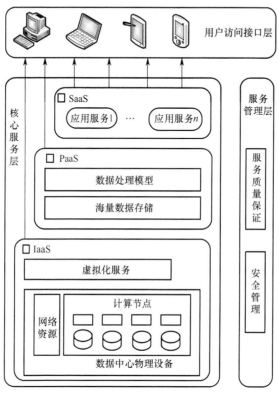

图 2.2　云计算模型

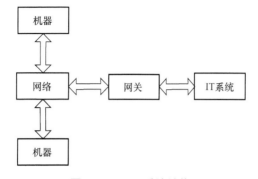

图 2.3　M2M 系统结构

2．物联网四层架构

四层架构形式主要由感知层、网络层（供输层）、支撑层和应用层 4 个层次组成。物联网四层架构示意图如图 2.4 所示。

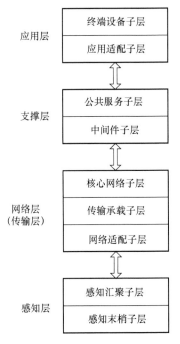

图 2.4　物联网四层架构示意图

1）感知层

感知末梢子层相当于物联网的神经末梢，其主要的任务是进行可靠感知，即对周围客观的物理环境参数进行采集和处理；感知汇聚子层包含各种有线或无线的现场网络，其主要的任务是进行信号传输和汇聚。它的核心设备是物联网网关，具有现场网络管理功能，并负责转发现场网络与各种广域网络的信息。

2）网络层（传输层）

网络适配子层对数据的目标网络进行判断，并生成相应的协议数据单元；传输承载子层包括各种 IP 专网、城域网、CMNET 等，是传输数据信息的主要承载层；核心网络子层根据传输信息形式的不同将网络划分为电路域、分组域、CM-IMS 域等。

3）支撑层

中间件子层由各种服务中间件构成，能将各种特定应用的基本性能集合进行特征提取，并提供服务调用功能给向上层公共服务层；公共服务子层内含不同行业的匹配程序，提供行业解决规划，调取中间件子层提供的通用服务接口交给其他程序使用，上层应用层通过公共服务子层的数据结果来做出决策控制。

4）应用层

应用适配子层对所有应用层信息数据的编码格式进行统一并提供统一接口；终端设备子层提供虚拟表进行数据查询，各个行业的特定应用最后在该层完成决策，决策者根据需求下达指令代码。

3．物联网五层架构

物联网作为一种使用开放型协议的开放型架构，可以支撑各种以互联网为基础的应用。为了促进互联网与实际事物之间的信息交互和融合，物联网还应该具有可扩展性、网络安全性、能够进行语义表示等功能，因此学者们提出了一种五层架构体系对物联网进行定性分析，而不是具体对其协议做出定义。该物理模型包含感知控制层、网络互联层、资源管理层、信息处理层、应用层五层。

（1）感知控制层由 RFID 读写器、智能传感节点和接入网关等部分构成，物联网通过感知控制层的各个传感器节点对外界信息进行感知，传感器节点可自行组网，并将感知数据接入网关，最后由网关上传数据给互联网进行进一步的数据处理分析。

（2）网络互联层利用各种接入设备将不同的网络，如互联网、通信网等进行组合互联，实现数据的格式、地址转换及传输通信等功能。

（3）资源管理层进行资源初始化，对资源的运行情况进行监测，协调多个资源之间的工作，实现跨域资源的交互。

（4）信息处理层可实现对感知数据的解析、推理，完成决策，信息处理层还可完成对数据进行查询、存储、分析、挖掘等操作。

（5）应用层能够为用户提供多种服务。

除以上这 5 层架构的基础外，物联网中还有相应的各种机制能够作为基本架构的支撑，服务于特定的应用，如安全机制、容错机制、服务机制。

2.1.2　物联网平台架构

物联网平台是基于互联网和通信技术而构建的平台，在此平台下，用户可通过自己原有的设备和技术接入物联网，而不用使用特定的硬件模块。物

联网平台架构由四大核心模块、网络、智能设备构成，四大核心模块包括设备管理、用户管理、数据传输管理、数据管理。这四大模块是物联网平台的基础，其他的功能模块都是基于这四大模块的延展。图 2.5 所示为物联网平台架构示意图。

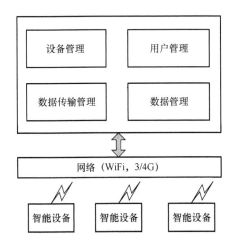

图 2.5　物联网平台架构示意图

1. 设备管理

设备管理可分为两个部分，一部分是设备的类型管理，此模块主要定义设备的类型，一般由设备制造商来完成这项管理功能，即设备制造商定义数据解析方法、数据存储方法、设备规格等信息。设备的使用者只能浏览设备的相关信息，而不能进行数据定义。另一部分是设备的信息管理，可以对设备有关信息做出定义，设备使用者对购买后激活的设备具有完全的控制权，可以控制设备的哪些数据可以被制造商查看、哪些数据可以被用户查看等权限。

2. 用户管理

用户管理可分为组织管理、人员管理、用户组管理和权限管理。

（1）组织管理：在物联网平台上，所有的设备、用户、数据都是基于组织管理的，而组织可以是设备制造商、设备使用者或家庭等。

（2）人员管理：用户是基于一个组织下的人员构成的，每个组织下都有管理员，管理员可以为其服务的组织添加不同用户，并分配给每个用户不同的权限。多个不同组织中可能存在同一个用户。

（3）用户组管理：令同一用户组用户拥有同等权限。

（4）权限管理：权限管理主要是对权限进行具体划分。

3．数据传输管理

数据传输管理是针对一类设备定义的数据传输协议，其基本格式是

设备序列号@命令码@数据

其中，设备序列号是厂家给每个设备规定的编号，没有固定格式，依据设备生产厂家的编码格式而定；命令码可以体现此数据的作用，比如是上传数据，还是服务器下发给设备的命令等，一般采用两位数字 00～99 编码；数据是这条报文所包含的数据部分。每个协议可以定义不同的解析方式，每种设备类型均可定义多条命令，而每条命令都有不同的解析方式，组织管理员可根据需求定义符合设备类型的解析方式。服务器接收到数据后，会自动根据事先定义的解析方式解析数据字段，数据字段都是依照 HEX 的方式进行收发工作的。设备开发者根据物联网平台定义的数据格式，开发自家设备的解析代码。

数据解析完成后，要对数据进行存储，而物联网存储要使用分布式架构，这样就可以为每个设备规定不同的存储位置。在 Diego IoT 中数据存储使用 MySQL 数据库，可以将不同的设备存储在不同的 MySQL 数据库中，为每条数据定义生命周期，在生命周期结束后，系统将自动删除数据。

4．数据管理

物联网中存在海量数据，可借用开源大数据平台实现数据的可视化分析，得到有价值的数据。物联网数据管理中一个重要的部分就是权限管理，只有设备拥有者才能定义数据的浏览使用权限。用户还可以将数据导出到本地来做相应分析工作。

2.1.3　网络通信架构

目前云端的物联网平台和设备之间的通信都基于 TCP/IP 协议，在此基础上，设备与云平台之间的通信还可以使用 WiFi 和 4G、5G 等方式，各个设备之间进行通信则可以采用 WiFi、Bluetooth、ZigBee 等方式。

1．基于移动 3G/4G 的通信

移动 3G/4G 的通信架构是最简单的架构，主要需要考虑以下几点。

（1）每个设备都需要 SIM 卡，可到移动服务器商家去办理专门的物联网 SIM 卡。

（2）需要注意数据流量问题。这种架构基于移动 3G/4G 通信，因此会完全耗费数据流量，如果有视频数据，将会产生比较大的流量资费。

（3）需要考虑通信质量问题。此架构依赖移动服务商的网络覆盖，在某些信号较弱或无信号的环境下无法收发数据。

图 2.6 所示为基于移动 3G/4G 的通信过程示意图。

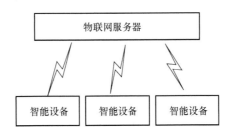

图 2.6 基于移动 3G/4G 的通信过程示意图

2. 基于 WiFi 局域网的通信

基于 WiFi 局域网的通信架构，适用于所有物联网智能设备均处在一个局部环境中工作的情况，设备通过 WiFi 或有线局域网连接到路由器上，再由路由器统一连接到物联网服务器中。由于在局域网内的智能设备没有公网独立的 IP，只有一个局域网内的 IP，因此智能设备可以直接将数据包发送给物联网服务器，而物联网服务器不能直接给设备发送数据包。由于 WiFi 的功耗比较大，需考虑通过 WiFi 接入的智能设备的供电问题。

干扰问题也是此架构需要考虑的问题之一，如果环境中有强干扰源，例如电磁干扰等，就需要采用抗干扰能力较强的路由器。图 2.7 所示为基于 WiFi 或有线局域网的通信过程示意图。

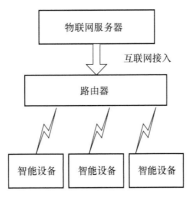

图 2.7 基于 WiFi 或有线局域网的通信过程示意图

3．基于蓝牙的通信

在此架构中，智能设备通过蓝牙接入蓝牙网关，再由蓝牙网关统一连接到物联网服务器上。蓝牙是一种点对点的通信方式，因此要考虑以下问题。

（1）蓝牙的网关容量问题，也就是一个蓝牙网关能接入多少蓝牙设备。

（2）蓝牙配对问题，蓝牙设备都需要先配对才能通信，如果不能自动进行配对，那么在物联网中智能设备较多的情况下基于蓝牙的通信方法是不合适的。

还有一种情况是针对不需要一直在线的物联网设备的，只是在某种特殊情况下，物联网设备需要连上服务器，这种情况下可通过蓝牙设备来让设备接入物联网。蓝牙手环是这种架构的一种典型应用模式。图 2.8 所示为基于蓝牙的通信过程示意图。

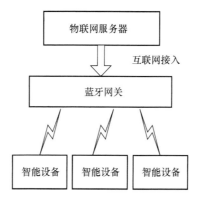

图 2.8　基于蓝牙的通信过程示意图

4．基于 ZigBee 的通信

ZigBee 是针对传感器之间的一种联网方式，具有非常强的低功耗能力。ZigBee 接入网络依赖 ZigBee 网关，而网关本身也是一个 ZigBee 设备，ZigBee 设备是自组网的，因此在使用过程中要注意数据量的问题。ZigBee 是超低功耗无线通信技术，而设备的通信能力和其功率损耗是反向变化的，所以 ZigBee 的通信能力较弱，因此适用于传感器数据采集等数据量较小的应用场合，但是对于大数据量的场合就不适用了。图 2.9 所示为基于 ZigBee 的通信过程示意图。

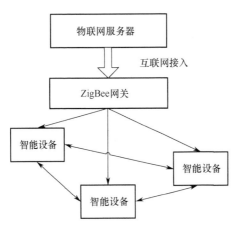

图 2.9   基于 ZigBee 的通信过程示意图

2.1.4   物联网网关架构

在物联网中，物联网网关至关重要，其主要功能是进行网络隔离、协议转化、适配及数据网的内外传输。

物联网设备接入网络后，设备与设备之间要互相通信，设备与云端需要互相通信，因此需要相应的物联网通信协议，只有遵循通信协议的设备才能进行相互通信，完成数据交互，实现物联网功能。常用的物联网通信协议主要有 MQTT、COAP 等，这些通信协议都是基于消息模型来实现通信的。设备与设备之间，设备与云端之间通过交换携带通信数据的消息来实现通信。图 2.10 所示为典型的物联网网关架构。

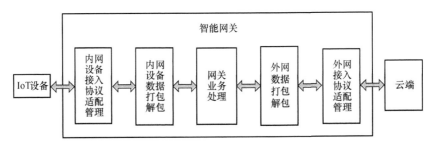

图 2.10   典型的物联网网关架构

2.1.5   物联网终端设备软件系统架构

常见的物联网终端设备软件系统框架主要分为带 RTOS 和不带 RTOS 两种。RTOS 是实时多任务操作系统，不带 RTOS 的设备终端系统处理的任务通常比较单一，带 RTOS 设备系统的终端设备可以并行处理多个任务。

每个任务负责一个事务，通过并行化运行，可提升系统响应的效率。RTOS 实时操作内核一般包含的重要组件有任务调度、任务间同步与通信、内存分配、中断管理、时间管理、设备驱动。图 2.11 所示为不带 RTOS 的设备终端系统框架。

图 2.11　不带 RTOS 的设备终端系统框架

图 2.12 所示为带 RTOS 的设备终端系统框架。

图 2.12　带 RTOS 的设备终端系统框架

2.1.6　物联网云平台系统架构

图 2.13 所示为物联网云平台系统架构。

物联网云平台系统架构主要包含四大组件：设备接入、设备管理、规则引擎、安全认证及权限管理。

1. 设备接入

设备接入组件包含多种设备接入协议，如 MQTT 协议，可进行并发连

接管理，维持多达数十亿个设备的长连接管理。有些云计算厂商也在 MQTT 协议上精简其协议变成独有的接入协议，目前开放的 MQTT 代理服务器多为单机版，最多并行连接十几万个设备。因此，如果要管理数十亿个设备的连接，则需要使用负载均衡及分布式架构，在云平台需要布置分布式 MQTT 代理服务器。

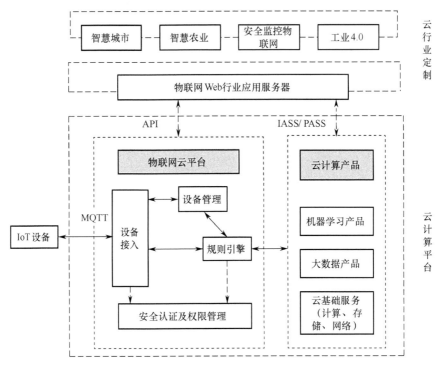

图 2.13　物联网云平台系统架构

2．设备管理

设备管理方式一般为树形架构，包含设备创建管理及设备状态管理等。设备管理将物联网产品作为根节点，然后是设备组，再到具体设备。设备管理主要包含产品注册及管理，设备增、删、改、查管理，设备消息发布，OTA 设备升级管理等。

3．规则引擎

物联网云平台是在云计算平台的基础上构建起来的，物联网云平台和云计算平台共同为物联网业务提供服务。规则引擎先将物联网平台的数据进行过滤，然后转发到其他云计算产品上，如将设备上传的数据转发到 Table Store

数据库里。规则引擎一般使用类 SQL 语言，用户可以编写 SQL 语言来对数据进行过滤、处理，并把数据发送到其他云计算产品或其他云计算服务终端中。

4. 安全认证及权限管理

物联网设备需要携带由物联网云平台为其发放的唯一证书才可以接入云平台，因此每个接入云平台的设备都需要在本地存储一个证书，其存在形式是一个由多个字符串构成的 KEY，设备每次与云端建立连接时，都需要携带证书，以便云端安全组件核查通过。云平台的最小授权一般为设备级授权。证书一般分为产品级证书和设备级证书两种，产品级证书可以对产品下所有的设备进行操作，操作权限最大；设备级证书的权限较小，仅能对其下属设备进行操作，无法对其他设备进行操作。

2.2　物联网信息传输协议

2.2.1　物联网近距离无线通信技术

物联网的技术核心为 C3SD，即控制系统、计算系统、通信系统、感知系统和数据。通信系统和数据对应物联网的网络层，控制系统和计算系统对应物联网的应用层。物联网数据可以通过有线传输方式和无线传输方式进行安全可靠的通信。在物联网中，短距离无线传输技术是一种重要技术。

无线通信是一种特殊的通信方式，它主要利用电磁波信号在空间传输的特性来实现信息交互。无线通信主要包括微波通信和卫星通信。近距离无线通信的待通信对象之间距离较短，且通信频率较高，通信设备在进行数据传输时可采用非接触式点对点的传输方式。通常来说，只要通过无线电进行数据传输，且传输距离较短的通信方式就可称为近距离无线通信。

近距离无线通信技术的无线发射功率量级在 $1\mu W$ 到 $100mW$ 之间，使用全向天线和电路板天线，其通信距离在几厘米到几百米之间。近距离无线通信技术不需要申请频率资源使用许可证就可以利用无线电频谱资源，因此在频率资源缺乏的情况下也适用。近距离无线通信由电池供电，无中心，可自行组网。

在物联网中应用的近距离无线通信技术有 WiFi、蓝牙、红外数据传输

（IrDA）、ZigBee、NFC、UWB、DECT 等。

1．WiFi（Wireless Fidelity）

WiFi（无线保真）通过无线电波联网，电子设备可获得许可接入无线局域网，其射频频段一般是 2.4G UHF 或 5G SHF ISM。无线局域网一般设有密码对其进行保护，连接入网需要通过密码验证，但是网络也可以对外开放，准许任意设备在此网络覆盖范围内接入无线局域网。WiFi 目的是提高以 IEEE 802.11 标准为基础的无线网络设备间的通信性能，使用 IEEE 802.11 系列协议的局域网即为无线保真。

WiFi 技术中无线电波的铺设范围很大，其范围半径能够达到 100m 左右，较蓝牙技术的电波铺设范围要大很多。802.11b 无线网络带宽可自动重新调配整顿以适应新的状况要求，最高带宽为 11Mb/s，当信号变弱或受到扰动时，带宽可自动转变为 5.5Mb/s、2Mb/s、1Mb/s，通过这样的方式使无线网络的稳定性和可靠性有所提高。WiFi 技术的标准协议为 802.11a 协议和 802.11g 协议，它在 2.4GHz 频段工作，数据传输速率最快为 54Mb/s。WiFi 技术为智能设备接入无线局域网在技术层面上提供了基础。

无线网络不同于有线网络，在无线网络的范围内，其信号会随着传送距离的增加而减弱，并且易受到扰动，无线信号容易受到物体阻挡而发生不同程度的畸变。无线电信号也容易受到相同频率的电波干扰和雷电天气等环境影响。

由于 WiFi 网络可直接使用无线网络的频率而无须完成显示地申请，网络具有易饱和性，容易受到非法入侵，网络的安全性不高。为了提高网络的安全性，802.11 协议提出了一种加密算法，可以对网络接入点和主机设备之间的无线传输数据实施加密，即 WEP，这种算法可以有效防止网络受到攻击和入侵。但是由于 WiFi 网络是一种无线网络，它没有与有线网络相似的物理结构对其做出保护。通常，在对有线网络进行访问前需要使用网线接入网络中，而接入无线网络时，如果网络未采取有效保护，那么只要处于信号覆盖范围内，仅需通过无线网卡就可以访问无线网络，安全性较差。

WiFi 网络对于物理线路的要求不高，无须大量铺设电缆，WiFi 技术结合了 Web 服务技术，能够减少基础网络建设成本，扩大 WiFi 网络的使用范围。

2．蓝牙（Bluetooth）

蓝牙是一种近距离信息传输的无线通信技术，应用 2.4GHz ISM 波段特高频无线电波，能够完成固定装置、移动装置和楼宇个人域网之间的近距离数据传输。蓝牙使用 FHSS 技术，通过指定蓝牙频道分别发送数据包数据信息。蓝牙内有主从结构协议，可以设置临时性对等连接，网络中的蓝牙设备有主设备（Master）和从设备（Slave）之分。通过蓝牙可同时将多个装置连接起来，从而解决数据同步的问题。

蓝牙技术融合了电路交换技术和分组交换技术，传输数据可通过异步数据信道、三路语音信道及异步数据与同步语音并行传输信道。采用 PCM 或 CVSD 方法对语音信号代码进行调制，单语音信道的数据传输速率为 64kb/s；采用非对称信道传输数据时，数据根据其传输方向可分为正向传输和反向传输，正向传输速率最快为 721kb/s，反向传输速率最快是 57.6kb/s；在对称信道中的传输速率最高可达 342.6kb/s。

蓝牙设备的功率损耗比较小，通信连接状态下蓝牙设备有四种工作模式，即激活、呼吸、保持和休眠。蓝牙设备处于激活模式时为正常工作状况，而另外三种模式是为了节能所规定的低功耗模式。

蓝牙的数据传输速率不是很高，数据传输速率为 1Mb/s，传输距离大约为 10m。ISM 是一个开放频段，而蓝牙传输协议与其他同频段工作装置共用 ISM 频段信号，致使信号间会相互影响。

蓝牙技术普遍应用于 LAN 中多种数据及语音设备，如智能家居中将其嵌入传统家用电器和蓝牙技术构成的电子钱包和电子锁、传真机、数码相机、移动电话和耳机等。

3．IrDA（Infrared Data Association）

IrDA 即红外数据组织。IrDA 数据协议由三个基本层协议构成，即物理层、链路接入层（Irlan）和链路管理层（IrLMP）。SIR（IrDA1.0）标准是一个串行半双工系统，最高数据传输速率仅为 115.2kb/s。为提高数据传输速率，提出了 FIR（IrDA1.1）协议，其最高数据传输速率能够达到 4Mb/s。VFIR 技术归属于 IrDA1.1 标准，其最高通信速率可达 16Mb/s。IrDA 栈支持多种协议以适应各层应用要求，如红外物理层连接规范、红外连接访问协议、红外连接管理协议等。

IrDA 经过四个阶段完成连接，第一个阶段是 IrDA 在网络覆盖范围内查

找智能设备，获取设备地址并完成解析；第二个阶段是根据应用需求，决定与哪些搜索到的设备建立连接，并发送连接请求；第三个阶段是在主从模式下进行信息交换操作，由主设备来控制从设备的相关操作；第四个阶段就是在数据传输完成后，断开主从设备间的连接。

IrDA 红外模块体积小，功率损耗比较低，易于连接并且结构简单、容易使用，可满足移动通信的需求。IrDA 可直接使用频段而不需要请求使用权，因此通信成本低。由于红外线的发射角度较小，因而 IrDA 传递数据的安全性较强。IrDA 技术使用视距传输方式进行传递数据，因此其通信只能在两台设备之间进行，并且需要设备对准且中间无障碍。IrDA 技术广泛应用在 PDA、手机、便携式电脑、打印机等小型移动设备上。

4. ZigBee

ZigBee 是一种与蓝牙相似的、以功率损耗较低的局域网协议为基础的近距离无线通信技术，IEEE 802.15.4 标准是它的基础协议。ZigBee 工作频段灵活，不仅可利用与蓝牙相同的 2.4GHz 频段，还可以应用 868MHz（欧洲）及 915MHz（美国）频段，这些频段皆是免执照频段。ZigBee 功率损耗极低，发射功率仅为 1mW，能够仅靠电池对其供能，在同等电量下（两节五号电池），ZigBee 能够维持设备运行六个月至两年，而蓝牙仅能维持设备运行几周，WiFi 仅能让设备运行几小时。ZigBee 设备的成本较蓝牙来说也是较低的，主要是因为 ZigBee 无须缴纳专利费且模块原始成本较低。

ZigBee 使用跳频技术进行数据传输。它的数据传输距离随传输速率的降低而加长，数据传输速率限度在 10～250kb/s，它的基本速率是 250kb/s，当传输速率下降到 28kb/s 时，其数据传输距离延长到 134m，并且数据传输可靠性得到提高，因此 ZigBee 适用于低速率传输的应用。ZigBee 可双向通信，既可以向设备发送控制指令，也能接收来自设备的执行状态和相关数据的反馈信息。ZigBee 应用了碰撞避免机制，并且它为需要保持带宽不变的通信业务预先留出了专用时间间隙，避免了数据传输时发生竞争和冲突。

ZigBee 组网结构为蜂巢型，并且可以自行组网，每个节点模块之间都能建立起联系，并进行数据传输，网络组成灵活，同时可以保障网络稳定性，ZigBee 几乎可以认为是不会掉线的。ZigBee 能够与多节点相连组网，相比于蓝牙更适合支持娱乐、电子商务、研究装置及家庭自动化等应用。每个 ZigBee 网络最多可以支持 255 个设备，其中包括 254 个从设备和 1 个主设备，同一监测范围内可具有多个 ZigBee 网络。ZigBee 采用 AES-128 高级加密算法，支持鉴定权限和认证权限，其严密程度相当于银行卡加密技术的 12 倍。

ZigBee 应用范围广泛，可适用于家庭和楼宇网络、工业控制、商业、公共场所、农业控制、医疗等多个应用领域，如温度控制、自动照明控制、窗帘自动控制、煤气计量控制、家用电器的远程控制，各类传感器、监控器的自动化控制，智能标签、环境信息采集，医疗器械传感器控制等。

5. NFC（Near Field Communication）

NFC（近场通信）技术是无线电频率较高的近距离传输无线通信技术。NFC 在 IC 上融合了感应式读卡器、感应式卡片和 P2P 功能，可以在近距离内与兼容装置实现辨识和信息交互。NFC 数据传输速率分为 106 kb/s、212 kb/s 或 424 kb/s 三种，其工作频率为 13.56MHz。NFC 数据读取模式采用主动和被动两种。

NFC 利用频谱中无线频率部分的电磁感应耦合方法来完成数据信息的传输，兼容现有的非接触智能卡。区别于其他无线通信技术，NFC 应用信号衰减技术。NFC 信号的传输距离较 RFID 来说更短，并且其带宽更宽，NFC 能量损耗更小，可在无电情况下读取数据。由于 NFC 是一种近距离的数据传输通信方式，其设备必须靠得很近，因此其安全性较高。同时在可靠的身份认证下，它能够提供设备之间安全可靠的交互通信及数据共用。NFC 不需要人工手动设置，其设备之间可自动连接。

NFC 有卡模式、点对点模式、读/写模式三种工作模式，能够精简蓝牙连接过程。NFC 可在门禁系统、实时预订、电子商务，手机支付等领域上使用。NFC、红外线、蓝牙数据传输方式均为非接触性的，它们各自具有不同的技术特征，可应用在不同的通信场合，它们的技术自身无好坏之分。

6. UWB（Ultra Wide Band）

UWB（超宽带）技术是以极小时间间隔的非正弦波窄脉冲来实现信息传输的无载波通信技术。无线通信系统在传输信息时需要连续不断地向外发射载波信号，这个过程中会耗损部分能量，而 UWB 发送数据完成交互利用的是间歇性脉冲而不是载波，也就是说数据是直接按 0/1 来发送的，仅在需要传送数据时才会发出脉冲信号，且 UWB 脉冲的持续时间很短，一般在 0.2～1.5ns，占空因数极低，系统发射功率十分小，所以系统通信耗

电量能够降低到很低,在高速传输数据时系统耗电量仅为几百微瓦到几十毫瓦。

无线电信号通常是多径传播的,UWB 采用超宽带无线电完成通信功能,此电波是持续时间很短的占空比非常低的单周期脉冲,UWB 的多径分辨能力非常强,容易实现准确定位。

UWB 系统的结构简单,便于构建,在接收信号后将其能量还原,在信号解扩频过程中会生成扩频增益,系统的处理增益较大。UWB 的带宽在 1GHz 以上,在发射信号时将很小的无线电脉冲信号扩散分布在较宽的频带中。UWB 系统容量很大,并且可以和窄带通信系统并行而不会受到对方的影响,因此 UWB 抗干扰能力很强。UWB 数据传输速率大,能够达到几十 Mb/s 到几百 Mb/s,并且其传输速率受到发射功率的限制。

UWB 采用跳时扩频技术将信号分散在极宽的频带范围内,因此不易对其信号进行检测,接收机只有在已经了解发送端扩频码时才能解析发射数据。对于一般的通信系统而言,UWB 信号可认为是白噪声信号,而大多数情况下,UWB 信号的功率谱密度相比于自然电子噪声要低,因此很难将脉冲信号从电子噪声中剥离出来,尤其是采用编码对脉冲参数伪随机化后,脉冲检测将更加艰难。

UWB 技术在工程上完全能够通过数字化实现,这一过程仅需要用一种数学的形式来产生脉冲,并对此脉冲进行调试,可将 UWB 的电路集成于一个芯片,从而降低设备的成本。

UWB 的优点很多:UWB 系统结构较为简单,对信道衰落反应迟缓,数据通信的安全性较强,发射信号具有较低的功率谱密度,定位精度能够达到厘米级。这些优点使得 UWB 能够军用也能够民用。在军用方面,主要应用于多种探测雷达、军用无线电通信系统、电台 UAV/UGV 数据链和检测地下埋藏的军事目标等;在民用方面,UWB 适用于短距离数字化的音/视频无线链接/接入、各种民用传感器、民用无线数据通信系统等方面。

7. DECT

DECT(数字增强无绳通信系统)是由 ETSI 确定的标准,是一个在不断改进的开放型数位通信标准。DECT 技术能够支持质量高并且数据传输延迟较低的语音及数据通信业务。信号在传输过程中,使用环境等因素的变化会发生信号切换,如用户在移动的过程中可能会导致信号发生越区切换,特定区域内的信道特性变化也会引起相应的载波或时隙切换，而 DECT 能够保证在这些情况下信号可以完成自动切换而不会有信号的损失。DECT 是一个低功率系统，其信道分配是动态变化的，无须对其进行复杂的频率规划。它可以提供高话务密度，组建和运行成本较低。DECT 的安全性较高，有较为完备的身份认证机制，可对数据进行加密，具有良好的信息保密性，并且安装简单。

DECT 主要应用于家用无绳电话、商用无绳通信系统、无线本地环路、GSM/DECT 集成系统、数据服务和多媒体服务等方面。

2.2.2　物联网通信协议

通用物联网通信协议（General Networking Communication Protocol）是为了让不同设备之间的数据能够共用、互联互通，可集成同类物联网设备生产厂家的系统共性，并重新定义函数的通信协议，它能够在不同系统间进行信息共享，进行数据的读取/写入操作，完成系统的控制等功能。通信协议是通信双方实现信息传输或获得相应服务所必须遵循的规则和约定。

物联网通信协议分为接入协议和通信协议两大类。接入协议是子网设备之间的组网及通信的协议；通信协议主要是运行在传统互联网 TCP/IP 协议之上的设备通信协议，帮助设备通过互联网进行数据交换及通信。

物联网的通信网络有 Ethernet（以太网）、WiFi、6LoWPAN（IPV6 低速无线版本）、ZigBee、蓝牙、GSM、GPRS、GPS、3G/4G/5G 等网络，而每一种通信的应用协议都有一定的适用范围。AMQP、JMS、REST/HTTP 均是 Ethernet 下的工作协议；CoAP 协议是专门为资源受限设备（如 WiFi、蓝牙等）开发的协议；而 DDS 和 MQTT 是兼容性较强的协议。

物联网的通信架构是在传统互联网架构的基础上建立起来的，在互联网中普遍应用的协议是 TCP/IP 协议，TCP/IP 协议是一个协议集合，HTTP 协议属于 TCP/IP 协议，由于 HTTP 协议具有开发成本低、开放程度高等优点，其应用范围很广。因此，大部分生产厂家在组建物联网系统时也是以 HTTP 协议为基础进行开发研究的，包括以 Google 主导的 Physic Web 项目，希望在传统 Web 技术基础上来组建物联网协议标准。

HTTP 协议是典型的 CS 通信模式，它由客户端主动发起连接请求，向服务器请求 XML 或 JSON 数据。HTTP 协议起初构建的目标是能够应用 Web 浏览器上网浏览网络信息，目前 HTTP 协议广泛应用在 PC、手机、Pad

等终端，但 HTTP 协议并不适用于物联网。

HTTP 协议需要设备主动向服务器发送数据，而服务器很难主动向设备推送数据。因此 HTTP 协议仅适用于单向数据采集，而对于频繁操作的场合，则需通过设备定期主动拉取数据完成，这就导致其实现成本和实时性都有所减弱。HTTP 是明文协议，因此对物联网安全性要求较高。物联网中设备多种多样，对于运算能力和存储资源受限的设备，HTTP 协议是很难实现的。

1. REST（Representational State Transfer）/HTTP

REST 即表述性状态转换，是以 HTTP 协议为基础研发的针对网络应用的一种软件架构而不是标准。REST 能够减小研发的复杂性，提高系统的可伸缩性。REST 架构包含一组约束条件，即系统模型为客户/服务器形式；组件对与其交互的中间层以外的组件是未知的；客户端和服务器在交互之前是无状态的；客户端通过缓存数据来提高数据的传输性能；有统一的接口，以便在客户端和服务器之间传输状态信息。满足所有约束条件的应用程序或设计即为 RESTful。

在 REST 系统中，服务端并不会保存有关用户的任何信息，因此用户每次发送请求时都需要提供足够的信息。REST 系统需要适当缓存，以实现客户端与服务器间交互的松耦合，降低数据传输延迟，改善通信性能。在服务器侧，应用程序的状态和功能可以分成各种资源向客户端公开，每个资源都通过统一资源标识符获取地址，且地址唯一，全部资源共同享有统一的界面，以便在客户端和服务器之间传输信息。

2. CoAP（Constrained Application Protocol）

由于物联网中很多设备的计算能力和存储空间都是受限的，在物联网中应用传统的 HTTP 协议并不合适。CoAP 协议是 IETF 提出的以 REST 架构为基础的应用层协议，它适用于资源有限的 IP 网络通信。

CoAP 协议定义了 4 种类型消息，即需要确认消息（CON）、不需要确认消息（NON）、确认应答消息（ACK）、复位消息（RST）。此协议以消息作为数据通信载体，设备间数据通信是通过交换网络消息来完成的。为了能够从客户端获取服务器的信息资源，CoAP 支持 GET、PUT、POST 和 DELETE 4 种消息请求方法；CoAP Server 云端设备资源的相关操作是通过请求与响应机制来完成的；CoAP 协议以双向通信技术为基础，可以实现异步通信，CoAP Client 与 CoAP Server 二者均可独立向对方发送消息请求；

CoAP 协议是建立在用户数据报 UDP 协议上的，而非传统的 TCP 协议，它能够实现组播功能，成本较低；CoAP 协议数据传输可靠性高，可同时向多个设备发送请求，其协议数据包极小，最小长度仅为 4B，典型的请求报头为 10～20B。CoAP 协议内部具有发现设备消息列表或设备向服务目录广播自身消息的资源发现格式，在 CoRE 中用 "/. well—known/core" 格式来描述消息路径。CoAP 协议能够缓存资源的相关描述并对其数据处理性能进行优化。CoAP 协议适用于低功耗的物联网场合。

3．MQTT（Message Queuing Telemetry Transport）

MQTT（低带宽）即消息队列遥测传输，是一种较为适用于物联网的即时通信协议。MQTT 协议使用发布/订阅模式，且支持全部平台，几乎能够将全部物联网终端和物理设备互联，可作为传感器和制动器的通信协议。

考虑到不同设备在计算性能上的差异，MQTT 协议采用二进制格式编/解码，并且编/解码格式易于开发和实现。最小数据包仅含 2 字节，适用于低功耗、低速率的网络。MQTT 协议运行在 TCP 协议上，并且支持 TLS（TCP+SSL）协议，所有数据通信均经过云端，因此提高了网络安全性。

MQTT 协议是一种以云平台为基础的远程设备数据传输和监控的通信协议，主要为计算能力有限并且在低带宽、不可靠的网络工作的远程传感器和控制设备提供服务，它主要具有以下特性。

（1）采用发布/订阅消息模式，可实现一对多的消息发布方式，对应用程序进行解耦。

（2）使用 TCP/IP 协议提供网络连接。

（3）传递信息数据时对负载内容施行屏蔽。

（4）具有较为完善的 QoS 机制，按照实际应用需求来对消息送达模式进行选取。

至多一次：此模式完全依赖 TCP/IP 网络来完成消息的发布。这种消息送达方式会导致消息丢失或重复。

至少一次：此模式能够确保消息到达，但可能会发生消息重复。

只有一次：此模式能够确保消息到达一次。

（5）发送"遗言"的设备发生了异常中断，使用"遗言机制"和"遗嘱机制"通知其他设备。

（6）小型传输，协议交换最小化，降低网络流量。

MQTT 协议是轻量级的开放型通信协议，其协议易于实现，且应用领域十分广泛。MQTT 协议已被普遍应用于使用卫星链路通信的传感器、智能家居及一些小型装置设备中。

4. DDS（Data Distribution Service for Real-Time Systems）

DDS 是分布式实时通信的中间件技术规范，使用发布/订阅体系架构。DDS 以数据为核心，提供了种类繁多的服务质量保障途径，有多达 21 种的 QoS 服务质量策略。DDS 的实时性较强，能够很好地支持数据分发和设备控制，数据分发效率高，能做到秒级内同时分发百万条消息到众多设备。DDS 保证了数据分发的实时性、高效性及灵活性，能够满足各种分布式实时通信的应用需求。DDS 可进行互操作，即不同厂商、平台开发的应用系统能够直接互联，同时 DDS 可进行跨平台的控制，允许使用多种操作系统与硬件平台，以及多种底层物理通信协议，具有"仿真→测试→实装"的全生命周期。

DDS 适用于分布式、高可靠性、实时传输设备数据进行通信的场合。DDS 广泛应用于国防、民航、工业控制等多个领域，是解决分布式实时系统中数据发布和订阅的标准方案。

5. AMQP（Advanced Message Queuing Protocol）

AMQP 是高级消息队列协议，是统一消息服务的应用层标准协议，能够支持多种消息交互体系的结构。无论客户端、中间件产品或开发语言是否相同，以此协议为基础的客户端与消息中间件均可相互传递消息。AMQP 协议为二进制协议，具备多信道、协商式、异步、安全、跨平台、中立、高效等特点。

AMQP 一般可分为模型层、会话层、传输层三层结构。模型层依据其功能定义了一组指令，各种应用可以通过这些指令来完成其任务。指令通过会话层从设备传送信息给服务器，再把服务器的处理结果反馈给设备。传输层可实现帧处理，信道的重复使用和错误检测及数据描述。

AMQP 协议在物联网中，主要适用于移动手持设备与后台数据中心的通信和分析。

6. XMPP（Extensible Messaging and Presence Protocol）

XMPP（即时通信）是可扩展通信和表示协议，它以 Jabber 开放式协议为基础，是一种基于标准通用标记语言 XML 的子集协议。XMPP 沿袭了其在 XML 环境中的灵活性和发展性，适用于服务类实时通信和表示，以及需求响应服务中的 XML 数据元流式传输。XMPP 具备极强的应用可扩展性，经过扩展后的 XMPP 可以通过传送相关扩展信息来达到用户的要求，并且能够在 XMPP 的最上层开发相关应用程序。XMPP 包含了应用于服务器端的软件协议，能为服务器间的相互通信奠定基础。

XMPP 中包含客户端、服务器、网关，任意二者之间均可进行双向通信。服务机记录下客户端的数据信息，并对连接进行管控，实现信息的交换、传输功能。网关可以实现与 SMS、MSN、ICQ 等异构即时通信系统的连接和交互。一个客户端通过 TCP/IP 协议关联到一个服务器上，然后在服务器上传输 XML 形成一个基本的网络形式。

XMPP 用于即时消息（IM）及在线现场监测。即使用户所用的操作系统和浏览器不相同，XMPP 协议也能够允许网络用户向网络中其他任何人发送实时消息。XMPP 协议适用于需要进行即时通信的应用程序，以及网络管理、协同工作、档案共享、游戏、远程系统监控等领域。

XMPP 是以客户机/服务器模式为通信模式的分布式网络结构。XMPP 客户端结构简单，大多数工作都运行于服务器端上。XMPP 协议是自由、公开的，并且易于了解，而且在客户端、服务器、组件、源码库等方面，都已经有多种实现。XMPP 协议为编码单一的长 XML 文件，无法修改其中的二进制数据，需要结合外部的 HTTP 协议来应用。XMPP 协议还提供了可在 HTTP 环境下传递较长标识信息的 Base64 编码方式。XMPP 在互联网及时通信应用中得到了广泛应用。相比于 HTTP，XMPP 在通信业务流程上更适合物联网系统，开发者无须详细了解设备通信时的业务通信流程，开发成本相对较低。但是 HTTP 协议中的安全性及计算资源消耗的问题并没有得到根本解决。

7. JMS（Java Message Service）

JMS 即 Java 消息服务应用程序接口，它位于 Java 平台上，是一个面向消息中间件（MOM）的 API，它与具体应用平台无关。JMS 能够在两个应用程序之间或在分布式系统中传送消息，它支持同步和异步的消息处理形式。

JMS 包括点对点和发布者/订阅者两种消息模式。

在点对点模型下，由一个发送端给一个指定队列传输信息，一个接收端从该指定队列中接收从发送端传输的信息。在接收端处理该信息期间，发送端无须处于运行状态，接收端也同样不需要在信息传输时处于运行状态。

发布者/订阅者模式支持向一个指定的消息主体发布消息，可能存在某些订阅者对此消息感兴趣，发送者和订阅者互不认识，但发布者和订阅者在时间上具有依赖性。发布者需建立一个能够被用户购买的订阅。订阅者需要维持其自身活性才能够接收到消息，如果订阅者决定了长期订阅，那么在订阅者未连接时传输来的消息将在订阅者建立连接时重新发送过来。

JMS 运用 Java 语言将应用层与数据传输层拆分开来。根据 JNDI 中包含的提供者信息可将同一组 Java 类连接到不同的 JMS 提供者。JMS 客户机之间的消息传输是通过消息中介程序或路由器来实现的，传输的消息由包含交互信息和相关消息元数据的报头和包含应用程序数据及有效负载的消息主体两部分构成。依据传输消息所携带的负载类型的不同，可将消息划分为简单文本、属性集合、字节流、可序列化的对象、原始值流、无有效负载消息几种类型。

综上所述，对物联网种各项协议进行比较，结果如表 2.1 所示。

表 2.1　物联网协议对比

特性	REST/HTTP	CoAP	MQTT	DDS	AMQP	XMPP	JMS
抽象	Request/Reply	Request/Reply	Pub/Sub	Pub/Sub	Pub/Sub	NA	Pub/Sub
架构风格	P2P	P2P	代理	全局数据空间	P2P 或代理	NA	代理
QoS	通过 TCP 保证	确认或非确认消息	3 种	22 种	3 种	NA	3 种
互操作性	是	是	部分	是	是	NA	否
性能	100req/s	100req/s	1000 msg/s/sub	100000msg/s/sub	100 msg/s/sub	NA	1000msg/s/sub
硬实时	否	否	否	是	否	否	否
传输层	TCP	UDP	TCP	默认为 UDP，TCP 也支持	TCP	TCP	不指定，一般为 TCP
订阅控制	NA	支持多播地址	层级匹配的主题订阅	消息过滤的主题订阅	队列和信息过滤	NA	消息过滤的主题订阅

（续表）

特性	REST/HTTP	CoAP	MQTT	DDS	AMQP	XMPP	JMS
编码	普通文本	二进制	二进制	二进制	二进制	XML文本	二进制
动态发现	否	是	否	是	否	NA	否
安全性	一般基于SSL和TLS		简单用户名/密码认证，SSL数据加密	提供方支持，一般基于SSL和TLS	SASL认证，TLS数据加密	TLS数据加密	提供方支持，一般基于SSL和TLS，JAAS AF支持

DDS、MQTT、AMQP、XMPP、JMS、REST、CoAP 协议广泛应用于互联网中，并且每种协议均可通过多种代码来实现，理论上均为支持实时发布/订阅的物联网协议，但是在构建具体的物联网系统时，需根据实际通信需求来选取合适的协议。

DDS、MQTT、AMQP 和 JMS 协议均采用发布/订阅模式，发布/订阅框架更适合在物联网环境下通信，由于此框架具有服务自发现、动态扩展、过滤事件等特点，解决了物联网系统应用层快速获取数据源、物的加入和退出、消息订阅等问题，实现物在时空上连接的松耦合及同步松耦合。服务质量（QoS）在物联网通信中十分重要，DDS 协议通过机动使用服务策略，能够有效控制网络带宽、内存空间等资源的使用，同时也能提高数据的实时性、可靠性和延长数据生存期。

以构建智能家居物联网时使用的通信协议为例：可以采用 XMPP 协议对智能家居中的智能灯光开关进行控制；智能家居的电力供给和发电厂的发动机组监控可以采用 DDS 协议；在电能传递的过程中，可以使用 MQTT 协议对其线路进行巡检和维护；可以使用 AMQP 协议来获取家用电器电能消耗信息，传输到云端或家庭网关中进行数据分析；最后若用户要将能耗查询结果上传至互联网则可使用 REST/HTTP 来开放 API 服务。

2.3　边缘组网

2.3.1　边缘计算

物联网"云—网—端"架构的基本功能假设的出发点是由云端负责处理数据，因此云端需要配备强大的数据中心，由网络端负责数据的传输，将从

物联网各个节点采集到的数据传递给云端，云端完成对数据的分析和处理，经过决策后将结果传递给终端。在此假设架构中，云端进行数据的智能分析计算，终端负责数据采集及执行决策结果。

我们假设模型遇到的困难一方面来源于数据，另一方面来源于网络延迟。物联网数据繁多，物联网通过无线网络将数据传输至云端，如果物联网的节点对原始数据不做处理就全部上传，网络无法承受带宽需求则会导致带宽需求爆炸。同时，如果将不做处理的数据信息完全上传给云端，则模型的终端节点无线传输模块必须能够满足高速传输的需求，那么此无线传输模块会产生很大的功率损耗，而对于假设模型来说，模型的功率损耗要求是较低的。网络延迟对于部分应用来说影响非常大，为了解决假设模型的数据处理问题和网络延迟问题，学者们提出了边缘计算技术。

边缘计算是指在邻近物体或数据起始端的网络边缘侧，将连网、计算、存储、应用能力结合在一起的开放式平台，就近实施边缘智能化服务，实现应用的快速便捷连接、实时任务处理、优化处理数据、保护安全与隐私等多方面的功能。边缘计算是一个能够在本地处理、存储关键数据，并将接收的数据传输到中央数据中心或云存储库的网状网络，它可以处理和分析靠近数据源的数据。智能设备本身就是一个数据中心，不需要通过网络把数据传送到云端进行处理，其基本的分析处理都在设备上进行，因此减少了网络延迟，可进行实时响应。同时，由于设备分散，在不同设备上进行数据处理使得网络流量减少，可以降低带宽需求和网络功耗。云端可对已处理的数据进行下一步的评估处理和进一步的分析。

边缘计算采用现代通信网络，以云计算为核心，通过庞大的终端进行感知，进行资源配置的优化，使计算、存储、传输、应用等服务更加智能化。边缘计算具备优势互补、深度协同的资源调度能力，是集"云、网、端、智"四位一体的新型计算模型。

随着物联网技术及信息技术的发展，产生了智能边缘计算，智能边缘计算让物联网的边缘设备均可进行信息收集、处理运算、交互通信及智能化分析。因此，边缘传感器可自行对感知数据进行判断，而不需要连续不断地将所有传感数据传递给数据中心进行处理，只有当传感器采集到异常数据时，才上传给数据中心进行决策。

智能边缘计算还可通过云端对边缘设备进行大规模的安全设置、安排及管理，并依据设备类型和应用环境对云端和边缘进行智能分配。区别于云计算在非实时、长周期数据、业务决策等方面的应用，边缘计算适用于实时、短周期数据和本地决策等应用方向。物联网节点数量较多、数据传输延迟大、需要高效率的设备管理、对安全级别要求较高等情况对于边缘计算的需求较为迫切。

对于拥有较多网络节点的物联网，在其网络节点上将会产生大量的关键数据，物联网需要快速地对数据进行分析和应用，这就需要采取边缘计算的方法。因条件限制，将数据传输到数据中心或者云平台的成本比较高，同时延时的时间也比较长。边缘计算是在物体周围或数据起始端的网络边缘侧进行的，在向云端传输数据时，在边缘节点对部分数据做了初步处理，缩短了设备的响应时间和从设备到云端的传输数据量，同时在边缘节点处实现了对数据、信息的过滤和分析，可快速提取特定数据发送到云平台进行应用，从而保持设备管理的高效性，处理信息的效率更高；在物联网需要更高的安全级别时，采用边缘计算，在边缘对数据进行加密处理、认证和保护数据，以分布式的方式将安全机制嵌入边缘；各种资源如网络、计算、存储更靠近终端用户，因此用户可通过边缘计算获得就近的边缘智能服务，满足快速连接、实时更新、数据优化、智能应用等方面的需求。由于边缘计算适用于实时、短周期数据分析，因此能够很好地支持本地业务实时智能化处理和执行，综合对比实时性、存储与带宽成本等因素之后，边缘计算比云计算更有优势。

将存储装置和运算资源放在数据源附近，可以大幅减少延迟及降低数据传输需要的云端带宽。边缘计算会减少网络上的数据传输量，因此可提高网络安全性。但是，随着物联网设备及基础架构层级（包括边缘服务器）数量的增长，产生了更多的可攻击点，每新增一个端点，都增加了一分云端的安全威胁，也增加了渗透网络核心的途径。

物联网边缘计算应用优势包括近零延迟、网络负载较小、弹性较大、安全可靠性较高及数据管理成本较低等。

1. 近零延迟

在传统移动云计算技术中，用户端经由广域网（WAN）接入云端，而广域网的通信时延比较长并且具备很强的不可控性,过大的时延和抖动严重影响控制效果乃至无法完成任务。边缘计算的数据采集、处理和响应动作之间的时间间隔几乎为零，这对于完成时延敏感任务的物联网设备至关重要。

谷歌预估其自动驾驶汽车每秒大约产生 1GB 的数据，需要网络快速处

理大量数据，以便汽车能够保持正确的路线并避免碰撞。如果这些数据采集后被传输到云端，在云端对数据进行处理，然后将结果反馈给车辆，尽管整个过程可以在几秒内完成，但事实上汽车可能已经发生碰撞。因此最佳的解决方案是使用边缘计算分析传感器本身采集到的数据，然后将处理过的数据发送到云端以进行后续分析。

边缘计算在医疗行业也较为关键，如医疗设备连接了心率监测器或心脏起搏器，轻微的延迟都可能影响患者的生命。在工业领域，包含大量传感器的工业系统采用边缘计算来减低数据延时，推动了其工业自动化的发展。目前，机器人/无人机在军事行动、灾害救援、社会服务等方面得到了广泛应用，而要确保机器人/无人机及时完成控制需求，需要对数据进行快速处理并反馈结果，可使用边缘计算来完成。

2. 降低网络负载

思科公司估计到 2020 年，物联网设备处理的数据量将达到 7.5 ZB（1ZB = 1 000 000 000 000 GB），而互联网上的大量数据致使网络拥堵可能性增加，特别在网络薄弱的地域。采用边缘计算方法，大部分流量负载将在边缘设备上进行数据处理而不是通过网络发送所有数据到云端去处理，网络拥堵情况能够得到有效改善。

3. 增强弹性

物联网中的连接设备通过边缘计算提供的分散式架构能够增强其连接弹性。云端的单个虚拟机故障将影响连接到网络的所有物联网设备，而通过边缘计算的分散式架构，即使其中一个设备发生故障也不会影响到其他设备，其余的设备仍然保持正常的运行状态。

4. 提高安全可靠性

数据传输的安全可靠性在移动云计算中是十分重要的。在物联网中，电脑和移动电话等应用设备均是通过无线方式连接的，然后互相之间通过网络来转发数据。数据传输在节点间多跳直到抵达目的地，即需要经由多跳网络去连接云服务。在信息传递过程中，使用者的信息容易泄露或遭到恶意修改，数据传输经过的网络越复杂、跳数越多，其安全可靠性越得不到保障。很多情况下，用户会自动请求接入云服务，远程接入可能存在严重的安全隐患。边缘计算在网络边缘进行数据处理，从而减少了通过网络发送的数据量，

有助于降低传输中发生信息泄露的可能性。

5．降低数据管理成本

使用边缘计算只是将处理过的数据存储在云端，因此可以降低云端存储成本，由于数据量相对较少，有利于高效地实施管理。只有需要更深入分析时，汇总数据才会发送到云端进行分析和决策。

2.3.2 物联网组网

当前物联网面临的挑战可归纳为：广域分布式移动边缘数据的快速增长，导致数据采集、处理与服务三者的网络设备通信负荷加重；大部分边缘节点具有不确定性与动态性，这与边缘数据时效性与地域性较强的特征相互矛盾，导致难以对数据进行管理、处理及特征提取。

针对以上问题，我们可研究如何对广域分布式网络的海量数据进行采样、处理，并应用于移动边缘节点组网，使网络充分利用移动边缘的大量闲置资源，辅助数据中心提高信息处理能力。

国内外研究者从互联网架构与无线组网入手，研究组网技术，包括内容分发网络（Content Delivery Network，CDN）、软件定义网络（Software Defined Network，SDN）、网络功能虚拟化（Network Functions Virtualization，NFV）、延迟容忍网络（Delay Tolerant Network，DTN）、无线网格网络（Wireless Mesh Network，WMN）、移动边缘计算（Mobile Edge Computing，MEC）等。

1．CDN

CDN 是一种网络内容服务体系，它以 IP 网络为基础构建而成，系统使用智能虚拟网络，根据其网络流量、各节点的关联状态、负载状况，到用户端的距离和响应时间等相关信息资源，及时将用户指令传送给距离最近的服务节点，从而使用户能够在最短的时间内快速获得相关需求信息。采用 CDN 能够有效改善互联网的信息拥堵情况，提高用户访问网站的响应速度。

CDN 中的内容分发和服务功能符合内容访问与应用的效率需求、质量要求和内容秩序要求，具有网络服务质量高、效率高、网络秩序鲜明等特点。

CDN 在架构上实现了多点冗余，即便存在某个因为特殊事件而发生故障的节点，也能够自动传向其余健康节点对网站访问做出相应响应。CDN 可以覆盖国内大部分线路，无须考虑网络中需要设置多少服务器及对服务器的托管、新增带宽所需成本、多台服务器镜像同步的问题，以及更多的管理

维护技术人员等问题。

使用 CDN 无论在任何时间和地点，通过任意网络运营商，都能快速访问网站。采用 CDN 可以降低各种服务器虚拟主机带宽等的各项初建及运营成本，网站的流量、咨询量、客户量、成单量通过 CDN 都会有所提高。

2. SDN

SDN 是一种网络创新架构，以 OpenFlow 技术为核心将网络设备的控制面与数据面拆分开，达成机动控制网络流量的目的，为核心网络及其应用创新提供了良好平台。

传统网络设备如交换机、路由器等是由设备制造商对其各项参数、结构进行设置、管理，SDN 可以将网络控制与物理网络拓扑拆离分解开，以解决网络架构受制于硬件参数的问题，使企业能够对整个网络结构做出满足其需要的修改、调整、扩容或升级。在修改网络架构时无须替换其基础网络设备硬件，不仅可以降低建设成本，同时也缩短了网络结构迭代周期。

3. NFV

NFV 利用虚拟化技术将网络节点功能分割成不同的功能区块，用软件对其进行操作，是不受硬件架构限制的一种网络架构。

NFV 的核心功能是虚拟网络功能，此功能要与应用程序，业务流程及可整合、可调节的基础设施、软件相结合。NFV 应用在路由、客户终端设备、IMS、移动核心、安全性、策略等方面。NFV 技术不以设备定制为目的，而是希望在标准服务器上实现相关网络服务，将网络设备类型整合为标准服务器、交换机和存储设备，以简化开放网络元素。

部署 NFV 需要做出的重要决策有设置云托管模式，选择恰当的平台实现网络优化，提供促进操作整合的服务和资源，构建机动灵活且松耦合的数据和流程架构。

4. DTN

DTN 是一类特殊网络，在其网络中很难建立端到端的路径，网络中消息传播的延时导致 DTN 无法使用传统的 TCP/IP 协议。

DTN 网络有着与传统互联网协议不同的一些基本假设及特点。DTN 的网络延时时间长，一般信息传输时间的数量级在分钟以上；网络连接的不稳定性高，网络节点间的连接易受节点移动、连接失效、扰动等因素影响，常常是间断性的连接；DTN 链路传输速率是不对称的，其数据传输具有较高的误码率和差错率，并且数据分组的丢包概率较高。

DTN 在传输层上增加了 Bundle 层来构成覆盖网的架构，DTN 体系架构可以组建互联异构网络，此网络能够允许长时间的延迟及连接中断，解放了 TCP/IP 协议部分假设条件的限制。

5．WMN

Ad Hoc 网络是不具备有线基础设施支撑的移动网络，而 WMN 是此网络的一种特例形式，它综合了 WLAN 和 Ad Hoc 网络的优势性能，能够解决宽带接入端到终端用户传输线路的瓶颈问题。WMN 的拓扑结构为栅格式，网络由 IAP/AP、WR、Client 组成。

AP 即无线接入点，一个 AP 能在几十米甚至上百米的范围内有效，其在有效范围内将多个无线路由器连接起来。AP 相当于无线网络中的交换机，其主要作用是将无线网络接入核心网，并将和无线路由器互联的无线客户端交互连接成一体，使终端设备在安装无线网卡后能够通过 AP 共享核心网的信息资源。在 AP 的基础上融入 Ad Hoc 的路由选择功能就构建了智能接入点 IAP。AP/IAP 能够实现对无线接入网络的管理控制，通过在 AP/IAP 中加入传统交换机的智能性能来降低核心网络的构建成本，增强网络的可延展性。

IAP 下层设置了无线路由器（WR），WR 提供了可供移动终端设备使用的分组路由功能和数据转发功能，用户可以使用 IAP 下载资源并对无线广播软件进行更新。根据此时处于可使用状态的节点实时决定由哪个路由器来实现转发分组功能，即实现动态路由。WMN 的网络构架中，无线路由器的主要作用在于灵活拓宽移动终端装置与接入点之间信息传输的范围。

Client 既可作为主机又可作为路由器，这是由于节点不仅可以作为与主机工作有关的应用程序，还可以作为与路由器工作相关的路由协议，对路由搜索、路由维护等经常进行的路由工作起到了重要作用。

WMN 有两种类型的实现模式，即基础设施网格模式和终端用户网格模式。

基础设施网格模式将接入点与终端用户相连，主要利用无线路由器的数据传输和中继功能实现移动终端与 IAP 的连接。同时，终端用户利用路由选择及管控等功能对目的节点通信的路径选取进行优化。移动终端能够通过

IAP 与其他网络相连，接入无线宽带。此模式节约了系统成本，网络的覆盖率及网络可靠性也可以得到提升。

在终端用户网格模式下，用户本身携带无线收发设备，使用无线信道连接构造一个点对点的任意网格拓扑结构网络，由于其节点可随意变换位置，网络拓扑结构随之发生相应变化。终端用户网格模式从根本上来看就是一个在不存在网络基础设施或无法使用已有网络基础设施的状况下对数据交互环境进行维护的 Ad Hoc 网络。在有限的无线终端通信铺设范围内，不能直接进行信息交互的用户终端可以利用其他终端的分组转发功能完成其信息交互。终端设备能够独立完成工作，移动终端可以高速率地移动，迅速构建宽带网络。

基础设施网络和终端用户网络两种模式优势互补，因此同时支持这两种模式的 WMN 进行无线通信的范围较广泛，终端用户不仅能够完成无线宽带的接入，与其他网络相连，与其他用户直接进行数据传输，还可以作为中间路由器对其他节点数据进行转发。

WMN 与传统无线网络相比具有更强的可靠性，能够避免冲突发生，链路简易，网络覆盖范围大，组网灵活，成本低。WMN 具备冲突保护机制，为了减轻链路之间的干扰，可标记发生碰撞的链路并令其链路间的夹角为钝角。WMN 的无线链路长度一般比较短，这样不仅可以节约成本，并且数据传输距离及网络性能不会随之降低。不同系统射频信号间的相互影响及系统自身发生的扰动是随发射功率的降低而减小的。WMN 降低了发射功率，不仅可以减小系统扰动，同时也能为简化链路做出贡献。WMN 引入了 WR 与 IAP，使得终端用户能够随时随地接入网络或与其他节点相连，扩大了可接入点的范围，频谱的利用率得到了提高，扩大了系统容量。鉴于 WMN 网络具备自组网的特点，只需在特定区域中加入部分 WR 等无线设备，即可与已有设施共同组建无线宽带接入网。WMN 网络路由的路径选择功能使链路中断或局部扩容、升级不会对整个网络工作产生严重影响，由此提高了网络的可行性和灵活性，其功能与传统网络相比更强大、更完善。AP 和 WR 在 WMN 网络中的位置基本固定，降低了网络资源开销，使 WMN 网络建设初期的成本降低。

6. MEC

MEC 是一个软硬件结合的系统，它构建了一个性能高、数据传输时延低、带宽高的电信级网络服务环境，利用移动边缘计算能对网络终端的各种资源、服务及应用进行快速下载，让消费者拥有连续、高效、快速的网络体验。

MEC 融合了无线网络技术与互联网技术，并在其无线网络端加入数据计算、存储、处理等功能，通过开放式平台引入相关应用，利用无线 API 接口将开放式无线网络与业务应用服务器进行互联、信息传输，将无线网络与业务相结合，构建了一个智能化无线基站。MEC 为不同行业提供特定的专用服务，提高了网络的使用效率。同时采用移动边缘计算的规划，尤其是地理位置的规划安排，可以缩短时延、提高带宽。MEC 可通过实时采集无线网络信息和位置信息来提供更加精确的服务。

从移动边缘组网的发展动态来看，按其智能程度变化可分为智能组网、半智能组网与非智能组网三种类型。智能组网是先用机器学习方法进行组网，再根据自主提炼的数据特征进行组网；半智能组网是手动提取特征进行组网；非智能组网是根据人为规定的固定规则进行组网。

2.3.3　MEC 组网方案

如图 2.14 所示为欧洲电信标准化协会提出的 MEC 服务器平台架构。为了实现现实世界物理资源的虚拟化，以及对经过虚拟化的资源实行统一管理，MEC 平台使用了分层结构。运营商可通过 MEC 平台提供的对整个平台实行管理的接口来管控应用平台、应用生命周期及其他相关功能。边缘云平台根据 MEC 的需求，提供基础设施服务、无线网络信息服务和流量卸载等服务，基础设施服务中包含通信服务和服务注册。

利用基础设施服务中的通信服务功能可让运行于云平台上的应用程序之间或应用程序与云平台之间经由特定的系统接口交互传输信息。通信服务功能能够实现应用的解耦合操作，完成一对多的信息广播，也能够使用有效的保护机制来抵御恶意应用程序。

服务注册指提供边缘服务器支持的服务类型的清单、相关接口及版本，使应用程序可发现、定位所需服务位置，对应用做出灵活布置，并为其他应用提供位置共享的服务。

MEC 允许边缘服务器中通过认证的应用可以获取无线网络信息服务模块提供的实时信息。无线网络信息服务模块中包含的实时信息有：与用户设备接入有关的数据资源、与用户有关的参数、统计信息等。第三方应用可以根据这些网络信息进行高层次的信息处理。

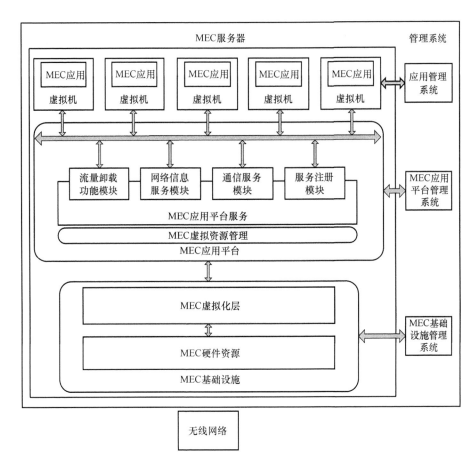

图 2.14　欧洲电信标准化协会提出的 MEC 服务器平台架构

流量卸载模块进行数据包层上无线接入网络时的流量控制，可以规定控制顺序为通过认证的应用最先被控制。流量卸载模块对均衡系统流量和 QoS 具有重要作用。

1．MEC 组网层次模型

MEC 采用分层模式的组网架构以满足 MEC 网络数据计算、存储、资源分配等需求，使网络具有灵活性和可扩展性，分层结构主要包括物理基础设施层、虚拟资源层、控制编排层和应用层。

1）物理基础设施层

物理基础设施层由网络设备和 IT 设备组成，IT 设备主要是能进行计算并对资源进行存储的工业级服务器。通常将由光纤子网和无线子网共同构成的 WiFi 与接入网中的 MEC 网络资源结合在一起。光纤子网的物理基础设施包括交换机、网关及光纤链路；无线子网的物理基础设施包括 3G/4G/5G 基站和无线接入节点。

2）虚拟资源层

使用虚拟化技术抽象化物理基础设施层的计算资源、存储资源及网络资源，形成的虚拟计算资源、虚拟存储资源和虚拟网络资源共同组成虚拟资源层，此层可以对计算、存储和网络资源进行灵活管理。图 2.15 所示为 MEC 组网模型。

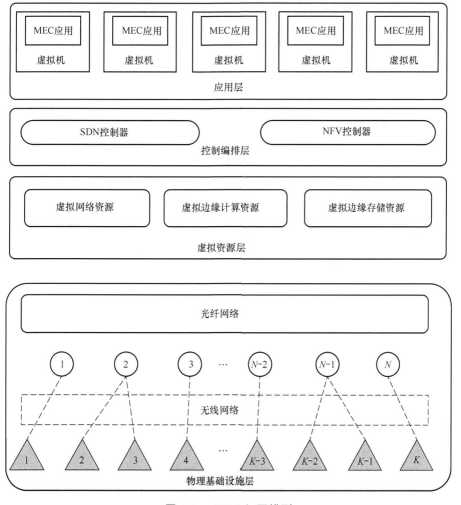

图 2.15　MEC 组网模型

3）控制编排层

控制编排层包含 SDN 控制器和 NFV 控制器两大功能模块，可对虚拟资源层的虚拟化数据进行计算、存储等管理。SDN 控制器和 NFV 控制器为应用层的具体应用工作提供了完整的资源整合及管理平台，使位于应用层的虚拟机能够独立工作，不依赖物理基础设施层的信息资源，按应用需求提取相应的虚拟资源。

光纤网络和无线网络异构异质的特性导致传统通信方法刻板、响应迟缓，无法进行网络虚拟化，因此传统方法对光纤、无线网络的管理是有局限性的。为了解决传统方法对网络管理的局限性，采用 SDN 控制器进行组网模型的构建，实现边缘网络的可编程性，加强边缘计算带来的组网灵活性。同时，引入 NFV 编排机制，使用通用服务器取代专用服务器设备，降低网络建设成本。NFV 控制器可以根据标准的 IT 虚拟化技术，把路由器、防火墙、网关、广域网加速器等物理设备接入数据中心，使设备同样具有可编程性。通过 SDN 和 NFV 控制器构建组网模型可以整合、处理网络资源，加强整个网络的管控，进行自动化网络分布、故障诊断及网络维护，降低网络运营成本，提高网络的可靠性。

4）应用层

应用层以虚拟机的形式结合计算、存储和网络资源，第三方应用和用户均可使用应用层信息，MEC 平台上的虚拟机内运行着各种业务，不同虚拟机间相互独立，通过 MEC 平台完成信息交互和通信。

当前网络的时延较长，可靠性不强，MEC 组网层次模型通过特殊的组网方式，引入 NFV 控制器和 SDN 控制器，应用 NFV 编排机制实现有效虚拟的计算、存储与网络资源管理，实现了边缘云的快速安排和机动扩展，为各种应用在网络边缘工作提供了独立的虚拟运行环境。SDN 控制器能够构建边缘网络，在边缘处根据特定规则直接进行数据处理。MEC 组网方式能够获取全局的视图，分开完成控制和转发操作，其路由和数据转发模式不以节点为核心，可以降低网络时延，提高网络可靠性。

2. MEC 组网模型关键实现技术

MEC 组网模型的关键技术包括网络功能虚拟化技术、软件定义网络技术及边缘操作系统。MEC 中数据的计算、存储资源的排序管理等工作是经由网络功能虚拟化技术实现的；用软件定义网络技术可保障边缘网络资源的可编程性；边缘操作系统使整个 MEC 平台具有可扩展性，能够加快边缘云分布处理速度。

1）网络功能虚拟化技术

移动边缘网络和设备的安排需具备灵活性和可扩展性以最大限度满足用户需求，并且来自不同设备供应商的不同软件和硬件在应用前需要进行整合处理。为了提高平台的灵活性、可扩展性，可以采用云技术和虚拟化技术，因此在 MEC 中，云计算能力和 IT 服务环境的关键技术也包括云计算技术和虚拟化技术。

平台虚拟化技术会在其硬件层上提取出独立的逻辑结构，使得资源能够灵活机动地被应用。虚拟化技术在网络领域具有很好的自动化性能和很高的灵活性。虚拟化技术让标准化业务和产品在通用服务器架构上工作。对于 MEC 来说，标准业务产品要在处于移动网络边缘的通用服务器架构上工作，并且 MEC 需要具有云计算功能来为第三方服务。虚拟化技术在 MEC 中应用时可以将多个虚拟机安置在同一个 MEC 平台上，这些虚拟机利用有效机动的控制策略共享硬件资源。与此同时，网络功能虚拟化技术能够解除虚拟机中第三方应用及软件环境与基层硬件资源的耦合问题，使 MEC 服务器的通用性和可扩展性得到加强。

2）软件定义网络技术

软件定义网络（SDN）将网络交换机作为被中心管控的数据包进行传输，将网络的控制层和转发层拆分开来。SDN 能够让网络装置获得全局视图，可在 MEC 服务器中加入 SDN 交换机，使之具备控制整体接入网的能力。

不同接入网的网络资源需要应用不同的 SDN 组网方案来管理。使用软件定义中心控制的方法可组建两层结构形式的无线网络，由接入节点和中心控制器共同进行对网络的管控。此结构形式能够对负载进行有效平衡，进行接口管理，使其吞吐量极大化，增加无线接入网的利用率。SDN 可以很好地提取基层物理资源，同时忽略不同网络间不同结构、不同特质的信息。在无线接入网络内应用 SDN 技术可根据实际条件机动地对虚拟化网络信息进行分配处理，实现物理层资源的高效分配，并实现动态回传配置及对无线网络中的连接进行管控。

3）边缘操作系统

边缘操作系统是能解决边缘集群排序与控制问题的一种方案。Manzalini 等人提出一种可以在各种操作系统上工作的边缘操作系统软件架构，这种架

构能够将现有的电信基础网络设施升级为资源丰富的网络服务平台。

边缘操作系统中包含有 master 节点和普通节点两种类型的节点。master 节点的作用是给域名服务器及各节点提供所需的服务注册信息,普通节点通过与 master 节点建立连接、传输信息来获得其他已注册节点的数据信息,并与此节点进行通信。节点间在数据层面上的交互连接是经由有线或虚拟无线链路实现的。各个节点均需与其已经完成注册的 master 节点交互,并及时完成相应的关联物理硬件运行状态的更新。master 节点的数据库能够存储大量实时数据,根据实际需要在 master 节点的控制边缘区域内产生(或删除)相应功能以做出响应。master 节点不仅要与普通节点相连,同时要与高层次编排层及其他区域 master 节点交互传递信息,以保证能够跨区域设置服务链。系统数据库提供基础设施所属区域的相关资源。

在 master 节点和普通节点间设置共用虚拟资源库以提高虚拟资源分配率。master 节点发布任务命令后,如果普通节点物理设施所存储的用来完成此任务的虚拟资源不够充足,即可使用公用虚拟资源库中的资源。节点采用分层递归法以提高系统的伸缩性和可扩展性,资源经过虚拟化后能够被构建成为更大的虚拟资源实体以完成更复杂的计算任务。

边缘操作系统具备独立编排层,需要跨区域协作完成任务的服务请求可经由编排层来接收、处理,编排层的数据库会保存并实时更新不同 master 节点注册信息,将服务链中的请求进行拆分,并在数据库中选取适当的 master 节点来实现跨区域端到端任务的指派。

边缘操作系统的分层结构实现了计算、存储、网络等物理资源的特征提炼及灵活配置。边缘操作系统的节点递归结构保障了其伸缩性和可扩展性。

2.4　物联网传感器

物联网可以通过感知层感知物体信息。安装在电网、供水系统、铁路、桥梁及家用电器等各种真实物体上的传感器通过网络连接起来,根据规定的程序、协议,实现物与物之间的通信,物联网利用传感器、射频识别、二维码等设备或技术通过接口与无线网络连接,实现物体的智能化。因此,物联网是以传感器为基础,实现物对物操作的网络。

由数据采集层和网络层共同组建的信息感知体系是物联网应用的重点

研究对象，其中起到关键推进作用的是无线传感器网络（WSN）。

2.4.1　传感器

1．传感器概念

根据《GB/T 7665—2005 传感器通用术语国家标准》，传感器被定义为："能感受规定被测量，并按照一定规律转化成可用信号的器件或装置，它通常由敏感元件和转换元件组成。"

传感器中敏感元件的作用是感知被测信号，并输出与被测量有明确关系的物理量信号；敏感元件输出的物理量信号作为转换元件的输入信号，通过转换输出电信号；由转换元件输出的电信号经由变换电路进行放大调制；传感器通过辅助电源对转换元件和变换电路供能。

2．传感器分类

依据传感器的作用将其分为：力敏传感器、液位传感器、位置传感器、热敏传感器、速度传感器、加速度传感器、能耗传感器、雷达传感器等。

依据传感器工作原理将其分为：振动传感器、气敏传感器、磁敏传感器、湿敏传感器、真空度传感器等。

按传感器输出信号的类型将其分为：模拟传感器、数字传感器、开关传感器等。

按传感器的制造工艺将其分为：集成传感器、厚膜传感器、薄膜传感器、陶瓷传感器等。

按传感器的测量目标类型将其分为：化学型传感器、物理型传感器、生物型传感器等。

3．传感器的基本特性

传感器特性是指传感器的输入量与输出量之间的对应关系。一般将传感器特性划分为静态特性和动态特性两种。可用微分方程来表示传感器输入和输出的对应关系，将传感器静态特性看作动态特性的一种特殊情况。理论上，微分方程中的一阶及以上的微分项为零时，就能得到静态特性。

1）静态特性

传感器的静态特性是指在其输入信号为静态的情况下，传感器输出量与输入量之间的关系。因为输入信号为静态信号时，传感器的输入量、输出量均和时间不相关，所以可以用不含时间变量的代数方程来表述传感器静态特

性，或者用以输入量、输出量为坐标轴做出的特性曲线来表示。表示传感器静态特性的主要参数如下。

（1）线性度是指传感器输入量与输出量之间实际特性曲线偏离拟合直线的程度，其取值是在量程范围内的实际关系曲线与拟合直线之间最大偏差值与满量程输出值之比。

（2）灵敏度由传感器输出量增量与引起该增量的相应输入量增量的比例来表示。

（3）迟滞是指传感器的输入量正、反行程变化期间，其输入、输出特性曲线不重合的现象。当输入信号大小相同时，传感器正、反行程输出信号大小不相等，其差值为迟滞差值。

（4）重复性是指传感器输入量按统一方向做全量程连续多次变化时所得特性曲线不一致的程度。

（5）漂移是指传感器在输入量不变的情况下，输出量随时间变化的现象。产生漂移的原因可能是传感器固有参数或传感器所处环境发生了变化。

（6）分辨率是指传感器能检测到的最小输入信号的增量。某一输入量从非零值开始逐渐变化，只有当输入量的变化超过分辨率时，传感器输出才会发生改变，即传感器能够分辨出此时的输入量变化，否则传感器输出不会变化，即无法分辨此时输入量的变化。

（7）阈值亦称门槛灵敏度，指输入量小到某种程度时传感器的输出不再变化的阈值，阈值表征了输入零点附近的信号分辨能力。

（8）稳定性是指传感器能够在较长时间内维持自身性能参数不变的能力。

2）传感器的动态特性

传感器的动态特性是指输入信号随时间动态变化时，其输入量与输出量之间的对应关系。由于可以方便容易地通过实验测得传感器对标准输入信号的响应，并且此响应与传感器和非标准输入信号响应之间存在特定联系，因此传感器的动态特性常用传感器与标准输入信号的响应来描述。常用的标准输入信号为阶跃信号和正弦信号，因此传感器的动态特性主要表示为阶跃响应和频率响应。

2.4.2　物联网对传感器的特性要求

物联网传感器与传统传感器最主要的不同点在于物联网传感器具有一

定的智能性，可以进行简单的信号处理并进行信号传递。物联网传感器对数据进行采集，数据通过与传感器连接的传输介质传递给网络中心完成信号处理。

物联网传感器一般称为智能传感器。智能传感器是具备微处理器，可进行信息处理的传感器。智能传感器具备采集、处理、交换信息的功能。智能传感器可利用软件技术实现信息采集的高精度化，可实现部分编程自动化，成本较低且功能多样。

因为物联网受外界环境的条件限制，智能传感器需要满足微型化、低成本、低功耗、抗干扰等条件。①物联网的特点要求传感器微型化，特征尺寸为微米或纳米级，质量为克或毫克级，体积为立方毫米级。②物联网大规模化的先决条件是降低生产运营成本，因此在设计传感器时需考虑降低成本的设计方法，提高传感器的生产效率。③传感器必须采用功率损耗较低的供电模式来节约能源，这是由于物联网以电池作为其长期能量来源，可以利用太阳能、光能、生物能等为传感器提供能量。④智能传感器需要能够抵抗电磁辐射、雷电、强磁场、高湿度、障碍物等恶劣环境的干扰。⑤物联网中的传感器节点根据软硬件标准可机动灵活地对应用进行编程。

2.4.3　传感网

1. 传感网的结构

传感网由多个无线传感器节点组成，这些节点的功能可一致也可不同。同一区域内许多无线传感器网络节点通过无线方式进行信息交互。节点在网络中可实现数据采集、数据中转等功能。

传感器网络往往由传感器节点（Sensor Node）、汇聚节点（Sink Node）和管理节点（Manager Node）组成。传感器网络使用传感器节点群实行对数据的监督管理检测，不同节点间逐跳地传输数据。在此过程中，可由多节点对同一数据做出处理，经过多跳传输后将数据汇集到汇聚节点，经由各种通信网络最终到达管理节点，由终端用户通过管理节点对数据实行管理，用户也可通过管理节点进行传感器网络的网络配置、任务发布等工作。图 2.16所示为无线传感器网络的系统结构。

在监测范围内随机分布着大量传感器节点，这些传感器节点采用自组织的形式构建网络。传感器节点一般将电池作为能源的微型嵌入式系统，它的数据处理、存储、通信能力较弱，每个传感器节点既具备终端信息发出功能

又能进行消息的转发，不但要完成本地信息采集及处理，还要对由其他节点传递过来的信息进行存储、管理、融合等处理，某些特殊任务需要由多个传感器节点之间相互协作完成。

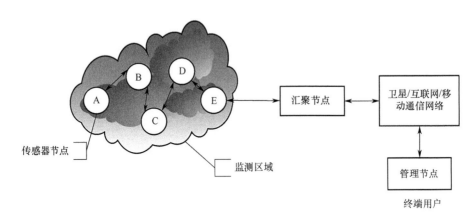

图 2.16　无线传感器网络的系统结构

汇聚节点的信息处理、存储及信息传输能力要强于普通节点。传感器网络与互联网等外部网络通过汇聚节点连通，通过两种协议栈之间的通信协议转换来完成管理节点和网络之间的信息交互，完成发布管理节点提交的监测任务，并把收集到的数据转发到外部网络。汇聚节点能够提供足够的能量、内存和资源，不但可以作为一个具有增强功能的传感器节点，而且可以作为特殊的网关设备仅携带无线通信接口。

终端用户使用管理节点实现对传感器网络的管理配置，向外发布监测任务给汇聚节点，同时接收由汇聚节点传递来的监测数据。

2．传感器节点结构

无线传感网的基本构成单位是传感器节点。传感器节点是进行传感、数据信息处理、无线通信的重要部分，节点由电源模块供能。传感器节点技术的进步与无线传感网的发展密切相关，传感器节点直接决定了整个网络的性能。

传感器节点包括传感模块（传感器、A/D 转换器）、数据处理模块（处理器、存储器）、通信模块（网络、MAC、收发器）和能量供应模块（电池、自然能源）等。图 2.17 所示为传感器的节点结构。

传感模块通过传感器感知、获取物理世界信息，并将采集到的模拟信号通过 A/D 转换器变为数字信号，再将数字信号传递给数据处理模块。数据处理模块负责调节、控制各个节点的各部分工作，如对设备进行控制、分配任务，实现信息的传输与融合等。处理器和存储器将采集到的信息进行处理、存储。通信模块可实现其与其他传感器或收发者的信息交互。能量供应模块为传感器提供正常工作所必需的能源，对于无线网络来说，它无法使用普通的电力能源，只能利用自身存储的电能或从外部获取的自然能源。

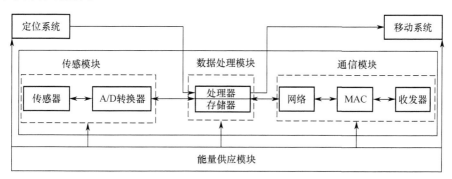

图 2.17　传感器的节点结构

2.4.4　传感网技术

传感网技术的使用前提是网络能源供给受限，其节点设备能够长时间对目标实施监测管控，所以网络功能的能效是传感网技术的改进方向。

1．网络拓扑控制

对于无线的、自组织的传感网而言，网络拓扑控制是其核心技术之一。传感网使用拓扑控制可以自行构建良好的网络拓扑结构，从而使路由协议和多路访问控制协议的效率有所提高。拓扑结构有利于通过节约节点能量以延长网络生存期，为信息融合、时间同步及目标定位等多方面应用奠定良好的结构基础。

无线传感器网络拓扑控制的目标是在符合网络连通度和覆盖度要求的基础上，通过控制网络的功率，选择网络的骨干节点及其相关机制，创除节点间无用的无线通信链路，最终构建一个可高效转发数据的网络拓扑结构。

网络节点功率控制是指在符合网络连通度要求的前提下，通过对网络中节点的发送功率做出调整，降低节点发射功率，平衡节点单跳能够到达的邻居节点数目。无线传感网可采用层次型拓扑控制，使用分簇机制，选取部分

节点作为簇头，再将这些簇头节点组合，构成可以进行数据处理、转发的骨干网。骨干网节点是通信中的模块节点，而其他非骨干网节点则可以暂时休眠，关闭其通信模块以节约能源。

骨干网节点的休眠/唤醒机制使得节点在无须进行通信时进入休眠，暂时关闭通信模块。需要进行通信时可及时地自动唤醒，同时唤醒周围邻居节点。这种拓扑控制机制主要是为了解决节点在休眠和活跃之间的状态转换问题，但是无法作为单独使用的控制机制，必须与其他拓扑控制结合起来应用。

2. 网络协议

网络资源随着传感器网络拓扑结构的动态变化而变化。网络中相互独立的各个节点利用传感器网络协议构成一个多源数据传输网络。传感器网络的路由以数据为中心，网络侧重于将所有节点的数据传输到汇聚节点进行处理，而不是和某个特定节点进行交互。网络层路由协议的功能是将数据分组，从源节点通过网络传输到目的节点，路由协议在考虑到单个节点能量消耗的同时，还需要将能耗均匀地分布到网络中的各个节点上，通过这种方式来延长整个网络的生命周期。

传统无线通信网络的研究重心在于提高无线通信的服务品质，由于线传感器节点是随机分布的，由电池供电，无线传感器网络路由协议的研究重心在于提高能量效率。常见的无线传感网络的路由协议有 Flooding 协议、Gossiping 协议、SPIN 协议、定向扩散协议、LEACH 协议等。

1）Flooding 协议

Flooding 协议是无线通信路由协议初始协议的一种。Flooding 协议规定网络中的各个节点均可接收来自其他节点的信息，并以广播的形式将自身信息发送到邻居节点，最终将信息数据发送给目标节点。它的优点在于协议易于实现，无须专门提供信息资源给路由的控制算法和网络拓扑信息使用，因此适用于鲁棒性较高的网络。但是 Flooding 协议易发生"信息内爆"和"信息重叠"问题，以至于产生信息虚耗。因此人们在 Flooding 协议基础上提出了改进协议，即 Gossiping 协议。

2）Gossiping 协议

Gossiping 协议对 Flooding 协议进行了改善。Gossiping 协议通过向随机选取的某个邻近节点传递信息，获得信息的邻居节点，以相同的手段任意选取另一个邻近节点，与之进行信息交互，通过这种方式完成网络的信息传播。

这种点对点传播信息的方式避免了以广播形式传送信息的能量消耗，但同时导致了信息传输时间的延长。虽然 Gossiping 协议在一定程度上缓解了 Flooding 协议中网络信息内爆问题，但是网络信息重叠现象依然存在。

3．SPIN 协议

为了处理 Flooding 协议和 Gossiping 协议的信息内爆、信息重叠问题，出现了改进协议 SPIN。SPIN 协议是一种信息传播协议，它以节点协商为基础，能够实现能量的自适应。SPIN 协议的消息有 ADC、REQ 和 DATA 三种类型。

（1）ADC 用于广播数据，在共用某节点数据信息时，经由 ADC 将此节点数据广播给其他节点。

（2）REQ 用于请求发送数据，在某个非传感器节点期望获得外部数据信息时对外发送 REQ 以请求数据。

（3）DATA 是由传感器采集的数据包。在数据包传输过程中，首先经由传感器节点通过 ADC 对外广播 DATA 数据，如有节点需要接收此数据包，则向广播数据的传感器节点发送 REQ 来请求接收数据，从而建立起发送节点和接收节点间的信息互联。

4．定向扩散协议

定向扩散协议也是一种信息传播协议，其协议核心为数据。定向扩散算法可分为三个阶段，即兴趣扩散、梯度建立及路径加强。在兴趣扩散阶段，传感器节点接收相关兴趣消息类型和消息内容等信息，此兴趣消息中包含任务类型、目标区域、数据发送速率、时间戳等参数。传感器节点将接收到的兴趣消息保存在缓存中。传感器网络中的传感器节点完成全部兴趣消息的保存后，将在传感器节点与汇聚节点之间构建出一个梯度场，其构建是以成本最小化和能量自适应原则为基础进行的。梯度场可进行路径寻优，实现数据信息的快速传输。

5．LEACH 协议

LEACH 是一种分层式协议，其目标是通过任意选择类头节点、平均分配无线传感器网络的中继通信业务来平衡传感器网络中的节点能量消耗，使得传感器网络能量损耗最小，继而使网络生存期得以延长。LEACH 协议可以将网络生存期延长 15%。LEACH 协议分为类准备和数据传输两个进程，

这两个阶段所持续时间的总和为一个周期。

6．网络安全

无线传感器网络采用无线传输信道，与其他无线网络一样，也需要研究其网络安全性。传感器网络会发生窃听、恶意路由、消息篡改等问题。在进行安全设计时，考虑到传感器网络的特点，必须注意以下问题。

（1）由于无线传感器网络的计算能力和存储空间有限，因此不适合于密钥过长、时间和空间复杂度较高的安全算法，可以采用定制的流加密和块加密的 RC4/6 等系列算法进行安全算法设计。

（2）无线传感网络布置之前，节点间的连结不明，缺少对后期节点布置的知识储备基础，所以公共密钥安全体系是不适用于无线传感器网络的，难以实现点对点的动态安全连接。

（3）在制订无线传感器网络的安全机制时，需要对全部网络的相关安全问题进行考量。

7．同步管理

同步管理主要是指时钟同步管理。分布于无线传感器网络中的传感器节点的时钟相互独立，并且不同传感器节点间的晶体振荡频率存在偏差，节点的运行时间也会遭到外部环境温度及周围电磁波影响而产生偏差。无线传感器网络是一个分布式的网络系统，需要由网络节点间相互协作来完成工作任务，因此确保各个节点时间同步是同步管理机制的一项重要内容。

为了使无线传感网络所有传感器节点的本地时钟同步，在制定时间同步机制时需要考量网络的能量效率、可扩展性、鲁棒性、精确度、有效同步范围、成本和尺寸等内容。

8．定位技术

传感器节点在进行数据采集时获取的一项重要消息是位置信息，被控消息只有具备位置信息才是有效消息，因此传感器网络的一项基本功能就是对目标信息定位。为了使随机分布的传感器节点位置信息准确，必须能够在部署后完成自身定位。由于传感器节点具有资源受限、节点分布随机、抗干扰能力较弱等特点，定位原则必须符合自组织性、鲁棒性、分布式计算等要求。

根据是否知道其节点所处方位，传感器节点分为信标节点和位置未知节点。信标节点是已知位置的节点，位置未知节点则要根据部分位置已知的信标节点，按照特定的定位方法，如三边测量法、三角测量法、极大似然估计法等，确定自身所处方位。依照定位过程中是否测量节点间的距离或角度，把传感网中的定位分类为基于距离的定位和与距离无关的定位。

基于距离的定位机制即通过对邻近节点间实际距离测量来确定未知节点的位置，往往通过距离测量、确定方位和修正位置等步骤来实现定位功能。基于距离定位的机制可按照测量节点间距离时应用方法的不同进行分类，其应用的定位方法有 ToA（Time of Arrive）、TDoA（Time Difference of Arrival）、AoA（Angle-of-Arrival）、RSSI（Received Signal Strength Indication）等。基于距离的定位机制因为要对节点间距离进行实际测量，所以对定位的精度要求相对较高，对节点的硬件同样有较高的要求。

与距离无关的定位机制不需要对节点间的绝对距离或方位进行测量，就能够确定未知节点的方位，与距离无关的定位机制主要有质心算法、DV-Hop算法、Amorphous 算法、APIT 算法等。由于无须测量节点间的绝对距离或方位，对节点硬件的要求相对较低，因此更适合应用于大规模的传感器网络。与距离无关的定位机制受环境因素影响较小，虽然定位误差会相应有所增加，但其定位精度仍然能够满足多数传感器网络应用的要求。

9．数据融合

在传感器网络中，为了有效地节约能量可减少其传输的数据量，在各个传感器节点进行数据采集的过程中，可融合处理节点本地的计算能力和存储能力，刨除冗余信息，实现能量的节约。为了解决传感器节点容易发生失效的问题，传感器网络需要融合信息数据并对其进行综合处理，提高信息的精准度。数据融合技术具有节省能量、提升采集数据效率、获取准确信息的作用。

传感器网络的多个协议层次可使用数据融合技术。传感器网络的网络层中，多数路由协议通过数据融合机制来降低传输的数据量，利用分布式数据库技术来规划网络应用层，逐步筛选采集到的数据，进而完成数据的整合。

数据融合技术能够大幅度提高信息的准确性，在节省耗能上有很好的效果，但随之而来的是数据传输时间增长，网络鲁棒性降低的问题。在数据传输过程中使用多种手段都可增加网络延时，包括搜索负责融合数据的路由、等待接收待融合数据、进行数据融合相关操作。与传统网络相比，传感器网

络节点容易失效，并且其数据易于丢失，通过数据融合可以增加数据冗余度，但数据丢失率的上升也会导致损失有效信息，网络的鲁棒性随之降低。

10. 数据管理

传感器网络从数据存储视角来看是一种分布式数据库。传感器网络对其信息进行数据库管理，将存储于传感器网络的逻辑视图与网络实际应用进行分离，因此用户只需要关注数据查询的逻辑结构，无须研究网络如何实现的详细操作。抽象化网络数据某种程度上会降低数据处理的执行效率，但是大大增加了传感器网络的易用性。典型的传感器数据管理系统以美国加州大学伯克利分校的 Tiny DB 系统和康奈尔大学的 Cougar 系统为代表。

虽然传感器网络使用数据库的方法来对数据进行管理，但它与传统的分布式数据库有巨大的差异。由于传感器节点具有易失效性，且能量有限，因此在提供有效的数据服务时，传感器网络的数据管理系统必须降低能量损耗。传统的分布式数据库数据管理系统无法应用于传感网的原因有两方面：一方面是传感器网络节点上会产生无限数据流，并且节点数量特别多；另一方面是在进行数据查询时，通常使用的方法是连续查询法或随机抽样查询法。传感器网络的数据管理系统结构有集中式、半分布式、分布式及层次式，其中关于半分布式结构方面的研究较多。

传感器网络中，数据的存储是通过网络外部存储、本地存储和以数据为中心的存储这三种方式来实现的。以数据为中心的存储方式与其他两种方法比较而言，具备较好的通信效率和较低的能量消耗。以数据为中心的数据存储方式是以地理散列表为基础的典型数据存储方法。

可在传感网中对数据构建 N 维索引以便进行数据查询。DIFS（Distributed Index for Features in Sensor Network）系统数据索引维数 N 等于 1。DIM（Distributed Index for Multidimensional Dam）为多维索引方法。一般情况下使用类 SQL 语言作为传感网的数据查询语言。传感网中有多种查询方式：集中式查询可传送大量数据，其中包含冗余数据，因此其能量消耗较高；分布式查询和流水线式查询都使用聚集技术，分布式查询的数据传输消耗能量较低，而流水线式查询与分布式查询相比其聚集正确性有所提升。

11. 无线通信技术

传感器网络的无线通信要求具备功耗低、距离短的特性。低速的无线个人域网络采用 IEEE 802.15.4 标准作为其无线通信标准，IEEE 802.15.4 标准提供了低速联网的统一标准,适用于个人或者家庭范围内不同装置的联网需求。超宽带(UWB)技术作为无线通信技术中的一种,其潜能十分巨大。UWB 技术具有诸多优点,信道的衰减对其影响不大,UWB 的信号发射功率频谱密度较低,系统结构较为简单,信息传输过程中不易被截获,定位精度能够达到厘米级。因此,UWB 技术适用于无线传感器网络。

12．嵌入式操作系统

传感器网络中的传感器节点是一个微型嵌入式系统。在使用系统的内存、CPU、通信模块时,由于其硬件资源受限,因此系统不仅要具有节能性和高效性,还需要能够充分支持特定应用。各个特定应用以无线传感器网络的嵌入式操作系统为基础,在相同的时间段内均处在工作状态,共同利用网络有限的信息资源。

传感器节点主要有两个方面的显著优点:并发程度高和高度模块化。在传感器网络中,同一时刻有进行多个逻辑控制的可能性,通常会频繁进行这些逻辑控制,并且其执行过程较短,传感器节点并发密度较高,在设计操作系统时要充分考虑传感器节点的这些要求。传感器节点多被集成为模块以便组合应用,所以操作系统需要便捷地实现对硬件的管控。并且,应用程序要具有可以便利重新构建各部分的功能,且不会对系统产生额外的消耗。

13．应用层技术

传感器网络应用层由多种软件系统组成,设置好的传感器网络通常能够完成多个任务。

通过融合多种传感器及中低速、短距离无线通信技术,构建出的特殊网络即传感器网络,它是由许多传感器节点组成的。这些传感器节点功耗低并且体积较小,既能进行有线通信,也能进行无线通信,同时也具有较好的计算能力。传感器网络能够实现特定区域内物与物之间的信息交互,为物联网技术的智能感知、数据获取等功能提供了技术支撑,是物联网技术的重要组成部分。

2.5　物联网与互联网

物联网是以互联网为中枢和根源的物与物交互的一种特殊互联网形式,它是对互联网的延伸和扩展。互联网是物联网中必不可少的部分,没有互联网就没有物联网。

2.5.1 互联网

互联网是一种基于 TCP/IP 协议来构建唯一地址逻辑从而覆盖全球的信息系统，是按照一定的通信协议由广域网 WAN、局域网 LAN 及单机根据特定的协议构建的国际计算机网络。它不但可以实现传输控制协议，而且能够进一步实现传输互联网协议。作为由多个计算机网络根据特定协议连接而成的国际计算机网络，互联网不受地域局限就可实现网络资源互联，提高了信息交换的便捷性。物联网不是具有特别规定网络界限的实际网络体，一般认为，使用网关连接起来的网络集合为一个物联网。互联网的计算机网络是由 LAN、MAN 及 WAN 等组建而成的，通过各种通信线路，如普通电话线、高速率专用线路、卫星、微波和光缆等，将不同地域、行业、机构及个人的的网络资源衔接、组合到一起，进行信息交互与传输，实现资源共享。

物联网作为一种电子标识符，其主要组成部分为软件和芯片，通过软件与嵌入式的芯片使物联网具有执行、感应及计算能力。物联网利用传感设备获取相关物品的信息数据，物联网可在任意时间、地点连接互联网与物，在物与人、物与物之间传输资源信息，实现对物的管理及控制。

互联网是美国在 1969 年为了进行军事连接建立的，因具有普遍适用性而被应用于学校、科研机构。随着计算机技术的发展，互联网开始应用于商业，它在数据通信、信息检索、用户服务等方面均具有很大的潜能，应用范围愈加广泛。

在统一的 TCP/IP 协议下使用计算机连接的网络，称为互联网 1.0 时代。在 1.0 时代，互联网以计算机为主要节点，随着万维网超文本传输协议的诞生，界面的丰富性、友好性提高，检索功能更加便捷高效，越来越多的人使用互联网，尤其是通信技术的进步，使互联网得以飞速发展。

发展到互联网 2.0 时代，将计算机进行互联不再是互联网的主要目的，此时互联网以为人服务为目标，互联网的主要节点是人。互联网 2.0 时代共享的内容不局限于计算机的资源。互联网的发展推动了经济的发展和政策的改革。但是，互联网具有信息对称性、及时性、可靠性、共享性不足等缺点，还需继续改进。

物联网是在互联网的基础上发展起来的。1999 年美国麻省理工大学的科学家们利用 RFID 技术实现了物与物的通信，提出所有事物都可以使用网络相互连接起来。随着计算机技术、通信技术、传感技术的发展，物物相连的方式愈加多样化。人们不仅可以使用射频识别装置，还可以利用其他信息传感设备，如二维码识读设备、红外感应器、激光扫描器等，依照某种特定协议实现物与物的交互和通信，实现物联网的智能化识别、定位、跟踪、监控和管理等功能。物联网是一种感知、连接和交互相结合的网络，以物联网为特征的网络形式就是互联网的 3.0 时代。

2.5.2 互联网与物联网的关系

物联网以互联网为基础，通过感应设备对外界物体做出感应识别并获取数据资源，使用某种标准将物与互联网连接起来，从而形成一种通信方式。互联网技术发展较为成熟，并且其信息传输高效、可靠。就现阶段而言，中国发展较为成熟的互联网信息技术通信设备逐步向着物联网化的方向发展，实现物与物、人与物之间的连接，极大地便利了人们的生活与工作。

物联网与互联网是两个运行在一个相同平台的程序，均依赖网络技术进行信息数据传递，可在运行过程中独立完成工作任务。互联网平台比较重视信息数据的传递，在互联网上信息数据传递相对比较平等，网络功能特性突出。物联网对于信息的传播并不十分重视，它更加注重效率与管理的内容。物联网系统中包含多项互补相干的工作任务，不同于互联网，物联网更加重视人与物或物与物之间实际的联系，其信息安全性更强。物联网是传统互联网的一种延伸网络技术，融合虚拟与实际的事物，其目的是使用网络协助人们在实际生活中实现对物的控制。

根据 IoT 应用阶段的不同，可以把物联网和互联网的关系分为相互独立、交叉、包含这三种类型。

（1）物联网与互联网相互独立。有专家认为，物联网通过传感器对外界环境中的物体进行感知并形成一个互联互通的传感网络，但此传感网络是独立于互联网络的。例如，上海浦东机场的传感网络，与互联网相互独立，被称为中国的第一个物联网。从这个角度来看，物联网与互联网是相互独立的两个网络。

（2）物联网与互联网有交叉，物联网是互联网的补充网络。互联网与物联网的主体不同，互联网是通过计算机连接形成的、能够实现人与人之间信息传递的全球性网络，其主体是人。而物联网的主体则是各种各样的物，通过网络传递物与物之间的信息，最终实现服务于人的目的，所以说物联网是互联网的扩展和补充。

（3）互联网包含物联网。在这种关系中，互联网不是现在的基础形式，而是一种未来的形式。互联网不断地发展进步，其未来的形式是一个包含所有事物的网络形式，物联网则从属于这种网络形式。

2.5.3 物联网与互联网基本特性比较

1．互联网网络性能与物联网网络性能的相同点

（1）互联网与物联网的技术依托相同的网络技术基础。

（2）互联网与物联网在相同的分组数据技术基础上进行工作。

（3）互联网与物联网之间有着共同的承载网，并且它们的承载网及业务网都是互相分离的，业务网都可以进行独立的扩展与设计。

2．互联网与物联网的网络性能的不同点

（1）互联网作为传统的网络通信技术，其关注重点在于网络的通达性和开发性性能，以及互联网自身的资源管理优势和传输能力优势，而对于网络工作效率及管理质量的要求则不够明确。

（2）物联网与互联网相比，对网络有更高的要求。物联网系统中包含多个相互独立的子系统，这些子系统在工作过程中，要求网络具有较高的实时性、可靠性、安全性、有效性。

（3）物联网与互联网的网络组织形态各异，物联网将物与物的信息进行互相连接，实现物与物之间的通信。同时，物联网技术可以根据其网络连接方法的不同，实现对物进行控制管理的目的。

3．互联网与物联网产品业务比较

互联网作为现阶段中国社会发展必不可少的一部分，具有一定的虚拟性。在实际应用的过程中，需要通过增加额外装置来提高企业网络应用的价值，并且互联网具有大规模和高消费等特点，导致企业的网络构建及运营成本比较高。

物联网是对实际存在的物的操作，在实际应用物联网的过程中，需要在每个被测物体上安装相应的电子标识符（如芯片），才能够实现较好的网络控制效果，这就导致物联网的应用成本较高，并且不同于互联网，物联网的应用成本短时间内很难有所下降。由于物联网应用的方法技术具有一定的局限性，因此其产品业务种类相比于互联网来说较为贫乏。

4．互联网与物联网技术标准比较

在物联网的感知层上具有射频识别终端和传感器网络，因此其网络结构相比于互联网来说较为复杂。物联网的关键技术多种多样并且应用广泛，因此物联网的标准体系比较复杂，而互联网的技术标准是比较单一的。与物联网不同，互联网具有统一的终端，其终端服务是无差别化服务，不会对服务器及计算机提出较高的要求。互联网虽然缺乏统一的管控中心，但是其自治度相比于物联网来说比较高。

第3章

信息安全与大数据

3.1　加密算法

3.1.1　安全的基本概念

1．信息安全的内涵

在当代，信息安全的内涵在互联网出现之后又包含了面向数据的安全，即信息的机密性、可用性与完整性的保护，还包括面向用户的安全，即鉴别、授权、访问控制、抗否认性和可服务性，以及对于个人隐私、知识产权等的保护。

信息安全在物联网系统中非常重要，它关系到整个物联网系统的信息、设备、决策体系是否能安全可靠地运行。

2．安全的原则

安全原则包含保密性原则、鉴别原则、完整性原则、不可抵赖原则、访问控制原则和可用性原则等。其中，保密性原则要求只有发送人和接收人才可以对信息内容进行访问；鉴别原则需要保证对文档来源和电子信息进行正确的标识，我们可以通过鉴别机制建立身份证明，缺乏鉴别机制就可能导致被攻击；完整性原则要求信息内容从发送出去后到接收之前都不能发生改变，在此过程中若遭到修改攻击，就会失去信息的完整性；不可抵赖原则要求用户发送信息后不能进行否认，即不允许发送者拒绝承认发送了信息；访问控制原则可以指定控制用户可以访问什么；可用性原则可以随时指定授权方提供信息，中断攻击会破坏可用性原则。

3．攻击类型

攻击的类型可以分为两类，即主动攻击和被动攻击。被动攻击是指攻击者在信息传输中窃听或者监视数据的传输，这种攻击不会对数据进行修改，图 3.1 所示为被动攻击的分类。主动攻击是采用某种方式修改信息内容或者是生成虚假信息，这类攻击可以被发现并恢复，但是却很难防止它的发生。主动攻击分为伪装攻击、修改攻击和伪造攻击，图 3.2 所示为主动攻击的分类。

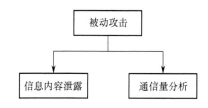

图 3.1　被动攻击的分类

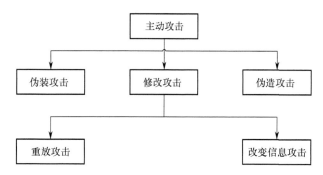

图 3.2　主动攻击的分类

攻击类型具体在实际中又可分为应用层攻击和网络层攻击，它既可能发生在应用层，也可能发生在网络层，可分为病毒、蠕虫、特洛伊木马、小程序与 ActiveX 控件、Cookies、JavaScript 等，这些都可能对计算机系统造成攻击。

3.1.2　加密算法技术

物联网系统在进行信息传输时，尤其是进行无线信息传输时，需要考虑信息被截获的情形。因此，对于某些重要设施、设备的信息，由于其敏感性，必须要对传输的信息进行加密处理。我们首先引入密码学的基本概念。将信

息编码，以便安全发送的机制称为密码学，密码学将消息编码使其不可读，从而达到保证消息安全性的目的。

1．明文与密文

明文是发送人、接收人和任何访问信息的人都能理解的信息，而密文是将明文消息编码后得到的，从密文消息求出明文消息的过程称为密码分析。将明文消息转换为密文消息通常有两种方法：替换法与变换加密技术。

2．替换法

替换法即在加密时将明文消息的字符替换成另一个字符、数字或符号，可采用单码加密法、同音替换加密法、块替换加密法和多码替换加密法等进行替换。其中单码加密法是具有固定替换模式的加密方法，即明文中的每个字母都由密文中的字母所替换，数学上，可使用 26 个字母的任意置换与组合，即有 $4×10^{26}$ 种可能性，由于置换和组合量很大，单码加密法很难破解；同音替换加密法（Homophonic Substitution Cipher）也是将一个字母替换成另一个字母，但是同音替换加密法中的一个明文字母可能会对应多个密文字母，如字母 Z 可以替换为 A、B、E、F、G 等；块替换加密法（Polygram Substitution Cipher）是把明文的一块字母换成另一块字母；多码替换加密法（Polyalphabetic Substitution Cipher）使用多个单码密钥，每个密钥加密一个明文字符，用完所有密钥后再继续循环使用，如果有 10 个单码密钥，则明文中每隔 10 个字母换成相同密钥，10 代表密文周期。

3．变换加密技术

变换加密技术对明文字母进行某种置换，可采用栅栏加密技术、简单分栏式变换加密技术、Verman 加密法和运动密钥加密法等。栅栏加密技术（Rail Fence Technique）的算法可分为两步：第一步将明文消息写成对角线序列，第二步将上一个步骤写出的明文读入行序列，即一行一行地产生密文；简单分栏式变换加密技术（Simple Columnar Transposition Technique）的算法可分为两步：第一步将明文消息一行一行地写入预定长度的矩形，第二步一列一列地读信息，读取顺序随机，最后得到的消息就是密文消息。在此基础上，为了使密码更难破译，可以将简单分栏式变换加密技术中的变换进行多次，提升其复杂性；Verman 加密法使用随机的非重复字符集合作为输入密文，该方法一旦使用变换的输入密文，就不会重复使用，所以也称为一次性密码本（One-Time Pad），该方法将每个明文字母按照递增顺序排列为数字，同时对输入密文的字母做相同处理，再将明文与密文中相应字母相加（若和大于 26，则需要从其本身减去 26 再做变换），最后转换成相应的字母得到输出密文；运动密钥加密法（Running Key Cipher）在产生密文时用书中的某段文本字符作为一次性密码本，与输入明文消息相加。

4．加密与解密

加密是将明文信息变为密文信息的过程，而解密过程与加密过程恰好相反，即解密是将密文信息变为明文信息的过程。图 3.3 所示是加密和解密过程。

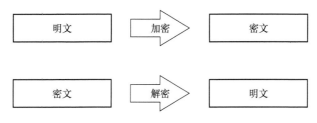

图 3.3　加密和解密过程

在进行通信时，发送方需要将明文信息进行加密，然后通过网络传输给接收方，接收方再将加密的密文信息还原为明文信息。加密明文信息需采用加密算法，同样解密接收到的加密信息需要采用解密算法，解密算法需要和加密算法相对应，否则无法通过解密得到原来的信息。对于加密和解密过程中的算法都是可以公开的，但是为了保证加密过程的安全性，需要使用密钥，根据使用的密钥，可以分为对称密钥加密和非对称密钥加密两种机制。二者的区别在于对称密钥加密的加密和解密过程使用相同的密钥，而非对称密钥加密的加密和解密使用不同密钥。

5．对称与非对称密钥加密

对称密钥加密又叫专用密钥加密或共享密钥加密，即发送方与接收方使用相同密钥对数据上锁和开锁，密码分配与对称密钥分配相关联。非对称加密算法的加密和解密使用的是公开密钥（Public Key）和私有密钥（Private Key）这两个不同的密钥。公开密钥与私有密钥是一对，如果用公开密钥对数据进行加密，只有用与之相匹配的私有密钥才能解密；如果用私有密钥对数据进行加密，那么只有用同样与之相匹配的公开密钥才能解密。因为加密和解密使用的是两个不同的密钥，所以这种算法称为非对称加密算法。该算

法的基本过程是：甲方生成一对密钥并将其中的一个作为公用密钥向外部公开，得到该公用密钥的乙方使用该密钥对机密信息进行加密后再发送给甲方，甲方再用自己保存的另一个专用密钥对加密后的信息进行解密。图 3.4 所示为对称密钥的加密过程，图 3.5 所示为非对称密钥的加密过程。

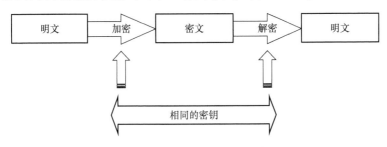

图 3.4　对称密钥的加密过程

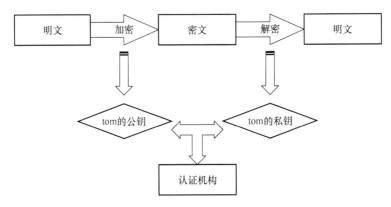

图 3.5　非对称密钥的加密过程

3.1.3　对称密钥加密算法与非对称密钥加密算法

数据加密的基本过程就是对原来是明文的文件或数据按某种算法进行处理，使其成为不可读的一段代码，只有在输入相应的密钥之后才能显示出本来的内容，通过这样的途径来达到保护数据不被窃取和阅读的目的。加密算法可分为对称密钥加密算法和非对称密钥加密算法。这些加密算法都有算法类型和算法模式两个关键的方面。

算法类型定义加密算法每一步明文的长度，明文生成密文的方法有流加密法（Stream Ciphers）与块加密法（Block Ciphers）两种。流加密法一次只加密明文中的一位，解密时也是一位一位地解密；块加密法一次加密明文中的一块，同样解密时也是一块一块地解密。在算法中，"组"这个词表示明文生成密文时的变化次数。加密算法中的混淆概念是为了保证密文中不会表现出与明文有关的相关线索，防止密码分析员从密文中求出相应明文。加密算法中的扩散概念可以增加明文的冗余度，如流加密法就只使用混淆，而块加密法既可以使用混淆，也可以使用扩散。

加密算法中的算法模式定义具体类型中的算法加密细节。算法模式有 4 种：电子编码簿（Electronic Code Book，ECB）、加密块链接（Cipher Block Chaining，CBC）、加密反馈（Cipher Feed Back，CFB）和输出反馈（Output Feedback，OFB）。图 3.6 所示为加密算法中的算法模式。

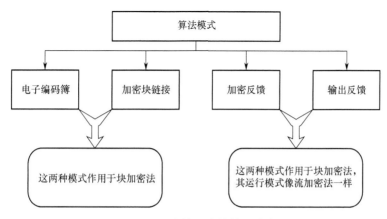

图 3.6 加密算法中的算法模式

电子编码簿模式将输入的明文信息分为 64 位块，然后单独加密每个块，消息中所有块用相同密钥加密。电子编码簿模式的优点是简单，有利于并行计算，误差不会被扩散，它的缺点在于不能隐藏明文的模式，可能造成对明文的主动攻击。因此，此模式适用于加密小消息。

加密块链接模式保证即使输入中的明文块重复，这些明文块也会在输出中得到不同的密文块，加密块链接模式的优点是不容易受到主动攻击，安全性好于 ECB，适合传输长度长的报文，是 SSL、IPSEC 的标准。它的缺点是不利于并行计算，误差会传递，需要初始化向量 N。不是所有应用程序都能处理应用块，字符的应用程序也同样需要安全性。

在加密反馈模式中，数据用更小的单元加密，这个长度小于定义的块长（通常是 64 位）。加密反馈模式的优点是隐藏了明文模式，将分组密码转化为流模式，可以及时加密并传送小于分组的数据。它的缺点是不利于并行计算，误差传送需要唯一的 N。

输出反馈模式与加密反馈模式的区别在于，加密反馈中密文填入加密过程的下一阶段，但是在输出反馈模式中加密过程的输出填入加密过程的下一阶段。输出反馈模式的优点是隐藏了明文模式，分组密码转化为流模式，可以及时加密并传送小于分组的数据。它的缺点是不利于并行计算，可能造成对明文的主动攻击，存在误差传送的可能（一个明文单元损坏影响多个单元）。

1. 对称密钥加密算法

在对称密钥加密算法中，数据发送方将明文和加密密钥一起经过特殊加密算法处理后，将其变成复杂的加密密文发送出去。接收方收到密文后，使用加密用过的密钥及相同算法的逆运算对密文进行解密，恢复成可读明文。在对称加密算法中，使用的密钥只有一个，发送方和接收方都使用这个密钥对数据进行加密和解密，这就要求解密方必须提前知道加密密钥。对称加密算法的优点是计算量小、加密速度快、加密效率高。但是缺点也比较明显，因为交易双方都使用同样的密钥，安全性得不到保证。

数据加密标准（Data Encryption Standard，DES）也称数据加密算法（Data Encryption Algorithm，DEA），是非常普及的对称密钥加密算法。DES通常使用 ECB、CBC 或 CFB 模式。

DES 使用 56 位密钥，但其最初密钥位数为 64 位，在 DES 过程开始之前，放弃密钥的每个第 8 位，得到 56 位密钥。密钥放弃之前，为保证密钥中不包含任何错误，可以对所要放弃的位数进行奇偶校验。

数据加密标准的基本原理是：DES 是一种块加密法，它把 64 位明文作为 DES 的输入，产生 64 位的密文输出。DES 加密的两个基本操作是替换与变换（也称混淆与扩散）。DES 共 16 步，每一步称为一轮，在每一轮里进行替换与变换。DES 的主要步骤可以分为以下 6 步。

（1）将 64 位明文块送入初始置换（Initial Permutation，IP）函数；

（2）对明文进行初始置换；

（3）初始置换产生转换块的两部分，假设为左明文（LPT）和右明文（RPT）；

（4）每个左明文和右明文经过 16 轮加密过程，拥有各自的密钥；

（5）最后，将左明文和右明文重新连接起来，对它们所组成的块进行最终置换（Final Permutation，FP）；

（6）结果得到 64 位的密文，图 3.7 所示为 DES 的主要步骤。

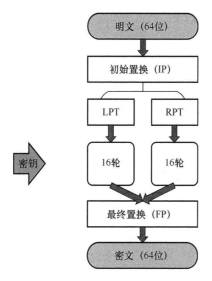

图 3.7　DES 的主要步骤

初始置换只发生一次，是在第一轮之前进行的。初始置换完成后，将得到的 64 位置换文本块分成两部分，各 32 位，左块称为左明文（LPT），右块称为右明文（RPT），然后对这两轮进行 16 轮操作。图 3.8 所示为 DES 的一轮所经历的步骤。

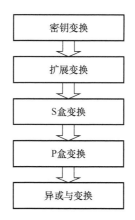

图 3.8　DES 的一轮所经历的步骤

第一步：密钥变换。

通过 64 位密钥放弃每个第 8 位，使得每一轮都有 56 个密钥，密钥变换就是让每一轮的 56 个变换产生不同的 48 位子密钥。具体做法是将每一轮的

56 位密钥分成两半，各有 28 位，循环左移一位或两位。移位后，在 56 位中选择 48 位，由于密钥变换是对 56 位中的 48 位进行置换和选择，因此称为压缩置换，在这个过程中可以让每一轮使用不同的密钥位子集，从而使得 DES 更难破译。

第二步：扩展置换。

经过上述初始变换后，得到两个 32 位明文区，分别称为左明文和右明文，扩展置换除将右明文从 32 位扩展到 48 位之外，同时也对这些位进行置换。过程如下。

首先，将 32 位右明文分成 8 块，每块各 4 位，具体如图 3.9 所示。

图 3.9　32 位右明文分成 8 个 4 位的块

然后将上一步的每个 4 位块扩展成 6 位块，多出来的两位是重复之前 4 位块的第 1 位和第 4 位（见图 3.10），4 位块的第 2 位和第 4 位口令输入一样写出，第 2 个输入位和第 48 位重复 4 位块的第 1 个输入位，即 4 位块的第 1 个输入位同时出现在 6 位块的第 2 个输入位和第 48 位，4 位块的第 2 个输入位移动到 6 位块的第 3 个输入位，这个过程其实就是在生成输出时的扩展和置换输出位，图 3.10 所示是右明文扩展置换过程。

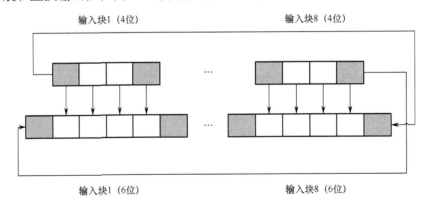

图 3.10　右明文扩展置换过程

第三步：S 盒替换。

S 盒替换过程是从压缩密钥与扩展右明文异或运算得到的 48 位输入中，用替换技术得到 32 位输出，替换使用 8 个替换盒。每个 S 盒有 6 位输入和 4 位输出，48 位输入块分成 8 个子块（各有 6 位），每个子块指定一个 S 盒，S 盒将 6 位输入变成 4 位输出。图 3.11 是 S 盒替换过程。

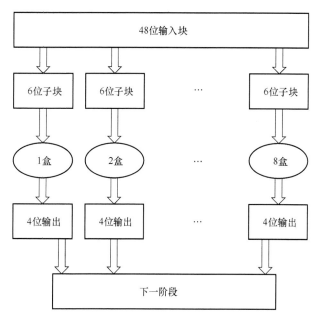

图 3.11　S 盒替换过程

所有 S 盒的输出组成 32 位块，传递到下一个阶段，即 P 盒置换。

第四步：P 盒置换。

P 盒置换就是按照 P 表指定把一位换成另一位，是不进行扩展的压缩，所以这种置换机制只进行简单的置换。

第五步：异或与变换。

前四步操作只是处理了右明文，还没有处理左明文。将最初 64 位明文的左半部分与 P 盒置换的结果进行异或运算，结果生成新的右明文，同时在交换的过程中将原来的右明文变为新的左明文，图 3.12 是异或与替换过程。

图 3.12 的模块中所示的下一轮总共需要进行 16 次，这 16 次结束后会进行最终置换。最终置换只进行一次，它的输出就是 64 位加密块。DES 由于各个表的值和操作顺序都是经过精心选择的，所以该算法可逆，加密算法也适用于相应的解密算法。在这个过程中需要注意的是，密钥部分需要倒过

来。DES 的强度关键取决于它的密钥，该算法使用 56 位密钥，即可以生成 $2^{56} = 7.2 \times 10^{16}$ 个密钥。

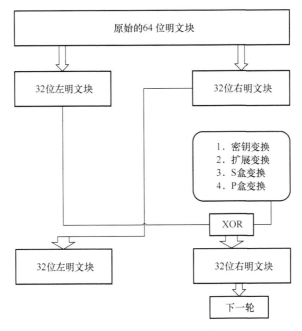

图 3.12　异或与替换过程

根据 DES 的优势，可以利用某些方法对 DES 进行改进和变形，主要有双重 DES 和三重 DES。双重 DES 使用两个密钥 K1 和 K2，首先用 K1 对原明文进行 DES，得到加密文本，然后用 K2 对加密文本再次进行 DES，其实就是将原始明文用不同密钥加密两次。同样地，解密过程就是按相反顺序解密两次。为了使加密方法更加强大，在双重 DES 后又出现了三重 DES，三重 DES 分为两大类，一类使用三个密钥，另一类使用两个密钥。三个密钥的三重 DES 首先使用密钥 K1 加密明文块，然后用密钥 K2 继续加密，最后用密钥 K3 加密，但是密钥 K1、K2、K3 的作用各不相同。三个密钥的三重 DES 是相当安全的，但它也有一个缺点，就是密钥位数有 168 位，在实际应用中会产生很大困难；只用两个密钥的三重 DES 提出首先用密钥 K1 加密明文块的输出，继而用密钥 K2 对上面的输出进行解密，然后再次用密钥 K1 加密已经解密的输出，这个算法过程中解密的目的就是使三重 DES 用两个密钥而不是三个密钥，与使用 K1 和 K2 的双重 DES 不同，两个密钥的三重 DES 不会受到中间人的攻击。

国际数据加密算法（International Data Encryption Algorithm，IDEA）是最强大的加密算法之一。IDEA 受专利保护，需要获得许可证之后才能在商业应用程序中使用，著名的电子邮件隐私技术 PGP 就是基于 IDEA 的，所以尽管 IDEA 强大，但是并不像 DES 那样普及。

RC5 对称密码块加密算法（简称 RC5 算法）是参数可变的分组密码算法，该算法的 3 个可变参数是：分组大小、密钥大小和加密轮数。RC5 算法的优点是运算速度快，只使用基本计算机运算，并且轮数可变，密码位数可变，这在一定程度上大大增加了它的灵活性，不同安全性的应用程序可以灵活地设置这些值。执行该算法所需的内存更少，不仅适合桌面计算机，也适合智能卡和其他内存较小的设备。RC5 算法是一种比较新的算法，它的开发者设计了 RC5 算法的一种特殊的实现方式，因此 RC5 算法有一个面向字的结构：$RC5-w/r/b$，这里 w 是字长，其值可以是 16、32 或 64，对于不同的字长，明文和密文块的分组长度为 $2w$ 位，r 是加密轮数，b 是密钥字节长度。RC5 算法加密时使用了 $2r+2$ 个密钥相关的 32 位字。创建这个密钥组的过程是非常复杂的，首先将密钥字节复制到 32 位字的数组中，如果需要，最后一个字可以用零填充；然后初始化数组，在创建完密钥组后开始进行对明文的加密；加密时，首先将明文分组划分为两个 32 位字符 A 和 B，输出的密文是在寄存器 A 和 B 中的内容；解密时把密文分组划分为两个字符 A 和 B（存储方式和加密一样）。

RC5 算法操作原理比较复杂，在一次性初始操作中，输入明文块分成两个 32 位块 A 和 B，前两个子密钥 S[0] 和 S[1] 分别加进 A 和 B，分别产生 C 和 D，表示一次性操作结束。然后开始下面各轮，每一轮依次完成位移、循环左移，对 C 和 D 增加下一个子密钥（显示加法运算，然后将结果用 2^{32} 求模）。RC5 算法一次性的初始操作包括的步骤：输入明文分为两个等长块 A 和 B，然后第一个子密钥 S[0] 与 A 相加，第二个子密钥 S[1] 与 B 相加，这些操作用 2^{32} 求模，分别得到 C 和 D。由于 RC5 算法中的每一轮都与第一轮运算一样，所以这里只介绍第一轮的细节。

第一轮算法细节总共可分解为以下七步。

第一步：C 与 D 异或得到 E（见图 3.13）。

第二步：循环左移 E，将 E 循环左移 D 位（见图 3.14）。

第三步：将 E 与下一个子密钥相加，第一轮为 S[2]，第 i 轮为 S[2i]，这个运算的结果为 F（注意，第四步至第六步的运算，不论是异或、循环左移

还是加法都与第一步至第三步相同，只有输入不同）（见图 3.15）。

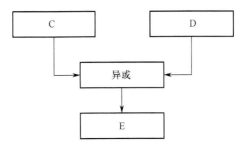

图 3.13　每一轮的第一步

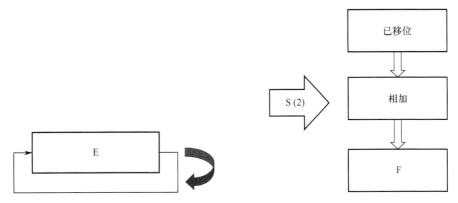

图 3.14　每一轮的第二步　　　　　图 3.15　每一轮的第三步

第四步：D 与 F 异或操作得到 G（见图 3.16）。

第五步：将 G 循环左移 F 位（见图 3.17）。

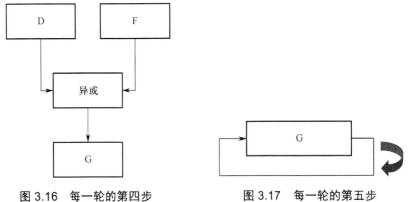

图 3.16　每一轮的第四步　　　　　图 3.17　每一轮的第五步

第六步：这一步与第三步相同，将 G 与下一个子密钥相加，第一轮为

S[3]，第 i 轮为[2i+1]，i 从 1 开始，运算结果为 H（见图 3.18）。

　　第七步：这一步主要检查所有各轮是否完成，依次执行 i+1，检查 i 是否小于 r（如果 i 小于 r，则将 F 变为 C，H 变为 D，返回第一步继续）（见图 3.19）。

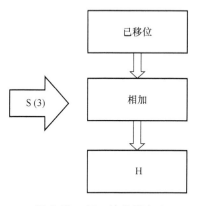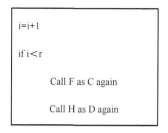

图 3.18　每一轮的第六步　　　　图 3.19　每一轮的第七步

　　RC5 算法中子密钥的生成分为两步，分别是子密钥的生成和子密钥的混合。在子密钥生成这一个步骤中使用两个常量 P 和 Q，把生成的子密钥数组称为 S，第一个子密钥 S[0]用 P 值初始化，继而每个后续子密钥（S[1]，S[2]，…）可以根据前面的子密钥和常量 Q 求出（用 2^{32} 求模）。在子密钥混合这一步骤中将子密钥 S[0]，S[1]，…与原来密钥的 L[0]，L[1]，…，L[c]混合。L[c]中的 c 是原密钥最后一个子密钥的部分，可以从图 3.20 和图 3.21 中更加形象地看出。图 3.20 所示为子密钥混合的数学形式，图 3.21 所示为子密钥生成的数学形式。

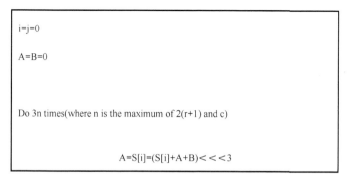

图 3.20　子密钥混合的数学形式

```
S[0]=P


For i=1 to 2(r+1)−1

    S[i]=(S[i−1]+Q) mod 2^32
```

图 3.21　子密钥生成的数学形式

由于 DES 算法的 56 位密钥在大范围密钥搜索的攻势之下显得不太安全，64 位块也不够强大，所以需要开发出新的算法来弥补它的缺点。密码学中的高级加密标准（Advanced Encryption Standard，AES）是美国联邦政府采用的一种区块加密标准，AES 采用 128 位块和 128 位密钥，根据设计者的说法，AES 的主要特性如下：

（1）对称与并行结构使得算法实现具有很大的灵活性，而且能够抵抗密码分析的攻击；

（2）适应现代处理器，即它的算法很适合现代处理器（Pentium、RISC 和并行处理器）；

（3）适合智能卡，即它的算法适合智能卡。

2．非对称密钥加密算法

对称密钥加密算法的最大优势是在加密和解密时速度快，可以对大数据量进行加密，但密钥管理困难，并且存在密钥交换问题。由于加密信息的发送方和接收方在对称密钥加密过程中使用相同的密钥，密钥很容易被他人知晓，针对这一缺点，非对称密钥加密算法就可以很好地解决这个问题。

非对称密钥加密算法需要使用一对密钥来分别完成加密和解密操作，一个公开发布，即公开密钥；另一个由用户自己秘密保存，即私用密钥。发送者用公钥加密，接收者用私钥解密。该算法的缺点在于加密和解密速度比对称密钥加密慢得多。

非对称加密算法与对称加密算法的区别在于：首先，用于消息加密、解密的密钥值不同；其次，非对称密钥加密算法比对称密钥加密算法慢数千倍，但它可以保护通信安全，非对称密钥加密算法具有对称密钥加密算法难以企及的优势。

1977 年，麻省理工学院的 Ron Rivest、Adi Shamir 和 Len Adieman 开发了第一个重要的非对称密钥加密系统，称为 RSA 公钥加密算法（简称 RSA 算法），解决了密钥协定与发布问题。即使今天，RSA 算法也是最被广泛接受的公钥方案。我们只需发布自己的公钥，就可以在互联网上安全通信，所有这些公钥可以放在一个数据库中，允许任何人查询，但唯有私钥是只有自己知晓的。

非对称密钥加密（Asymmetric Key Cryptography）算法使用两个密钥构成一对，一个用于加密，另一个用于解密，其他密钥都无法解密这个信息，包括用于加密的第一个密钥。这样设计的好处在于每个通信方都只有一个密钥，一旦取得密钥对之后，就可以和其他人通信。这个模式的数学基础是：如果一个数只有两个素数因子，则可以生成一对密钥。例如，数字 14 只有两个素数因子 2 和 7，如果用 7 作为加密因子，那么解密因子只能是 2，包括 7 在内的其他任何数都不能作为解密因子。从这个例子中可以递推，在设计中若数字很大，那么破解过程将会很困难。

两个密钥中，一个是公钥，另一个是私钥，这种机制中每一方或每个节点会发布自己的公钥，这样就可以构成一个目录，维护各个节点（ID）及相应的公钥，查询这个公钥目录就可以得到任何人的公钥，从而与其通信。表 3.1 为私钥与公钥的对比。

表 3.1　私钥与公钥的对比

密钥细节	发送方知道	接收方知道
发送方的私钥	是	否
发送方的公钥	是	是
接收方的私钥	否	是
接收方的公钥	是	是

非对称密钥加密的工作原理如下。

（1）由于发送方知道接收方的公钥，在发送方要给接收方发信息时，需要用接收方的公钥加密。

（2）发送方将这个消息发给接收方。

（3）接收方用自己的私钥解密发送方的消息。由于入侵者不知道接收方的私钥，这个消息只能用接收方的私钥解密，所以除接收方之外，其他任何人都无法获取消息。同样，信息接收方向发送方发送信息时，是上述过程的逆过程。

RSA 算法是最可靠的一种非对称加密算法。在公开密钥加密和电子商业中，RSA 算法被广泛使用。在 RSA 算法中，对一个极大整数做因数分解越

困难，那么这个算法就越难破解，也就是越安全可靠。如果发现一种快速进行大整数因数分解的算法，那么用 RSA 加密的信息的可靠性就无法得到保证，但实际上找这样的算法难度非常大，现在只有较短的 RSA 密钥才可能被强力方式解破。到目前为止，世界上还没有出现任何可靠的攻击 RSA 算法的方式。只要其密钥的长度足够长，由于当前算法的计算量太大，用 RSA 加密的信息实际上是不能被解破的。RSA 算法是第一个能同时用于加密和数字签名的算法，也易于理解和操作。RSA 是被研究得最深入的公钥算法，从提出到现在的四十多年里，经历了各种攻击的考验，体现了可靠性，也逐渐被人们接受，被认为是最优秀的公钥方案之一。下面简单介绍一下 RSA 算法。

素数就是只能被 1 和本身整除的数，RSA 算法的数学基础在于，对于两个大素数相乘容易，但是对它们的积求公因子却很难，RSA 中的私钥和公钥基于 100 位以上的大素数，对比于对称密钥加密算法，算法自身原理简单，它的难点在于 RSA 选择和生成私钥与公钥。

生成私钥和公钥及加密和解密的过程可以总结为 7 个步骤，简述如下：

（1）选择两个大素数 P、Q；

（2）计算 $N=P\times Q$；

（3）选择一个公钥（加密密钥）E，使其不是（$P-1$）与（$Q-1$）的因子；

（4）选择私钥（解密密钥）D，使其满足（$D\times E$）mod（$P-1$）×（$Q-1$）=1；

（5）加密时，从明文 PT 计算密文 CT 的公式为 $CT=PT^{E} \bmod N$；

（6）将密文 CT 发送给接收方；

（7）解密时，从密文 CT 计算明文 PT 的公式为 $PT=CT^{D} \bmod N$；

RSA 算法的关键是选择正确的密钥，假设 B 要接受 A 的保密信息，需要生成私钥（D）和公钥（E），然后将公钥和数字 N 发送给 A，A 用 E 和 N 加密信息，然后将加密的消息发送给 B，B 用私钥（D）解密信息。攻击者只要知道公钥 E 和数字 N，看似就可以通过试错法找到私钥 D，此时攻击者需要首先用 N 求出 P 和 Q。但是在实际应用中，当 P 和 Q 选择很大的数时，要从 N 求出 P 和 Q 并不容易，这个过程相当复杂，需要耗费大量的时间。由于攻击者无法求出 P 和 Q，自然也就求不出 D，所以即使攻击者知道 N 和 E，也无法求出 D，所以无法将密文解密。如果用硬件实现 DES 之类的对称加密算法和 RSA 之类的非对称密钥加密算法，那么 DES

会比 RSA 快大约 1000 倍，若用软件实现这些算法，则 DES 比 RSA 快大约 100 倍。

非对称密钥加密算法解决了密钥协定和密钥交换的问题，对称密钥加密算法和非对称密钥加密算法各有所长，也都有需要改进的问题。表 3.2 所示为对称与非对称密钥加密的比较。

表 3.2　对称与非对称密钥加密比较

特　　征	对称密钥加密	非对称密钥加密
加密/解密使用的密钥	加密/解密使用的密钥相同	加密/解密使用的密钥不同
加密/解密速度	快	慢
得到的密文长度	通常等于或小于明文长度	大于明文长度
密钥协定与密钥交换	存在大问题	没问题
所需密钥数与信息交换参与者个数的问题	大约为参与者个数的平方，所以伸缩性不好	等于参与者个数，所以伸缩性好
用法	主要用于加密/解密（保密性），不能用于数字签名（完整性与不可抵赖性检查）	可以用于加密/解密（保密性）和数字签名（完整性与不可抵赖性检查）

为了能够很好地组合这两种加密机制，针对彼此的缺点，更好地将各自的优点相融合，我们需要达到以下目标。

（1）加密/解密速度快；

（2）生成密文的长度短；

（3）组合后伸缩性变好，而不能引入更多的复杂性；

（4）解决方案要安全；

（5）需要解决密钥发布问题。

将对称密钥加密和非对称密钥加密结合起来的安全方案如下所述（在方案中我们假设 A 是发送方，B 是接收方）。

第一步：A 的计算机利用 DES、IDEA 与 RC5 之类的标准对称密钥加密算法加密明文（PT），产生密文信息（CT），这个操作使用的密钥（K1）称为一次性对称密钥，用完后放弃，如图 3.22 所示。

第二步：把这个一次性对称密钥（K1）发送给服务器，使服务器能够解密密文（CT），恢复明文信息（PT），在这里引入一个新概念，A 要取第一步的一次性对称密钥（K1），用 B 的公钥（K2）加密 K1，这个过程称为对称密钥的密钥包装（Key Wrapping），即把对称密钥 K1 放在逻辑箱中，用 B

的公钥（K2）封起来，如图 3.23 所示。

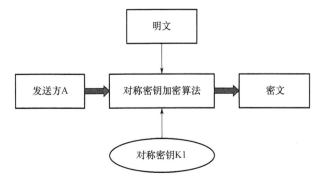

图 3.22　对称密钥加密算法加密明文信息

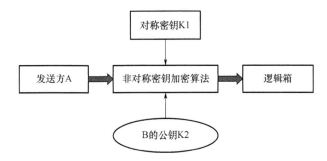

图 3.23　非对称密钥加密算法加密明文信息

第三步：A 把密文 CT 和加密的对称密钥一起放在数字信封（Digital Envelope）中，如图 3.24 所示。

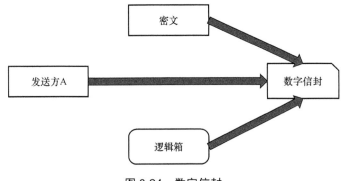

图 3.24　数字信封

第四步：这时 A 将数字信封［包含密文（T）和用 B 的公钥包装的对称密钥（K1）］用网络发送给 B，这里假设数字信息包含上述两个项目，如

图 3.25 所示。

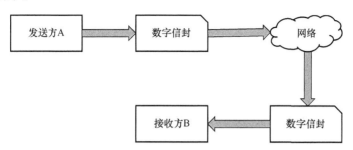

图 3.25　数字信封通过网络到达 B

第五步：B 接收并打开数字信封，B 打开信封后，收到密文 CT 和用 B 的公钥包装的对称密钥（K1），如图 3.26 所示。

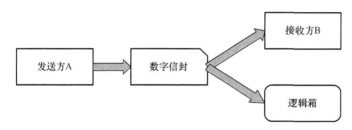

图 3.26　B 用私钥打开数字信封

第六步：B 用 A 所用的非对称密钥算法和自己的私钥（K3）打开逻辑箱，这个过程的输出是一次性对称密钥 K1，如图 3.27 所示。

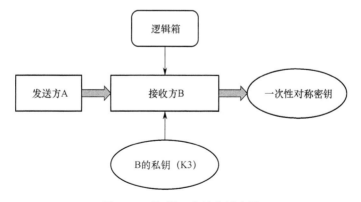

图 3.27　取得一次性会话密钥

第七步：B 用 A 所用的对称密钥算法和对称密钥 K1 解密密文（CT），这个过程得到明文 PT，如图 3.28 所示。

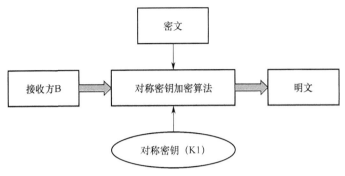

图 3.28　用对称密钥取得明文

基于数字信封的过程有效的原因如下：

（1）我们用对称密钥加密算法和一次性会话密钥（K1）加密明文（PT），对称密钥加密算法速度快，得到的密文（CT）通常比原来的明文（PT）小，如果在这种情况下使用非对称密钥加密算法不仅速度慢，而且输出密文（CT）也会比原来的明文（PT）大；

（2）由于 K1 长度小，非对称密钥加密不会占用太长时间，而且得到的加密密钥也不会占用太大空间，所以可以用 B 的公钥加密包装对称密钥 K1；

（3）基于数字信封的过程结合了对称密钥加密算法和非对称密钥加密算法的优点，解决了密钥交换问题。

数字签名，又称公钥数字签名、电子签章，是一种类似写在纸上的普通物理签名，它使用了公钥加密领域的技术，用于鉴别数字信息。发送方用私钥加密信息即得到数字签名，过程如图 3.29 所示。

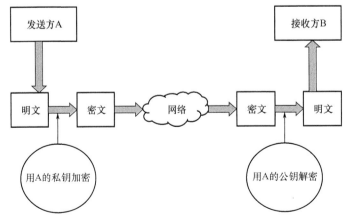

图 3.29　数字签名

数字签名技术是将摘要信息用发送者的私钥加密，然后和原文一起传送给接收者的技术。接收者只有用发送者的公钥才能解密被加密的摘要信息，然后用 Hash 函数对收到的原文生成一个摘要信息，与解密的摘要信息对比。比较之后如果二者信息相同，即说明收到的信息是完整的，没有被修改过，因此证明数字签名能够验证信息的完整性。数字签名是个加密的过程，数字签名验证是个解密的过程。数字签名的主要功能是保证信息传输的完整性、发送者的身份认证和防止交易中的抵赖行为发生。

从上述对数字签名的原理介绍中可以看出，它没有解决非对称算法中存在的速度慢和密文大的问题。在实际应用中，明文信息量可能很大，我们用发送方的私钥加密整个明文信息会导致这个加密过程很慢。当然，我们可以考虑用数字信封来解决这个问题，我们还可以使用更加高效的机制，即使用信息摘要（Message Digest），信息摘要也称散列（Hash）。

信息摘要是指信息的指纹（Fingerprint）或汇总，类似于纵向冗余校验（Longitudinal Redundancy Check，LRC）和循环冗余校验（Cyclic Redundancy Check，CRC）。在保证信息在发送之后和接收之前没有被篡改的前提下，验证数据的完整性。信息摘要通常要占用 128 位以上，也就是任意两个信息摘要相同的机会为 0 到 2^{128} 之间，这样做的目的是缩小两个信息摘要相同的范围。

信息摘要的要求可以总结为以下几个方面。

（1）给定一个信息，应该可以很容易求出信息摘要，并且信息摘要应该相同，如图 3.30 所示。

（2）给定信息摘要，应该不能求出原来的信息，如图 3.31 所示。

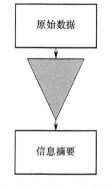

图 3.30　给定一个信息

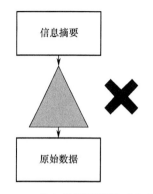

图 3.31　信息摘要不能被反向求出

（3）给定两个信息，求出的信息摘要应该不同，如图 3.32 所示。

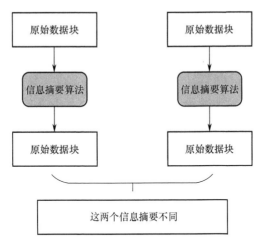

图 3.32　不同信息的信息摘要不同

如果两个消息得到相同的信息摘要，则会违背上述原则，称为冲突（Collision）。信息摘要算法通常会产生长度为 128 位或 160 位的摘要信息，也就是两个信息摘要相同的概率分别为 2^{128} 分之一或 2^{160} 分之一，这在实际中可能性很小。即使两个信息只有微小的差别，其信息摘要也会有不同之处，从中不能看出这两个信息的相似性。对于一个信息和它的信息摘要，信息摘要应该在最大限度上保证不会找到使其拥有相同信息的信息摘要，即信息摘要不能暴露原信息，如图 3.33 所示。

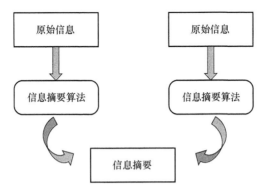

图 3.33　信息摘要不能暴露原信息

MD5 信息摘要算法（MD5 Message-Digest Algorithm）由美国密码学家罗纳德·李维斯特（Ronald Linn Rivest）设计，于 1992 年公开，用来取代

MD4 算法。它是一种被广泛使用的密码散列函数，为了确保信息传输完整一致，它可以产生出一个 128 位（16 字节）的散列值（Hash Value）。它在 MD4 的基础上增加了"安全带"（Safety-Belts）的概念，因此比 MD4 更为安全。在 MD5 算法中，信息摘要的大小和填充的必要条件与 MD4 完全相同。

我们都知道，地球上任何人都有自己独一无二的指纹，这是区别不同个体的安全并且行之有效的方法。同理，我们可以应用 MD5 为任何文件生成一个同样独一无二的"数字指纹"，不论文件的大小、格式和数量。不管任何人对文件做了怎样的改动，它的 MD5 值，也就是对应的"数字指纹"都会发生变化。在某些软件下载站点看到的 MD5 值，其目的在于下载该软件后，我们可以对下载文件做一次 MD5 校验，来确保下载文件和站点提供文件的统一性和一致性。

通过上述说明，可以看出 MD5 值就像是特定文件的"数字指纹"。每个文件的 MD5 值是不同的，如果有人对文件做了改动，那么它的 MD5 值也会随之发生改变。例如，下载服务器针对一个文件事先提供一个 MD5 值，用户下载完该文件后，可以通过重新计算下载文件的 MD5 值判断下载文件的正确与否。利用 MD5 算法来进行文件校验的方法被大量应用到软件下载站、论坛数据库、系统文件安全等领域。

MD5 的工作原理与工作过程简述如下。

第一步：在原始信息中增加填充位，目的是使原始信息的长度等于一个值，即比 512 的倍数少 64 位，这样填充后的原始信息长度为 448 位、960 位、1472 位等，如图 3.34 所示。

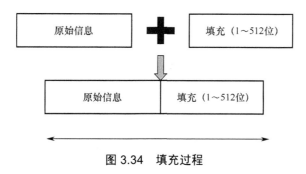

图 3.34　填充过程

第二步：增加填充位后，首先计算信息长度，不包括增加填充位前的长度；然后计算除去填充部分的原始信息的长度，并附加到信息与填充位的后

面，该信息长度用 64 位表示。如果该信息的长度超过 64 位，那么就只用后 64 位，添加完成后，它就是最终信息，也就是需要散列的信息。这样，该信息的长度是 512 的倍数。

第三步：将输入分成 512 位的块，如图 3.35 所示。

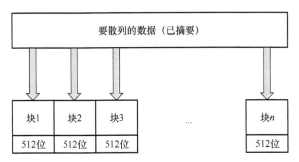

图 3.35　将输入分成 512 位的块

第四步：需要初始化 4 个链接变量，分别称为 A、B、C、D，都是 32 位的数字，这些链接变量的初始十六进制值如表 3.3 所示。

表 3.3　链接变量

A	十六进制	01	23	45	67
B	十六进制	89	AB	CD	EF
C	十六进制	FE	DC	BA	98
D	十六进制	76	54	32	10

第五步：初始化之后，就要开始实际算法，开始对信息中的多个 512 位块循环运行。

首先，将 4 个链接变量复制到 4 个变量 a、b、c、d 中，使 $a = A$，$b = B$，$c = C$，$d = D$，如图 3.36 所示。实际上，这个算法将 a、b、c、d 组合成 128 位寄存器，寄存器（a、b、c、d）在实际算法运算中保存中间结果和最终结果，如图 3.37 所示。

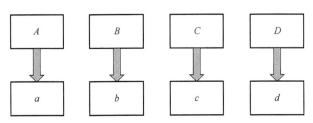

图 3.36　将 4 个链接变量复制到 4 个变量

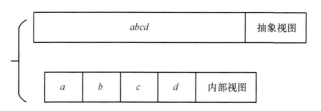

图 3.37　链接变量抽象视图

然后，将当前 512 位块分解为 16 个子块，每个子块为 32 位，如图 3.38 所示。

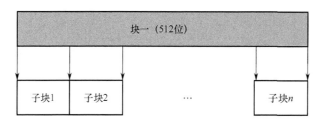

图 3.38　将当前 512 位块分解为 16 个子块

最后，要进行四轮处理，每一轮处理一个块中的 16 个子块，每一轮时输入如下：①16 个子块；②变量 a、b、c、d；③常量 t。每一轮有 16 个输入子块 M[0], M[1], …, M[15]，或表示为 M[i]，其中 i 为 1～25，每个子块 32 位；t 是个常量数组，包含 64 个元素，每个元素为 32 位，将数组 t 的元素表示为 $t[1]$, $t[2]$, …, $t[64]$，或 $t[k]$，其中 k 的取值为 1～64，四轮平均分配，每轮中含有 16 个 t 值（见图 3.39）。

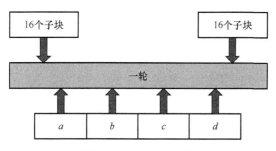

图 3.39　每一轮处理

我们对这四轮的迭代进行总结，每一轮有 16 个寄存器，它输出的中间和最终结果复制到寄存器 a、b、c、d 中（每一轮有 16 个寄存器）。

步骤一：处理 P 首先要处理 b、c、d，这个处理 P 在四轮中不同；

步骤二：变量 a 加进处理 P 的输出；

步骤三：信息子块 M[i]加进步骤二输出；

步骤四：常量 $t[k]$加进步骤三输出；

步骤五：步骤四的输出循环左移 S 位；

步骤六：变量 b 加进步骤五输出；

步骤七：步骤六的输出成为下一步的新 a、b、c、d。

图 3.40 是 MD5 的操作过程。

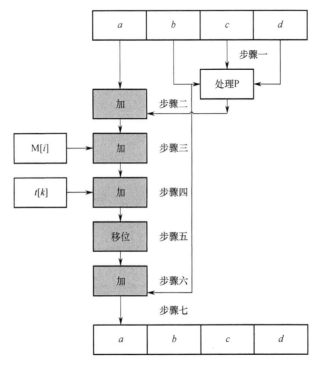

图 3.40　MD5 操作过程

MD5 还被广泛用于操作系统的登录认证上，如 UNIX、各类 BSD 系统登录密码、数字签名等诸多方面。如在 UNIX 系统中用户的密码是以 MD5 或者其他类似的算法经 Hash 运算后存储在文件系统中的。在用户登录时，系统用 MD5 Hash 运算对用户输入的密码进行运算，然后和原有文件系统中的 MD5 值进行比较，判断输入密码正确与否。这样做的好处在于可以避免用户的密码被具有系统管理员权限的用户知道，增强它的可靠性。即使你看到源程序和算法描述，也无法将一个 MD5 的值变换回原始的字符串，这是因为 MD5 可以将任意长度的"字节串"映射为一个 128 字节的大整数，由于原始的字符串有无穷多个，所以我们无法通过这 128 字节逆推出原来的字符串，不存在可逆运算。

其他算法诸如椭圆曲线加密法、Elgamal 技术在近年来也越来越普及。通常在数据传输时，使用 MD5 和 SHA1 算法都需要发送和接收数据双方在数据传送之前就知道密钥生成算法，而 HMAC 与之不同的是需要生成一个密钥，发送方用此密钥对数据进行摘要处理（生成密文），接收方再利用此密钥对接收到的数据进行摘要处理，再判断生成的密文是否相同。

3.2　加密芯片

3.2.1　加密芯片概述

对于物联网应用，除前述的利用加密算法的软加密以外，还可以使用加密芯片作为硬加密手段。加密芯片是一种具有很高安全等级的芯片，它的内部可以集成各种对称加密算法或者非对称加密算法，从而可以保证被存储的密钥和信息数据不会被非法读取与篡改。

在版权保护领域根据加密方案和用法的不同，可以将加密芯片分为两类。其中应用广泛的是认证类加密芯片，它的优点在于加密算法统一、安全，在实际应用中简单方便。但是认证类加密芯片的整体加密方案安全性较低，保护力度弱，这些都使其存在安全隐患，不能更好地应对针对板上主控 MCU 的攻击。另一种类型的加密芯片通过采用算法、数据移植方案，针对 MCU 缺失的功能，在保证运行程序安全进行的前提下，将板上主控 MCU 的程序和数据移植一部分到加密芯片中运行，进而保证和提升了整体的安全性。

加密芯片存储空间是 32KB～128KB，工艺精度最高可以达到 60nm。针对传统的逻辑加密芯片防护能力弱、可以被轻易破解的缺点，应运而生了安全性好的智能卡平台。为了保证智能卡芯片的高安全性，需要智能卡芯片具有国际安全认证委员会的 EAL4+以上等级的芯片，否则安全性也难以达到要求。

3.2.2　加密芯片的功能和基本原理

只有经过 PBOC 认证的加密芯片系统，才具有高的安全性和可靠性。为了达到保护成果的目的，加密芯片可以保护烧写进 Flash 里的程序，让它即

使在被盗读时，也无法在非法板上运行。在考虑芯片操作系统安全性能的基础上，还应该对芯片的内部资源进行有效的管理，提升底层接口的防护能力，进而提高芯片操作系统的安全性能，防止系统受到攻击或破解。

1. 加密芯片的工作原理

我们在接下来介绍的过程中以 AT88SCxx 系列芯片和 AT88SC0104C 芯片为例。AT88SCxx 系列加密存储芯片是具有多种用途的芯片。该芯片在应用上利用串行总线通信，采用认证或加密验证等方式进行数据访问。该系列芯片得以被广泛应用，原因在于它体积小、存储量大、安全可靠。AT88SCxx 系列芯片包括 AT88SC0104C、AT88SC0204C、AT88SC0404C、AT88SC0808C、AT88SC1616C、AT88SC3216C、AT88SC6416C、AT88SC12816C、AT88SC25616C 等型号，用户区存储空间为 1KB 至 256KB。AT88SC0104C 芯片的封装外形如图 3.41 所示。

图 3.41　AT88SC0104C 芯片的封装外形

AT88SC 系列芯片内置了一个 64bit 的加密算法，应用于它的认证和加密模式。内置这种加密算法，不仅增强了这一系列芯片的访问安全性，还可以对旁路攻击进行克制。在这两种模式下，主机与芯片的交互信息都不一样，增大了窃取有效信息的难度。

AT88SCxx 系列芯片的工作模式有标准、认证和加密 3 种。标准模式下可以按照它自己的命令来读写数据，将该芯片视为一个常用的带电、可擦可编程读写存储器来访问。相比于标准模式，认证模式要复杂得多，在此先介绍加密芯片的算法，这里将该算法记为 F_2 算法。F_2 算法以系统随机产生的一个数 Q_0、从加密芯片中读出的 8 字节的密文 C_1 和一个种子 G_C 为输入，在芯片内部拥有 4 组用户访问区，算法的输出是一个 8 位的新密文 Q_1。主机在开始调用 F_2 算法时先生成 Q_1，同时将 Q_0 和 Q_1 用 Verify Authentication 命令发送至 AT88SCxx 芯片，收到认证命令后，内部根据从加密芯片中读出的 8 字节的密文 C_I 和种子 G_C 做相同的运算生成 Q_2 和密钥 S_K，将 Q_2 与 Q_1 做比较，若显示认证成功，那么此时用 Q_2 替换 C_I，生成新的密文更新配置区。加密模式下，总线传输的数据是经过加密的密文。该模式要求访问用户先通过一次认证，认证成功后，在配置区特定寄存器中就拥有了更新的数据，然后把该数据作为密钥进行第二次认证，最后在访问用户区时，还需要通过不同用户区设定的口令检验，匹配后方可进行认证。

对 AT88SCxx 系列再细分，如 AT88SC0104 芯片分为 4 个数据存储区，每个数据区有 32 字节的容量，大小为 4×32 = 128B。分区后进行寄存器配置，设置好 AR 寄存器后就可以通过认证命令，读写数据，发送 checksum 的命令来对用户区读写。

2．加密芯片的使用阶段

加密芯片的使用阶段包含 3 个阶段。

1）开发阶段

开发阶段是加密芯片使用阶段的第一个阶段，在该阶段进行对代码的调试，但在调试代码时需要格外小心，因为在该阶段对某些寄存器的访问次数超过其计数次数后，很有可能导致芯片被锁死，导致 unlock 配置区失败。

2）熔断阶段

当开发阶段的配置结束后，就开始加密芯片使用的第二个阶段，用熔断命令对芯片进行熔断操作，在这个阶段需要注意确认自定义算法是否能够算出唯一的 G_C。

3）出厂阶段

出厂阶段是加密芯片使用的最后阶段，这一阶段的主要工作是将加密芯片焊到板子上。

3．加密芯片的接口描述

对于应用层，只能看到以下 4 个接口。

int SE_Load_Data(int zone, puchar data, uchar len);

int SE_Save_Data(int zone, puchar data, uchar len);

int SE_Auth_Done();

int SE_Auth_Init();

其中，前两个函数采用的是加密认证，读写用户区的数据，对时序加密；在每次调用的过程中，主机都会发起一次加密认证操作，第三个函数是一个认

证函数；第四个函数的主要工作是完成硬件 GPIO 的初始化，测试芯片的时序与类型。

3.2.3 加密芯片所需实现的安全保护

我们以 DX81C04 加密芯片为例展开叙述，DX81C04 加密芯片如图 3.42 所示。

图 3.42　DX81C04 加密芯片

1．加密芯片本身的安全

加密芯片的内部拥有随机数发生器，对于每次提出的相同问题都会有不同的回答，这种机制保证了应对不同情况时加密芯片的安全性能，保证数据在线上是可测的但是无法模拟。

加密芯片中的计算因子可以保证写入每个芯片的密钥不同且不可复制。

2．产品设计

在使用加密芯片 DX81C04 时，需注意在程序中隐藏真值比较点来提升这个程序的破解难度。

3．使用人员

DX81C04 加密芯片的密钥有真实密钥与子密钥，其中真实密钥掌握在关键人手中，程序员在应用时只用到子密钥，需要注意的是子密钥不能对芯片进行烧录，这样其他人员就很难获取真实密钥。

4．生产加工

加密芯片 DX81C04 具有自己独创的密钥管控方法，该方法在密钥的烧录过程中使用加密存储的 USB key 来保障密钥的安全性，防止密钥外泄，从而烧录员可以放心地进行芯片烧录，这种方法在实际应用中是非常安全可控的。在生产过程中，密钥烧录是加密芯片的重要环节。

5．芯片用户的安全保护

芯片在出厂前就被定义了专属的 CID 号，从而使得每个用户的库函数和 USB key 都是独一无二的，以供专门使用，也就是说每个加密芯片都具有了唯一性，防止加密芯片之间的串货与抄袭。

3.2.4　加密芯片的防御体系

1．加密芯片应用领域

使用到加密芯片的各类物联网产品：银行加密 U 盾、刻录机、加密硬盘、PC 锁、手机、智能门锁、地下管网关键节点的传感器等。在使用上述这些产品时，由于存储在这些加密芯片中的数据经过了可靠性处理，它们很难被窃取或盗用，保证了数据信息的安全。

可以用密钥对需要处理的用户数据进行加密处理，完成后将其存储在加密芯片中。例如，用户初始设置的开机密码、硬盘密码、指纹信息、硬盘上数据加密使用的密钥指令，将这些密码经过再次加密后储存在安全芯片中，这样一来，想要破解，就必须先去破解加密芯片。

通常情况下对硬盘加密，只要设置好密码就可以完成操作，这样设置对于使用者而言是简单方便的，但是一旦忘记密码，也就意味着硬盘报废不能使用；同理，如果其他人在不知道密码的情况下拿到硬盘，也无法读出硬盘中的数据，这在一定程度上保护了存储在硬盘中数据的安全。

2．加密芯片处理速度

加密芯片的另一个重要指标是芯片加密和解密的处理速度。以 3DES 算法为例，使用 MCU 软件实现的处理数据流加密非常慢，但是使用加密芯片可以轻松达到 6Mb/s 的处理速度。再如比较复杂的 ECC 算法，在 A1006 加密芯片上，认证时间是 50ms。表 3.4 所示为 FM15160 加密芯片的运行速度。

3．加密芯片安全特性

（1）芯片防篡改设计使得加密芯片拥有唯一的系列号，可以防止 SEMA/DEMA、SPA/DPA、DFA 和时序攻击。

（2）多种检测传感器：高压和低压传感器、频率传感器、滤波器、脉冲传感器、温度传感器等。

（3）加密芯片的内置传感器具有寿命测试功能，该功能可以针对外部的非法探测执行芯片内部的自毁功能。

（4）总线加密使得加密芯片具有金属屏蔽防护层，加密芯片探测到外部攻击后，执行内部数据自毁功能。

（5）加密芯片具有真随机数发生器，这样可以避免伪随机数的产生。

表 3.4　FM15160 加密芯片的运行速度

运行算法	FM15160@CPU=24MHz，RAE=48MHz
SSF33	16Mb/s
SM1	8Mb/s
DES/TDES	6Mb/s
AES	1Mb/s（软实现）
SMS4	950kb/s（软实现）
SM7	9Mb/s
RSA 产生密钥对	1024：1.2s/次（不带 CRT/带 CRT） 2048：16.5s/次（不带 CRT/带 CRT）
RSA 签名	1024：80ms/次（不带 CRT）　1024：26ms/次（带 CRT） 2048：550ms/次（不带 CRT）　2048：150ms/次（带 CRT）
SM2	12ms/次
SM2 验签	38ms/次
SM2 加密	39ms/次
SM2 解密	28ms/次
ECDSA 签名	192bit：18ms/次 384bit：77ms/次
SM3	25Mb/s
SHA1	25Mb/s
SHA256	25Mb/s
MD5	3Mb/s（软实现）

4．加密芯片评估保证级

加密芯片评估保证级必须遵循信息安全产品分级评估准则。信息安全产品分级评估是指依据国家标准 GB/T 18336—2001，对目标产品的应用环境进行全面综合估计，对信息安全的整个生命周期，包括技术、开发、管理、交付等部分进行全面的安全性评估和测试，验证产品的保密性、完整性和可用性程度，确定产品对预期应用而言是否足够安全，在使用过程中是否能承受预估的安全风险，最后确认产品能否满足相应的评估保证级别。

在 GB/T 18336—2001 中定义了以下 7 个评估保证级。

（1）评估保证级 1（EAL1）—功能测试；

（2）评估保证级 2（EAL2）—结构测试；

（3）评估保证级 3（EAL3）—系统的测试和检查；

（4）评估保证级 4（EAL4）—系统的设计、测试和复查；

（5）评估保证级 5（EAL5）—半形式化设计和测试；

（6）评估保证级 6（EAL6）—半形式化验证的设计和测试；

（7）评估保证级 7（EAL7）—形式化验证的设计和测试。

分级评估通过对信息技术产品的安全性进行独立评估后取得安全保证等级，表明产品的安全性和可信度。获取的认证级别越高，安全性与可信度越高，产品就可对抗更高级别的威胁，适用于较高的风险环境。

3.3 云平台

3.3.1 云平台的概念

1．云平台概述

云平台（Cloud Platforms）也称云计算平台，可以作为对物联网数据进行分析、处理、决策的后台。云平台可以分为 3 类，分别是存储型云平台、计算型云平台和综合型云平台。其中，存储型云平台以数据存储为主，计算型云平台以数据处理为主，综合型云平台同时拥有计算和存储的功能。各种云平台的出现推动着云平台转向云计算。所谓云平台，就是允许开发者们将写好的程序放在"云"中运行或者给其他访问者使用"云"里的服务的平台。云平台作为一种新的支持应用的方式有着巨大的潜力，按需平台（On-Demand Platform）、平台即服务（Platform as a Service，PaaS）等也是对云平台的称呼。

2．云服务

在实际环境中有 3 种云服务，分别是软件即服务（Software as a Service，SaaS）、附着服务（Attached Services）和云平台（Cloud Platforms）。

1）软件即服务

SaaS 应用的运行完全在"云"里，具体可以对应于一个 Internet 服务提

供商的服务器，其户内客户端（On-premises Client）通常是一个浏览器或其他简易客户端。目前最知名的 SaaS 应用是 Salesforce，该服务提供商可提供随需应用的客户关系管理平台，允许客户与独立软件供应商定制并整合其产品，同时建立他们各自所需的应用软件。

2）附着服务

附着服务就是每个户内应用（On-Premises Application）都可以通过一些特定的应用来访问"云"提供的服务，户内应用的这些功能需要附着在这些应用上才能实现。例如，苹果公司的 iTunes，它的桌面应用可用于播放音乐等，那么附着服务的产生可以让用户购买新的音频或视频。再如，微软公司的 Exchange 托管服务是一个企业级的例子，它可以为户内 Exchange 服务器增加基于"云"的垃圾邮件过滤、存档等服务。

3）云平台

云平台的直接用户是开发者，开发者创建应用时，可以采用云平台基于"云"的服务。在云平台上，开发者只需要依靠云平台来创建新的软件即服务应用，省去了构建基础框架的时间和精力。

3. 云平台基础架构

云平台可以实现对用户的按需访问，通过将物理资源虚拟化为虚拟机资源池后，帮助访问者灵活调用所需的软硬件资源，这样即可实现对用户的按需访问。在实际运行过程中，云平台根据不同的用户并发量实时迁移虚拟机资源，让资源成本最小化，提高 CPU、内存等的利用率，保证高质量的服务。

云平台的架构主要分为 4 层，分别是资源层、虚拟层、中间件层和应用层。以下分别说明各层的构造和作用。

1）资源层

资源层由服务器集群组成。传统服务器需要内存大、CPU 运行速度快、磁盘空间大等性能特别好的服务器才能提供高质量的服务，并且成本昂贵。而服务器集群可以克服这个缺点，其利用分布式处理技术，将性能不太好的服务器组合起来提供可靠服务。

2）虚拟层

有了资源层后，为了最小化资源成本，最大化资源利用率，需要建立虚拟机。若一台物理机内存较小，在一段时间内连续有小批量的任务需要处理时，可以在物理机上单独开辟几个虚拟机来处理应用请求，这时每台虚拟机相当于一个小型服务器。虚拟机监控器 Hypervisor，简称 KVM，它可以做虚拟机的开关也可以给虚拟机分配资源。为了形成虚拟机池，我们采用 KVM 来给每台虚拟机分配适量的内存、CPU、网络带宽和磁盘。

3）中间件层

中间件层是云平台架构的核心层面，它可以对虚拟机池的资源状态进行监测、预警、优化决策。中间件层具有以下功能。

（1）监测：对当前每台虚拟机的实时使用状态进行监测，包括虚拟机中 CPU、内存的使用状态，同时也对用户的应用请求进行监测，根据以上监测结果更好地进行决策。

（2）预警：在做资源调整之前，先根据当下时刻虚拟机资源的使用情况来对用户请求量进行预测，防患于未然。例如，当预测到下一秒即将达到 CPU 的使用率上限时，应该做出相应的响应。

（3）优化决策：虚拟机在这个过程中需要进行资源的迁移或伸缩。我们所关注的重点是在这个过程中资源的利用率，并保证服务的质量，同时也决定了我们该采用怎样的调度策略。在这一层中我们需要搭建负载均衡系统、操作系统、文件存储系统和服务器来对应用做出相应的响应实现中间件层的功能。这一过程好比路由器只进行数据的转发而不进行数据的处理，而数据的处理由虚拟机上的 tomcat 服务器来执行。

当整个云平台第一次运行并接收用户的请求时，如果用户规模很大并且虚拟机需要一个个来处理任务，在虚拟机中需要找到一个恰当的分配政策，使得成本最小化和服务质量最大化，这是存在于中间件层的又一个功能，即初始化分配功能。

4）应用层

应用层主要是给用户提供可视化界面，将应用分为存储和应用服务器两大类。应用如果是存储，如各类网盘会给用户提供交互界面，用户在这个界面上可以建立文件夹来进行数据存储，并且具有在线播放视频的功能。应用如果是租用服务器，则可视化界面会有租用的服务器的资源状态。

云平台基础架构模型如图 3.43 所示。

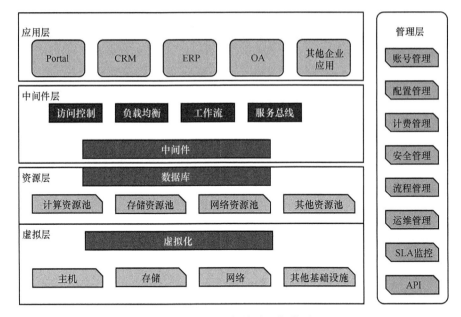

图 3.43　云平台基础架构模型

3.3.2　云计算的特点

1．云计算的定义

2006 年 8 月，Google 公司董事长 Eric Schmidt 在搜索引擎大会（SES San Jose 2006）上首次提出云计算（Cloud Computing）这个概念，从此"云计算"一词迅速占据各大 IT 新闻版面，同时也影响了全球股市。最常见的定义是将云计算产业分为 3 个层次，即云软件、云平台及云设备，对应于软件即服务、平台即服务、基础设施即服务。

云技术分类中的云计算通常被归类为数据中心（Data Center）产品，云内部使用分布式存储等技术给前端使用者提供服务，即使用者使用的服务是由云内数万台计算机共同运行的结果。云技术可以算是网络技术的一个子集合，两者目的相同，都是把系统的复杂性隐藏起来，让使用者在不需要了解系统内部如何运行的情况下即可使用。云计算是从网络技术的分布并行计算技术和观念发展出来的，用新名词包装原有技术，其本质是统一的。云计算在最初就被定位为商业用途，希望以此来改变用户的使用模式，这是云计算与所有出现在它之前的技术的最大不同之处。云计算不仅要求服务提供商按照用户需求提供服务和收费，最重要的是能让使用者能从中体会到云计算带来的方便、快捷与好处。

2．云计算的特色

1）化繁为简的架构

云计算相比之前在网络计算中出现的繁杂问题，诸如不同服务器、不同操作系统、不同程序编译器版本的兼容性问题，它的架构更加简单。以 Google 的云计算为例，它无须解决不同性的问题，采用规格相同的大量个人计算机等级服务器来执行程序，利用并行计算系统架构来帮助协调服务器之间的信息传递，进而从整体上去优化提升网络计算中分布处理的性能。

2）逐步完善

在实际应用中，服务器的数量呈现一个动态增长的趋势，这就要求云计算的基础架构也需要随它的增长而增长，云中心的计算和存储能力虽然不会一步到位，但都能随着需求逐步增加。这样，提供云服务的服务商就可以规避高投资风险。

3）系统失效为常态

云计算的构建需要考虑因为系统失效而导致的服务器数量减少的情况，但云计算的一大特点是将系统失效视为很正常情况，这和往常在并行计算中认为服务器一旦失效将会导致严重后果很不一样。

4）网络支持

在云计算中，若要展现并行计算的优点，使其不被网络带宽等因素限制，就需要强大的网络去支撑各个服务器之间的并行运算和云服务与用户之间的信息传递，这是因为在云计算中将结果传递给终端用户时，首先要考虑的应该是传递结果的质量，在保证质量的前提下再去提升传递的速度。

5）虚拟化技术

并行计算的架构使得终端使用者无须知道在整个架构中后台服务器的数量，在请求发出后就可以得到使用者期望的计算能力和存储空间，其结果即为虚拟化。

6）处理数据量较小的任务

云计算将计算任务的重点放在诸如执行单次数据处理量这样的小任务上。

7）分布式文件系统

云计算所支持的需求既包含计算密集也包含数据密集，它将计算和数据

都存放在同一个节点，采用分布式文件系统，从客户端就能知晓每个节点需要取得的数据，无须增大网络存取空间。

8）Map/Reduce

在处理拥有大量数据的软件程序时，Map 的功能是将数据切割，使它们互不相关，然后送至计算机做相应的分布处理；Reduce 的功能是将分布处理的结果合并后输出，将 Reduce 的输出作为最终结果。

9）提供完善的开发环境

根据前面的介绍，云计算在最初就定位为商业用途，它所构建的商业模式之一就是能够让企业用户运行自己开发的系统平台，这样做的目的在于既可以保证对上提供资源，也可以加强对诸如服务器、操作系统的管理。例如，对 API 的支持，甚至提供一种新的程序语言。

图 3.44 所示为云计算平台。

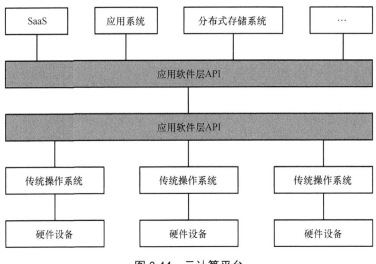

图 3.44　云计算平台

3.4　信息融合

3.4.1　信息融合的理论概念

1. 起源与定义

信息融合（Information Fusion）这一名词起源于 1973 年美国国防部资

助开发的声呐信号处理系统，起初以数据融合的名称出现。到了 20 世纪 80 年代，多传感器数据融合（Multi-Sensor Data Fusion，MSDF）技术为了满足军事领域中作战的需要而出现；20 世纪 90 年代初，随着信息技术的发展，更加全面的"信息融合"这一概念逐渐被归纳出。1988 年，美国将 C^3I（Command，Control，Communication and Intelligence）系统中的数据融合技术列为国防部重点开发的二十项关键技术之一。在海湾战争中，信息融合技术的应用显示出了巨大的潜力和作战优越性，在战争结束后，美国国防部将计算机加入 C^3I 系统来进一步提升它的性能。自此，以信息融合为核心的 C^3I 系统诞生。信息融合技术起源于军事应用领域，并在该领域不断创新发展，其应用范围不断扩展，相关技术不断更新，在数学、军事科学、计算机科学、自动控制理论、人工智能、通信技术等多领域都有交叉应用，现在已经广泛应用于民用工程。

从军事角度讲，信息融合可以理解为对多源信息和数据进行多级别、多方面、多层次的处理，将来自多个传感器或者是其他信息源的数据进行融合，来获得更加精确的状态和类型的判定，从而进行更加完整的态势和威胁估计。它的处理方式包括检测、关联、相关、估计和综合等多级多方面的处理。美国国防部从军事应用的角度对数据融合进行定义，Waltz 等人对这一定义进行了补充与修改，给出了信息融合较完整的定义。信息融合是一种多层次的、多方面的处理过程，这个过程是对多源数据进行检测、结合、相关、估计和组合以达到精确的状态估计和身份估计，以及得到完整及时的态势评估和威胁估计。我们也可以这样认为，信息融合是为了对目标进行精确定位、身份估计，对战场实时态势和敌方威胁进行评估，以及对来自单个或者多个信息源的数据进行互联和评估，这一过程可划分为对准、互联、识别和威胁估计及对战场态势的评估。

对准是将数据进行时间、空间和度量单位的排列处理。多传感器信息融合需要将不同的坐标系、观察时间和扫描周期等所有传感器收集到的数据统一转换到一个公共参考系中，然后进行数据处理，其中最典型的方法是最小平方估计法。

互联，即相关，这一环节是对来自不同传感器的测量数据进行分析，选择出对同一目标的数据跟踪结果。数据互联可以在 3 个层次上进行，这 3 个层次分别是：测量-测量互联，这一层次主要用来处理单个传感器或者系统的初始跟踪；测量-跟踪互联，这一层次主要被用来跟踪维持；跟踪-跟踪互

联，这一层次主要用于多传感器的数据处理。

识别是对目标属性进行估计，首先对诸如形状、大小这样的外形特征进行识别，然后处理决策理论问题，可分为贝叶斯推理方法和 D-S 证据理论方法两大类。当前运用较广泛的是贝叶斯推理方法。

威胁评估和战场态势评估是一个相对复杂的处理过程，这一环节的处理需要运用大量数据库来完成，并且数据库中必须包括不同的目标行为、目标飞行趋势、将来企图的数据和敌方军事力量的智能信息。可以将 Bayes 方法、D-S 证据理论方法和人工智能技术运用到这一层次上。

总之，信息融合就是以多源信息为加工对象，利用计算机技术对来自同类或不同类的多传感器探测到的信息按一定规则进行自动分析和综合处理，将处理结果进行不断地修正和持续精练，自动生成人们所期望的合成信息的信息处理技术。

2．信息融合中传感器的布置

传感器的布置在传感器融合结构中是最重要的问题，可分为并行拓扑、串行拓扑和混合拓扑（树状拓扑）3 种结构类型，其中在并行拓扑结构中各种类型的传感器同时工作，在串行拓扑这种布置的结构中，传感器在检测信息时具有暂时性，如 SAR（Synthetic Aperture Radar）图像就属于这种结构。

3．按照融合层次的结构划分

信息融合可以在各传感器获取信息进行预处理前后或者传感器处理完部件并完成决策后进行，根据送入融合中心前数据所经过的处理过程，可将数据融合分为数据层融合、特征层融合和决策层融合。

数据层的融合是最低级的融合，在融合过程中，将各个传感器送入融合中心的原始信息进行数据融合等，送入的原始信息必须是匹配的，是没有经过处理或经过很少处理的信息，图 3.45 是数据层融合过程。数据层的融合要求在融合过程中，所有参与融合的传感器在传递信息时，要精确到一个像素的配准精度。融合可在像素或者分辨单元上进行，像素可以涵盖一维时间序列数据、焦平面数据等。数据层融合的优点是可以尽可能多地保存有用信息，并且提供只有在该层才可以提供的一些细微的信息。数据层融合的缺点是在该层需要处理庞大的数据量，耗时长，实时性差，所获取的信息不确定和不稳定的情况较为严重，信息稳定性差，并且数据通信量大，抗干扰能力较差。

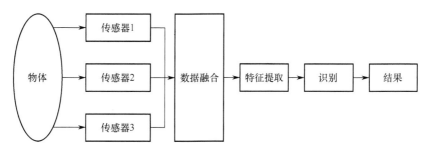

图 3.45　数据层融合过程

特征层的融合相比于其他两个层次可以被称为"中级融合"，它可以分为目标状态信息融合和目标特性融合两大类。它利用各个传感器提供的原始信息，首先提取一组特征信息，形成特征矢量，对各组信息进行融合后对目标进行分类或者做其他相关的处理。提取的特征信息应该是像素信息的充分表示量或者充分统计量，最后根据提取的特征信息进行分类、聚集与综合。图 3.46 是特征层融合过程。在该层融合中，它兼顾了数据层和决策层融合的优点，在融合的 3 个层次中，特征层的融合可以说是发展得最完善的。特征层融合实现了可观的信息压缩，方便信息的实时处理，在融合过程中提取的特征直接与最终的决策分析相关联，所以可以最大限度地给出决策分析所需要的特征信息。但在该层融合中由于从观测数据提取特征矢量后连接为单个矢量，此时需要的通信带宽减小，信息丢失降低了结果的精确性。

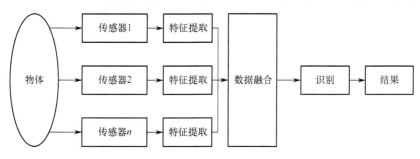

图 3.46　特征层融合过程

决策层融合在最高层进行融合，在决策层融合中，每个传感器依据本身的单源数据做出相应的决策，将这些结果融合就成为最后的决策，也是最优决策，图 3.47 是决策层融合过程。因为它的融合输出是一个联合决策结果，所以从理论上来说这个联合决策应该会比任何一个单一传感器的决策更加精确。在决策层所采用的方法主要有贝叶斯推断、D-S 证据理论、模糊集理论和专家系统理论方法等，并且在战术飞行器平台上用于威胁识别的报警系

统，多传感器目标检测、工业过程故障检测和机器人视觉处理等领域都有很多成功应用的例子。决策层融合的优点是融合具有良好的容错性，当有传感器失效时也能工作，进行信息融合的通信量少，抗干扰能力强，实时性强。

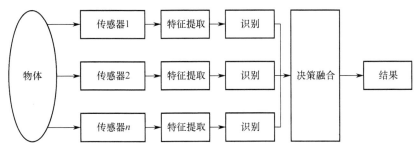

图 3.47　决策层融合过程

4．信息融合技术的优点

1）提供稳定的工作性能

在系统中每个传感器都可以独立地提供目标信息，不相互干扰，当其中有一个传感器受到干扰不能正常工作时，其他传感器仍然可以不受其影响而继续工作。

2）提高空间分辨能力

多传感器可以利用传感器孔径获得比任何一个单一传感器更高的分辨能力，在很大程度上可以提升整体的空间分辨能力。

3）获得更准确的目标信息

利用多传感器提供的信息可以提高对目标事件估计的准确性。在同一传感器的不同时序上或者同一时刻不同传感器上的独立测量，对处理结果进行更加完善的估计，是对检测性能的改善，可以进一步提高结果的可信度。

4）获得单个传感器不能获得的目标信息

多传感器信息融合可以避免单一传感器的局限性，获得更多更有效的信息，提高识别目标的能力。多传感器之间的频率互补可以扩大时间、空间的覆盖范围，所测量空间的维数在通常情况下也会随着传感器数目的增加而增加，减少由于隐蔽、欺骗、伪装和气象地形等外部原因导致的检测盲点。在多传感器系统中，对同一检测对象，利用各种传感器检测的信息和不同处理方法可以获得该对象的全面检测信息，从而提高检测的精度和可靠性。

在指挥决策时，信息融合技术可以增加判断的准确性和可靠性，在很多情况下会降低武器系统的成本；在作战中，恰当地分配传感器可以提高检测和跟踪更多敌方目标的效率。

5．时间融合和空间融合

时间融合就是对目标在不同时间的观测值进行融合，需要注意的是融合需要按照观测时间的先后顺序来进行。空间融合是对同一时刻不同位置的观测值进行融合，适用于多传感器的一次融合。在实际应用中，为了获得综合的更好估计，常常将二者相结合。

对运动目标进行观测时，分布在不同位置的各传感器在不同时间和不同空间的观测值也会不同，从而形成一个观测值集合。

北斗卫星导航定位系统能够提供精准的时间和空间信息，是和物联网传感器进行信息融合和时空配准的最便捷、最精确的手段。

3.4.2　基础融合方法

1．信息融合的数据支持

用信息融合的方法对给定的决策任务进行管理，需要针对任务需求，利用多源信息做数据支持，这要涉及多方面的问题：首先，需要部署与决策任务相关的多个传感器，收集和任务相关的信息资源，将以上收集到的信息结合在一起供以后研究；其次，为了满足目标和时间决策的需求，将收集到的数据以目标和数据为主线进行关联；最后，对融合涉及的数据和信息本身的相互关系进行相关特性分析，选取最佳的组合方式。为了更好地发挥所收集的众多信息源的作用，在实际过程中，因要研究的对象和环境常常处于动态环境中，需要对数据的采集和组合进行动态的实施调度和管理，以提高整个融合系统的效能。

2．基于统计的融合决策

当决策输入与决策输出之间存在明确的数学函数关系时，常常采用统计决策方法，而且要追求实现最佳的统计决策。贝叶斯方法、正则理论方法和各种滤波算法等构成了统计决策分析的主体，针对各种各样的情况，出现了相当多的方法和算法。考虑到统计决策的基础方法，在信息融合实际应用中常常与具体的决策层密切相关，可以进一步深化与扩展不同方面的统计决策方法。动态的统计决策估计仍然是统计决策研究与应用的主体方面，无论是

在内容、理论方法还是在应用层面上都是相当突出的。诸如传感器配置的先验知识、精度和不确定性等的影响和对协同的要求，常常与统计融合决策相关联。此外，多目标和机动目标情况下的统计融合决策，在实际应用中也得到了广泛应用，相关方法的提升还有很大的进步空间。

3．基于不精确推理的融合决策

当决策输入与输出之间主要是进行基于判断量的变量之间的演绎时，决策函数的建立主要通过采用不精确推理的途径来实现，其原因在于通常情况下难以实现如此严格的推理条件。输入数据、决策函数、处理过程中的不确定性和内部与外部噪声的影响，必然也导致了融合结果存在不确定性。研究与评价的基础是表述不确定性，这些不确定性对融合决策的影响是非常重要的，然后在表述的基础上建立相应的推理方法。目前的表述方法总体上分为基于概率类型的表述和基于模糊集的表述两种。基于概率类型表述和推理的方法有主观贝叶斯方法和证据理论方法；基于模糊集的推理和表述方法有模糊集和模糊逻辑方法、模糊积分方法和可能性理论方法等。信息融合的可靠性和不确定性的可视化也应该得到重点关注，信息融合可靠性是为了进一步考虑融合决策结果的稳定性，即不确定性的一阶稳定性。

4．智能模型与融合决策

对于复杂的信息融合任务，从输入、形成到最后的决策结果，涉及的变量是多层次的，决策趋于多侧面化，是多渠道的综合，还需要多方面的历史和在线积累的知识，是一个复杂的处理过程，不可能用单一的统计或者不精确推理的方法解决，也不能仅仅依靠这些基础算法的简单堆砌或是一般组合去完成，而需要运用智能模型的理论方法去解决。直接利用人工智能和专家系统的理论方法固然可以解决一些问题，但是更需要一些基础的、规范的、在一定内涵上体现特色的智能处理模式，这些智能处理模式又在一定程度上影响着整个融合系统过程的结构。分布式处理受到越来越广泛的应用，BN、智能体及多智能体系统、本体论等新模式也陆续出现。BN强调了融合处理过程中的因果关系及其应用，主要突出了以节点为基础的分布式处理；智能体主要突出以单元或模块为基础的分布式处理，智能体里面介于输入信息和最终决策结果之间的中层结构，可以将基础需要的处理单元模块化和规范化，多智能体系统中的智能可以由一些方法、函数、过程、搜索算法或加强学习来实现，它最直接的效果是简化了整个融合处理过程的结构，有利于方便融合处理；本体论则主要突出以概念与中间处理结果为基础的分布式处理，它用清晰、规范的形式表述融合处理过程中涉及的概念与中间处理结果及其相互关系，简单化了融合问题的表述，加快了融合处理的设计和实现。

3.4.3　基于精准时空信息的融合技术

1. 基于 Agent 的多源传感器管理方法

多源异步异构数据具有来源众多、结构差异大的特点，结合北斗系统所提供的精准时空信息，可以针对异构物联网传感器建立统一的数据与通信标准，形成基于 Agent 的多传感器管理方法，提供设备管理、数据接入、协议解析等基础功能，建立基于时序数据的高性能读写和计算优化方法，并且可以与端上的时序数据库无缝实时协同。传感器网络结构由 3 部分组成：计算节点、传感器、通信网。计算节点主要对所控制的传感器（数据源）实施直接管理（如数据采集、对传感器的工作组态、时间校准、量程标定等控制），通信网负责各计算节点间的通信及与控制中心的通信。整个传感器网络是一个多 Agent 系统，每个计算节点为一个主体 Agent，不同主体 Agent 可以协调优化，以组织构筑对某一目标监测最优的监测网络。在此结构下，针对不同的监测任务和目标，可以实现传感器网络分任务的管理方法。

2. 多源异构信息融合处理方法

多传感器数据和多源信息可能来自同一平台或多个平台，各数据源具有不同的数据类型和传感机理，数据源之间不能保持同步，所感知的目标、事件或者态势可能存在变化。通过建立多源异步异构数据融合结构模型与数据量化融合处理方法，对多种来源的历史和实时数据进行结构化处理，可以实现多维数据的清洗、转换、集成。每个传感器得到的信息都是某个特征数据在该传感器空间中的描述，由于传感器物理特性及空间位置上的差异，处于不同描述空间的信息很难进行融合处理。必须在融合前将这些信息映射到一个共同的参考描述空间中，然后进行融合处理，最后得到特征数据在该空间上的一致描述。因此，利用北斗精准时空信息，将传感器数据统一到同一参考时间和空间中，可完成数据的配准。在多传感器信息融合系统中，多源和不确定的信息，使得信息源证据可能产生冲突。这种冲突并非单个证据造成，它可能是两个证据的误差、某种不确定原因、各种外部扰动等因素造成的。

使用 Dempster 组合规则在组合冲突证据时会产生与直觉相悖的结论，即出现冲突证据的组合问题。因此如何在证据存在高度冲突的情况下实现多源信息的有效融合，是一个迫切需要解决的问题。基于广义回归神经网络的异常数据分析模型，可以建立基于 BP 神经网络的证据理论方法，形成基于多尺度融合的对象级数据融合处理方法，实现多源异构传感器信息处理与计算。

3. 复杂环境下的数据压缩与非线性多源信息融合方法

复杂系统都会有海量信息需要处理，但是信息传输通常会受到带宽和能量的影响，在传感器的采样速率受到影响的同时，也会造成在信息采集端的信息堵塞。为了保证测量精度，在采样率和分辨率均不能降低的情况下，加快信息流通速度是十分必要的，这方面可以采取的措施通常分为硬件方面和软件方面两种。硬件方面比如增加信道数，提高信道带宽等。软件方面可以通过对传输数据进行压缩，即量化或降维处理，降低传输比特数。通常来讲，由于硬件措施不会产生数据丢失，改善效果比较好，但是运行成本高，所以在实际应用中比较少；而软件措施能够在成本与目标之间找到平衡，被实际工程广泛采用，如在带宽和能量受限约束下的最优压缩策略等。此外，现阶段很多成型的融合估计算法都是在卡尔曼滤波框架下设计出来的，最优融合估计的结果也都是在线性高斯系统中获得的，而实际中很多复杂系统都是非线性耦合系统。对于弱非线性系统，可以先通过泰勒级数展开进行线性化，再进行融合估计，但这种对模型的近似方法对于强非线性系统并不适用。同时对于非线性复杂系统，一旦系统的状态或外部干扰激增，融合滤波器所采用的系统模型就不符合线性的小扰动假设，如果采用线性化估计方法就会形成估计误差。目前对于非线性系统，单通道非线性滤波如扩展卡尔曼滤波（EKF）、无迹卡尔曼滤波（UKF）和粒子滤波（PF）都得到了很好的发展，取得了很多系统性的结果。

4. 多源信息融合有效性评估准则

复杂环境下的多传感器系统中，为满足信息表现形式的多样性、信息容量、信息处理速度，以及准确性和可靠性的要求，需要在模型化和定量化的基础上对系统信息融合的有效性等性能进行评价。多传感器信息融合的有效性分析和判断主要体现在三个方面：一是信息的互补性，信息融合并非指信息越多越好，只有具有互补性的信息，才能从多角度反映问题，通过融合处理可以提高系统描述环境的完整性和正确性，降低系统的不确定性；二是信息的冗余性，针对同一对象的冗余信息间的融合可以减少测量噪声等引起的不确定性，提高系统的精度；三是融合算法的有效性，面向相同的融合信息，高效的融合算法会带来更加准确的融合结果，即融合有效性也不同。

影响多传感器系统信息融合有效性的因素是多方面的，如融合算法、信息的选取、输入信息与输出信息的相关性、融合结构等。不仅要从定性的角度对系统的信息融合有效性进行研究和分析，还需要在有效性的量化指标方面开展研究，不仅要考虑信息的选取和信息的相关性等因素，更要考虑融合算法等对系统信息融合有效性的影响。针对融合数据可能存在的不完整性和模糊性，需要建立多源异步异构数据融合有效性评估准则，以及风险态势评估模型；建立基于动态调整虚警率的子系统级状态估计方法，以及基于松弛隶属度约束的系统级协调方法，及时有效评判数据融合效果；建立输入校正态势预测方法与实时数据趋势分析方法，实现传感器融合数据可视化。

5．多源信息融合系统

多源信息融合系统需要实现对各类要素的实时、多维、多源、高效、高精度的在线监测，并需要监测信息的处理、存储、分析管理、表达评估和决策支持，此外还需要充分利用各个监测传感器在时间、空间上的互补信息或冗余信息，进行多源信息的相关协调、综合与处理。数据融合处理系统从各种信息源获得数据，传感器系统、信息管理系统、表达评估和辅助决策支持系统与信息融合系统之间没有明确的边界，它们互相之间存在着耦合和反馈。但是从系统角度，可以划分为两个层次，第一个层次是数据采集和融合处理，第二个层次是信息的管理、表达、状态评估和辅助决策支持。第一个层次是对按时序获得的若干空中和地面多类别、同/异质传感器观测的信息，在一定准则下加以自动分析、综合，以为第二个层次提供全面、实时、准确的数据而进行的信息处理系统。

同/异质传感器及广域网络环境系统是信息融合的硬件基础，多源数据是信息融合的加工对象，协调和综合处理是信息融合的核心。数据融合系统的设计为分布式结构和混合结构。整个系统由一个全局融合中心的若干融合分中心两级组成，全局融合中心主要将各融合分中心融合后的数据与来自外部的其他相关信息相融合，呈分布分级式融合结构，而融合分中心则采用集

中式的混合结构。在全局融合中心和各个融合分中心中，对信息的融合处理都是分级、分层次的。其中，融合分中心主要负责数据层和特征层的信息处理，而全局融合中心主要负责特征层和决策层信息的处理。

6. 针对燃气管网的应用

北京市燃气集团公司综合利用北斗精准服务和物联网技术，面向燃气管网的智慧管控需求，基于精准时空信息的多源异步异构信息融合方法，形成了燃气管网智能风险评价与管控系统，能够为燃气管网智能风险评价与管控系统中的管线缺陷识别、三维自动上图及故障诊断与自动预警子系统提供有力的技术支撑。

基于北斗精准服务的管线缺陷识别子系统，利用管道内破损点的北斗精准定位信息，结合陀螺仪、加速度计、里程计、磁罗盘及数据采集器等多种传感器信息，建立动态城市环境下的气体精准模型，开展地下管线缺陷精准定位方法研究，形成切实有效的预警决策模型。

管线三维自动上图子系统依靠特定的设备获取场景中待测物的图像数据集，通过差分计算技术精确修正采集坐标，获取精准的燃气管线、附属物、特征点等关键数据位置。构建自动上图终端及相应应用程序，实现管线数据采集。计算机视觉教会计算机根据所获取的采集坐标，利用影像先验知识来求解其真实的空间属性，如外形、方位、姿态等，重建物体真实的三维模型，通过影像模拟感知外部世界，并从多幅图像中自动提取必要的信息，在三维场景中直观呈现燃气管道位置、巡线路由、隐患位置、其他权属管线交越点位置等，精细化呈现真实场景。

据统计，管线事故中逾七成是由第三方挖掘施工和自然灾害等外部因素所致。针对第三方破坏事故预防和探测难题，创建适用于城市环境的第三方破坏音频库，解决地音探测信号和次声波泄漏信号在复杂城市环境的特征识别难题，利用基于神经网络和遗传算法的多源告警行为威胁聚类分析方法，从大量预警信息中分析获得达到触发条件的同一类行为，开发多处理单元联合威胁识别模式与预警技术及预警监控与指挥管理系统，实现快速预警，并降低误报率和漏报率。

为防止市政管网核心环节——场站由于雷击造成运行异常甚至瘫痪的问题，建立场站小区域多雷电流传感监测网，融合北斗精准时空信息，提出基于双曲线参数定位法的雷电监测、雷电流精确定位和小区域地闪密度测量方法，建立基于北斗时空信息的场站雷电监测系统，为新场站防雷设计和旧场站防雷设施改造提供技术支撑。调压器是燃气场站的核心设备，针对其故障预测影响因素多的特点，提出基于小波分析和神经网络的调压器运行故障诊断方法，开发安全预警装置，实现调压器的健康监测和故障预警，将维护模式从定期维护转变为按需维护，延长平均维护间隔。

3.5　大数据分析

3.5.1　大数据分析概述

我们正处在一个信息化的时代。在这样的一个时代，存在于计算机中的数据就可以给人们带来金钱效益，让人们从中获利。在计算机技术的发展初期，人们运用计算机或者其他存储方式来存储自己需要的数据，但是随着时代的发展和互联网在全球范围内的普及，大量异构数据需要庞大的数据集对其进行管理和存储，并且在分析一些具有单一关联的大型数据集时，还会产生额外的信息资源，这些问题都使得传统的数据处理方法和管理方式越来越难以适用，大数据应运而生。

大数据的概念可以定义为比常规的数据库工具的获取量和存储量更大的数据库，它的内涵可以用四个 V 来描述。这四个 V 分别指的是 Volume（体量大）、Variety（类型多）、Velocity（速度快）和 Value（价值高）。其中，Volume（体量大）的数据库软件大小在几十 TB 到几个 PB 的数量级，而这个数据会随着时代的发展和数据管理的需要继续扩大，即必须拥有一定数量级的庞大数量才能称为大数据。Variety（类型多）是指数据来源广泛，具有各自的特点。它可以是来自传感器的监测数据或是音视频数据，也可以是来自网络中的网页，还有在日常生活中的各类信息。Velocity（速度快）通常包含两方面的信息，一方面是数据的产生频率快，更新速度快，数据量的增长速度快；另一方面是对数据的响应快，数据处理需要很强大的时效性，遵循一秒定律，即在一秒内出结果。在对互联网和智能手机的日常使用过程中，百度每天需要处理几十 PB 的数据，淘宝每天接收数千万笔交易，需要处理大约 20TB 的数据，这就要求对数据的处理必须达到快捷高效。Value（价值高）包含了三层含义：首先，在大数据中需要处理的有用数据占比较小，比如在处理视频数据时，在连续不断的监控图像中可能有用的数据就只有几秒，体现出大数据在处理数据时价值密度低的特点；其次，处理数据的整体

价值高，在对某个问题或某个领域进行研究时，拥有与其相关的大量真实可靠的数据是相当有价值的；最后，大数据拥有的数据量大，其中潜在的有价值数据仍有待挖掘，即它的潜在价值很大。

现如今，大数据已不再是一个新名词，如在气象领域和生物领域，在分析有用的数据时，需要用到大型的高端计算机来进行大数据的分析与处理。现阶段的大数据运用大规模分布式处理技术，提升数据处理的效率，加上云计算的普及，改变了数据的存储、计算和访问方式，自此，大数据的软硬件环境不再需要自行搭建。

数据建模的方式有数据库、数据流、数据集合和数据仓库。在进行数据处理时首先需要进行数据的集成、清洗和过滤，保证数据应该具有的数量级和多样性，而后的数据准备阶段是在数据分析过程中最耗费精力的，所以必须提高在这一环节之前的数据存储、过滤、移植和检索的效率，保证后续工作可以高效进行。图 3.48 所示为大数据工作流分析流程。

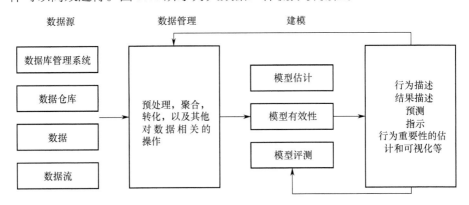

图 3.48　大数据工作流分析流程

数据形式的多样性使得分析处理大数据更加趋于复杂化，数据类型可分为如图 3.49 所示的四种，但现如今对于需要处理的数据，往往不是这四种中单一的一种。

图 3.50 所示为数据到达和处理速度的分类情况，即不同分类情况下数据的到达时间问题。数据的到达和处理形式可以是连续不断的，或者是实时的，抑或是成批量的，不论哪种形式，都需要对所接收到的数据进行及时的处理与响应。

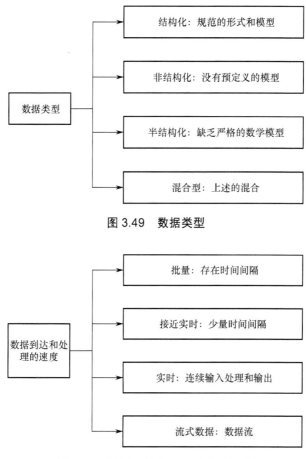

图 3.49　**数据类型**

图 3.50　**数据到达和处理速度的分类**

3.5.2　大数据分析过程中的常用工具

1. Hadoop

　　Hadoop 是一个分布式系统的基础架构，它的优点是让用户在不需要对分布式结构的底层细节有过多了解的情况下，实现分布式程序的开发，它的运行依赖社区服务器，因为使用成本低，所以可以供任何人使用。在工作过程中，Hadoop 通过并行的工作方式加快数据处理的速度，它维护多个工作数据的副本，保证在计算元素或者存储失败时对这些节点重新分布处理。同时 Hadoop 可以处理 PB 级数据，它实现了 Hadoop 分布式文件系统（Hadoop Distributed File System，HDFS），这个分布式文件系统依附部署于性能低廉的硬件设备上，提供高吞吐量方便用户访问应用程序的数据，适用于超大数

据集，为海量数据提供存储。

2．HPCC

HPCC可以看作是Hadoop的优秀替代品，并且在大数据分析上越来越显示出它的突出地位，它集成了Thor和Roxie集群、通用的中间件组件、外部通信层，提供了最终用户服务和系统管理工具的客户端接口，支持辅助部件从外部数据源中存储数据。图3.51所示为高层次HPCC架构，其描述了属于HPCC系统体系结构中的组件在相互协同下进行大数据管理的过程。

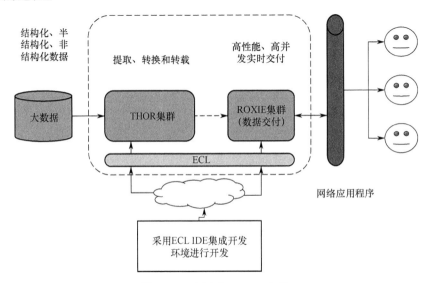

图 3.51　高层次 HPCC 架构

数据提炼（THOR）集群主要负责对大量数据进行处理、转换、链接和索引；查询（ROXIE）集群可以为用户提供高性能的在线查询功能和数据仓库功能；企业控制语言（ECL）通过透明的并行编程语言，将数据的表现和算法的实现结合在一起，对大数据进行操作；ECL IDE是一个集开发、调试和测试于一体的集成开发环境；企业服务平台（ESP）通过HTTP、XML、SOAP和REST访问ECL查询，是一个方便使用的界面。

3．Storm

Storm是一个开源的分布式容错实时计算系统，它和Hadoop的编程模型相似。Storm可以通过网络传输，实时处理数据，可靠地处理无限数据流。

Storm 处理的是连续的静态流而不处理静态数据。Storm 系统的优点是它提供的程序语言简单，开发人员只需在应用时关注逻辑，在处理大数据量时成效显著，且随着其不断发展，可处理的数据量和计算量也越来越大，在运行中单个节点的失败并不会影响整个系统的应用，保证在处理信息的过程中不会丢失信息。

4．Apache Drill

Apache Drill 是一个开源的、对 Hadoop 低延迟的查询引擎，它实现了 Google 的交互式数据分析系统，即在该系统中可以组建大规模的集群来处理 PB 级别的数据，并且这个数据分析系统可以把对数据处理的时间缩短至秒级。Apache Drill 的特性包括：使用半结构化/嵌套数据结构，可以对数据进行实时的分析和快速的应用开发，很好地兼容已有的 SQL 环境和 Apache Hive。

5．RapidMiner

RapidMiner 是世界领先的数据挖掘解决方案，用户可以在该系统的图像化界面上进行拖曳建模，无须编程，并且运算速度快，它有比其他可视化平台更多的预定义机器学习函数和第三方库，可以轻松地访问结构化、非结构化和大数据等类型的数据，因此该系统轻松实现了数据准备、机器学习和预警模型的部署。

RapidMiner Cloud 可作为补充运算力，需要时在云环境中部署分析模型，方便用户在任何环境下都可对数据进行分析、建模。

6．Pentaho BI

Pentaho BI 的服务器由一个 BI 平台和具有最终传送能力的库组成，Pentaho BI 的服务器使得 BI 平台的很多功能一致化，即每个组件产生的内容和每个用户的角色相关。它以流程为中心，框架的搭建主要面向解决方案，工作流引擎是其中枢控制器，平台搭建于服务器、引擎和组件基础之上，在该平台中的组件和报表可以用来分析流程性能。

3.5.3　大数据分析的基础方法

1．可视化分析

可视化分析就是把需要处理的数据借助图形化的手段展示出来，方便数

据的展示和分析，易于被用户理解和接收，再将概念具体化，最后实现数据的高效关联分析。可视化分析将所要处理的数据可视化，将美学形式和数据的功能需要很好地结合在一起，是数据展现和人机交互的一场新革命。可视化分析是一种分析仪，被广泛应用于庞大数据量的关联分析，借助可视化数据分析平台和辅助的人工操作，用图表的形式对数据分析的过程和数据链的走向进行完整的展示。

数据可视化技术包含数据空间、数据开发、数据分析和数据可视化这四个方面的内容，这些方法又可以根据原理的不同而分为基于几何、基于图标、基于图像、基于面向像素、基于层次和分布式技术等。

2．数据挖掘算法

数据挖掘就是通过相应算法在大量数据中挖掘隐藏信息的过程，它是大数据分析的理论核心，不同的数据挖掘算法基于不同的数据类型和格式，并且应用数据挖掘算法可以提升处理大数据的速度。目前，最有影响力的数据挖掘算法有 C4.5、k-means、SVM、Apriori、EM、PageRank、Adaboost、KNN、NaiveBayes 和 CART。数据挖掘算法是对数据挖掘模型的一种试探与计算，将数据首先用相匹配的算法进行分析，找出相应类型的模式后进行建模。

3．预测性分析

预测性分析是大数据中最核心的应用，它的优点是可以把相对困难的预测问题转化为简易的描述问题，使得到的结果简单客观，有利于进行决策。预测性分析的过程可以概述为从庞大的数据量中挖掘出所需要数据的特点，建模后代入新的数据，从而进行合理客观的预测。

4．语义引擎

语义引擎不仅可以对用户输入搜索引擎中内容的字面意思进行分析，还可以对该内容的本质进行分析，更加全面准确地把握用户搜索的意图所在，更好地为用户反馈所需要的结果。在语义引擎中进行推理和知识存储的关键是知识库，在描述某个领域时，本体可以提供一组概念，知识库运用这些术语表达该领域的事实。例如，描述一个病人的病症时，知识库将会对这一病人的具体结果进行描述。

5．数据质量和数据管理

为了更好地保证分析结果的真实性，使结果更加有价值，就需要在进行大数据分析时，保证分析结果的可靠价值和真实性，得到高质量的数据，即数据的质量和数据管理。

3.5.4　大数据的处理流程

1．采集

数据采集是大数据产业的基石，但在实际过程中，由于大量数据被封锁在不同软件系统中，数据量庞大、数据源种类繁多，使得数据的采集并不容易。在进行数据采集时，要同时利用多个数据库接收数据，供用户进行简单的处理查询工作。

数据采集分为两种类型，一种是通过网络爬虫进行采集，另一种是通过传感器或者其他设备进行采集。网络爬虫就是可以在网上定向抓取数据的程序。抓取特定网站页面的 HTML 数据，运用爬虫数据的采集方法，可以在网页上把非结构化的数据提取出来，以结构化的方式存储为统一的本地数据；运用传感器采集数据，可以将被测量的信息输出为电信号或是其他形式的信息。

2．导入/预处理

由于采集到的大量数据中存在很多不完整的、包含噪声的数据，一些数据中会出现不一致的重复，存在着偏离期望值的数据，海量数据中将会出现低质量的数据挖掘结果，所以需要对采集的数据进行导入或预处理。在数据预处理中遇到的主要问题是导入数据量会很大，有时会达到百兆或千兆级别。数据预处理的方法有数据清洗、数据集成和数据变换。其中数据清洗就是去除数据中的噪声和与期望无关的数据；数据集成就是将多个数据源中的数据放到一个统一的数据存储区域中；数据变换就是将原始数据进行转换，使数据有利于后期数据的挖掘工作。

3．统计/分析

大数据分析将原始数据遵循一定的分析思路进行处理后，对得到的结果再进行人为分析，它将针对某一问题的不同类信息进行汇总，设计统计方案，得到更加明确全面的结论。在进行数据的统计分析时，往往会面临庞大数据量的分析，并且会占用很大的系统资源空间。

4．挖掘

数据的挖掘是大数据处理流程中最关键的一步，它基于人工智能、模式识别、数据库和机器学习等技术，对归纳整理的数据挖掘潜在的模式，在现有数据基础上利用相应算法进行计算，实现数据分析的需求。

3.5.5　大数据分析平台的构建方案

1．需求说明

传统系统在运行一段时间后，对积累下来的海量数据没能进行充分有效的利用，并且在对已有数据的处理上也过于浅显，所以大数据分析平台应运而生。在平台中，可以对大量数据进行管理分析和利用，发掘潜在数据的价值，解决之前未发现的问题，对数据进行全面充分的利用，最后以可视化的方式进行展示，提供科学合理的决策支持。

2．大数据构建目标

现如今，多数公司的大数据平台建设都以成熟的开源软件为依托，并且在这些组件上进行了优化改进和二次开发。大数据平台的建设目标不是比较组件的丰富度、跟进社区技术的快慢等，而是用户在这个平台上解决了哪些问题、扫除了哪些障碍，以及为他们提升的效率和增加的收益。可以把构建目标分为三个方面，即实现数据的共享和交换，实现大数据的采集和存储，实现大数据的分析与决策。

大数据平台建设的根本目标是提升平台内部组件的横向联通能力及纵向打通业务流程和上下游链路的能力，以此来衡量所构建平台的成熟度。

3．数据构建原则

数据构建需要遵循数据的安全性、数据的可扩展性和数据的灵活性三个原则。在做访问认证时需要采取安全性高的机制，也需要注意系统自身的安全性能；平台构建成功后需要长期持久地工作，对平台的规模和要求也会不断变化，所以在设计之初就要求构建的平台具有良好的扩展性；在应用中平台需要和其他应用相整合，在开发时需要多级接口来灵活地接入其他系统。

4．大数据总体框架

基于 Hadoop 技术的数据分析平台自下而上一般分为数据层、大数据采集与存储、数据分析及展示三个部分。图 3.52 是数据分析平台示意图。

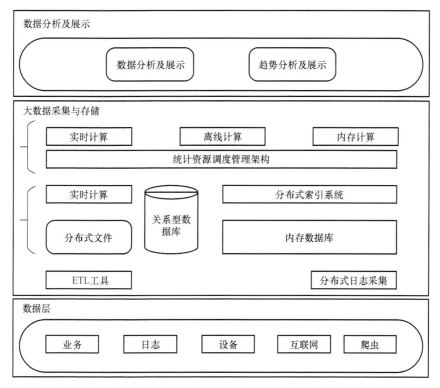

图 3.52   数据分析平台示意图

数据层收集数据，在收集的过程中对数据采集的目标和范围进行限制，最后将收集好的数据进行整合，为后续的大数据分析提供有利可靠的支撑。

大数据采集和存储阶段主要是给各类数据开发适配的接口，让每一类异构数据都可以和它们相对应的系统对接，并且还可以给数据提供转换和存储的功能。

为了提升数据存储的扩展性和容错性，采用主流大数据框架 Hadoop 的 HDFS 文件系统对各类数据统一进行文本化存储，数据按相应规则存储，实现每日保存一套完整的数据文件集，形成数据仓库。

数据分析平台的核心业务层是最后的数据分析与展示，它可以根据需要制定数据报表。例如，基于 Hadoop 的数据分析系统，将存储数据进行处理，相对应的算法运行和转换后，生成报表文件集，最后通过可视化的方式展现出来。

第4章

从北斗服务基础设施建设到行业应用

4.1　北斗卫星导航系统精准服务基础设施

北斗地基增强系统是北斗系统拓展应用服务的重要延伸。为更好地拓展北斗应用，提供北斗精准服务，全国各地也以不同的方式建起形形色色的北斗地基增强网。本章重点介绍两个覆盖范围广、影响力大的北斗地基增强网，即国家测绘地理信息局建设的全国卫星导航定位基准服务系统和中国卫星导航定位协会主导建设的国家北斗精准服务网。

4.1.1　全国卫星导航定位基准服务系统

全国卫星导航定位基准服务系统是由国家测绘地理信息局统一建立的，是目前中国规模最大、覆盖范围最广的卫星导航定位服务系统，能够向公众提供实时的亚米级导航定位服务，并向专业用户提供厘米级乃至毫米级的定位服务。目前已经在国土、交通、水利、农业等多个领域得到了广泛应用，并且逐步深入广大的公众生活当中。

1. 系统构成

全国卫星导航定位基准服务系统从 2012 年 6 月启动建设，于 2017 年全面完成，系统共有 2700 多座基准站，包括 410 座国家卫星导航定位基准站，省级测绘地理信息部门和地震、气象等部门建设的 2300 余座卫星导航定位基准站，1 个国家数据中心和 30 个省级数据中心，共同组成了全国卫星导航定位基准服务系统。该系统能够兼容北斗、GPS、格洛纳斯、伽利略等卫星导航系统信号，具备了覆盖全国的导航定位服务能力，定位速度快、精度高、范围广。

2．系统服务精度

服务系统利用大量卫星导航定位基准站接收卫星信号并通过专网实时发送至数据中心，经过计算后生产高精度的卫星轨道、钟差和电离层数据，将这些数据通过有线或无线网络播发给终端用户，用户利用这些数据能够有效削弱卫星信号传播过程中的误差，从而起到大幅提高定位精度的效果。系统目前可提供 3 种精度服务。

（1）亚米级服务：面向公众提供，亚米级服务可以满足大众日程生活需要，如车道级导航。

（2）厘米级服务：面向专业用户提供，如测绘工作者。

（3）毫米级服务：面向特殊、特定用户提供，此服务不能实时获取，需要专业的软件进行精密后处理，如桥梁变形监测、沉降监测。

其中，由国家级数据中心面向社会公众提供开放式的亚米级导航定位服务，省级数据中心面向专业用户或者特殊用户提供厘米级和毫米级服务。

4.1.2　国家北斗精准服务网

中国卫星导航定位协会是中国卫星导航与位置服务领域的全国性行业协会，在推广北斗民用过程中，实施了北斗"百城百联百用行动计划"，计划实施过程中通过建设和统筹整合区域与行业内的北斗精准服务站，形成遍布全国的国家北斗精准服务网，目前已经面向城市燃气、供热、电网、供水排水、智慧交通、智慧养老等方面提供北斗精准位置、精准授时及短报文通信服务。

国家北斗精准服务网的每座服务站都拥有唯一的身份编码，通过组网优化，完成对各服务区域的不同精度要求的服务覆盖，提供二十四小时不间断的精准位置服务。目前，国家北斗精准服务网已经为全国 400 多个城市提供北斗精准服务。

1．"百城百联百用"行动计划

"百城百联百用"行动计划已经遴选出上百个成熟的北斗及位置服务应用项目，根据项目的对接程度选定百余个城市进行位置网互联互通，并在每个城市开展百余个北斗及位置服务应用项目的推广普及。

"百城""百联"是在全国选择具有较好基础设施和便于实施的百余个城

市，按照国家相关规定，实现国家北斗精准服务网发射的差分信号标准化，对差分信号赋予识别码，统一接收差分数据的格式，使用户采用一款接收设备实现跨城和跨区域导航定位，同时在国家北斗精准服务网的基础上推动室内外无缝导航的应用。"百用"是在"百城"范围内大力推广多行业、多领域、多层次的应用。

2．国家北斗精准服务网行业应用

（1）燃气行业应用。北斗精准服务已经应用在燃气管网施工管理、燃气管线巡件、燃气管线巡检、燃气泄漏检测、燃气防腐层探测、燃气应急救援快速部署、液化天然气槽车监控调度。

（2）电力行业应用。北斗精准服务已经应用在营销业务应用、应急指挥抢修、电力勘察设计、电力授时服务。

（3）供热行业应用。北斗精准服务已经应用在热网信息采集、供热管网运检、供热管线探伤与泄漏检测、供热应急救援。

（4）给排水行业应用。北斗精准服务已经应用在雨中巡检、给排水精准寻件、雨水井/排污口/排水泵采集、防汛抢险指挥调度。

（5）交通行业应用。北斗精准服务已经应用在车道级导航、驾驶员培训考试、无人驾驶综合评测、城市电动车防盗管理、城市公交智能站牌管理、出租车（网约车）运营管理、城市特殊车辆精准监控管理、跨境口岸车辆精准定位管理、交通基础设施建设与管理、铁路列车运行精确控制、船舶靠泊辅助、船舶避碰辅助、船舶过闸管理、航标遥测遥控、航道疏浚。

（6）建（构）筑物监测方面的应用。北斗精准服务已经应用在超高层和高耸建筑监测、桥梁监测、大跨度建筑监测、危险房屋变形监测、历史建筑和文物建筑变形监测。

（7）安全应急方面的应用。北斗精准服务已经应用在自然地质灾害区域监测、人为地质灾害区域监测、城市优先通行、无人机远程激光可燃气体探测、应急救援室内外一体化人员定位与管理、应急救援车辆指挥调度。

（8）机场管理领域的应用。北斗精准服务已经应用在民航安全导航、机场车辆定位管理、机场人员定位与管理。

（9）市政行业应用。北斗精准服务已经应用在市政道路公共设施管理、路灯信息管理。

（10）智慧养老关爱应用。北斗精准服务已经应用在位置服务助力智慧养老、定位老人活动范围与位置、构建老人安全保护圈、结合智能终端协助子女远程了解老人健康状况、医疗精准服务、老人异地养老、政府养老服务监管。

（11）工程机械作业引导监控应用。北斗精准服务已经应用在打桩作业引导监控、塔吊作业引导监控、挖掘作业引导监控、平地作业引导监控。

4.2　"北斗+物联网"与行业应用

4.2.1　"北斗+物联网"对行业的赋能作用

北斗卫星导航定位系统可以直接提供用户的当前位置和时间信息，当它独立工作时，可以被看作是提供空间和时间信息的传感器。因此，北斗需要被当作一个要素去和其他的要素组合，共同为陆海空天的载体导航、辅助土地勘探测绘、规划农业精准作业等。北斗就像一种化学中高度活性的成分（如氢氧根离子），自己虽然只参与一点，却主导着不同的组合。

物联网传感器与行业应用有着紧密的联系，每一种行业应用均需要传感器提供准确有效的第一手数据，如环境监测和农业作业中的土壤温湿度、燃气管网内的流量压力信息、地质灾害监测中的雨量和位移等。这些数据通过移动通信网络、专用网络等传输至负责分析处理决策的云计算平台。

时间和位置信息，或者广义上的时空信息，是人类所有活动中必不可少的两个基本要素。在全球卫星导航定位系统出现之前，人们获取时间信息的手段主要有长波授时、短波授时、网络授时等方式，获取空间信息的手段主要有天文导航、惯性导航、无线电导航等方式。全球卫星导航定位系统的出现和不断发展，从成本、精度等方面极大地提高了人们生产生活中获取时空信息手段的便捷性。北斗卫星导航系统，尤其是星基或地基增强信号，能够达到实时米级、亚米级、厘米级的定位精度，后处理达到毫米级的定位精度，并且能够方便且低成本地提供纳秒级的授时精度。

物联网传感器所提供的数据是当前时刻测量的业务信息，必须要根据其位置和测量时刻对这些原始测量信息进行进一步分析和融合，也就是利用各种传感器获取的数据进行预处理，对同类数据做相关整合处理，对不同类数据利用时空转换等技术进行同质转化。此时，需要将北斗提供的时空信息与物联网传感器提供的属性信息进行融合，即"北斗+物联网"。北斗所代表的时空信息与物联网所代表的行业信息，可以在不同的组合中匹配在一起，为不同的行业应用提供基础性的定量感知手段。带有时空标签的物联网数据又

可以被行业应用进一步整合，在业务链的不同环节中作为基础功能，从深度融合和广泛应用两个维度为业务链的各个环节提供支撑。

2018 年，中国卫星导航与位置服务产业 3016 亿元的总体产值中，运营服务部分占据了 41.6%，是产业链各个环节中涨幅最快的部分。并且，从 2012 年年底北斗二号系统开始正式服务亚太地区开始，包含基础器件、基础软件和基础数据的产业链上游环节与包含终端集成和系统集成的产业链中游环节的产值占比在逐年下降，下游运营服务环节的占比在逐年增长，虽然产业链产值仍然主要集中于中游，但是产值重心已经呈现出向下游转移的趋势，行业应用正成为卫星导航与位置服务产业的重点。2018 年年底，北斗三号基本系统已经建成，并提供全球服务，各类国产北斗终端产品推广应用已累计超过 4000 万台/套，包括智能手机在内的采用北斗兼容芯片的终端产品社会用户总保有量接近 5 亿台/套。北斗研发创新活跃，国产产品和应用系统门类齐全，自主研制的北斗兼容芯片，总体性能达到甚至优于国际同类产品，并且北斗信号被全球绝大多数的卫星导航芯片方案支持，大众消费、智慧城市、交通运输、公共安全、减灾救灾、农业渔业、精准机控、气象探测、通信、电力和金融授时等众多领域，利用"北斗+物联网"为行业赋能，也为全球经济和社会发展注入了新活力。

4.2.2　"北斗+物联网"对行业的变革作用

无论是北斗卫星导航技术还是物联网技术，本质上都是行业应用中模块化、单元化的基础性要素，是可以结合行业特点进行组合并递归发展的技术。"北斗+物联网"不仅是行业应用中独立的生产方式，而且通过近年来卫星导航技术和物联网技术的不断发展，已经进化成为创造经济结构与功能的开放性技术。这种模块化技术不仅能将一系列原本松散的技术串联在一起形成固化的基础性单元，而且随着时间的推移和应用的不断深入，也将会变为行业应用的标准化组件。例如，目前在城市燃气行业，北斗精准服务与物联网信息融合技术已经深入业务链的各个环节，地下管网的焊接建设、防灾减灾、泄漏检测、预警控制及智能化决策均需要精准的时空信息和业务信息进行融合，从而形成覆盖"建、防、检、控、智"的整体解决方案。这种变化实质上是由普适性的精准时空信息与专业化的传感器业务信息深度融合带来的，也就是"北斗+物联网"对行业应用产生的变革性作用。

技术具有层级结构和递归性，整体性技术相当于树干，主要的技术集成是次一级的枝干，基本的技术要素是更小的分枝，并且在这一结构中包含有某种程度的自相似组件，即技术是由不同等级的模块化技术构建而成的。对于行业应用，"北斗+物联网"中所有的技术均是为了解决某些问题而被有目的地集成进来的，模块化的技术聚集在一起是为了实现共同的目标。但是随着技术的不断发展及人们对行业应用认识的不断深入，原有的行业痛点被逐个解决，新的行业痛点也会不断涌现。因此，"北斗+物联网"并不是一劳永逸的解决方案，而是要面对更多的问题，去不断地进行内部替换和结构深化。内部替换是指用更好的部件（子技术）更换某一形成阻碍的部件；结构深化是指寻找更好的部件，或者加入新部件。

内部替换是指 4.2.1 节中所提到的利用"北斗+物联网"对行业的赋能作用，结构深化则是指利用"北斗+物联网"对行业进行变革。新技术对行业带来的发展并不能仅停留在替换某些传统技术的层面，而是要在某个层级上对行业的所有组件同时进行改进。这种改进不仅仅是技术层面，而且同样会表现在组织管理层面。一项新技术的到来会引起生产的重塑和价格的重塑，同样也会引起经济模式的扩张性调整，乃至变革。这种变革是指已有产业去适应新的技术，从中选择它们所需要的内容，并将新技术中的部分组件和新领域中的部分组件组合起来创造出新的次生产业。

我们仍然以"北斗+物联网"在城市燃气行业的应用为例，来说明行业变革与新产业的创造。虚拟现实（VR）和增强现实（AR）技术近年来一直受到资本的青睐，但是其工业化和行业化应用却比较受限，其原因在于无法满足行业应用所需要的精准化需求。北京燃气集团却另辟蹊径，将北斗与VR、AR 结合在一起，首先基于增强现实与移动 GIS 技术将地下纵横交错的管网精确地标示在三维地图中，然后在 VR 眼镜上安装厘米级北斗定位模组和姿态测量单元，准确获取佩戴者的当前位置和姿态。这样，管线巡检人员佩戴了眼镜后就可以很直观地看到地下管网的各种信息，并且能够看到自己与各条管线间精准的相对位置，从而更加有效地进行泄漏检测等工作。利用"北斗+物联网"技术进行燃气管网资产数据可视化管理，使其从设计、建造、运营和管理各个方面的沟通、讨论、决策都在可视化状态下进行，为决策者提供分析问题、建立模型、模拟决策和制定方案的环境，实现高质量高水平的智能化决策。

"北斗+物联网"对行业应用的变革，从本质上看是因为对一项技术的深层认知可以被利用到另一项技术的深层认知中。这种创新性应用不仅是

不断地在现有技术和实践中去发现或组合新的解决方案，而且是在实践过程中把新技术和新功能进行有效组合。一个新的技术作为新元素进入某个行业应用时，它本身就会作为一个新的节点。这个节点有可能会替换掉旧技术及其相关的组合，而相应的生产和服务模式也会进行重新调整以适应新技术带来的变化。同时，成本和价格也会做出相应的变化，从而使得新技术也在不断完善。因此，行业应用的结构不仅会随着技术的变化而重新适应，还会随着技术的变化而重构。技术创造了行业应用的结构，行业应用同样调节着新技术。

第 5 章

"北斗+物联网"与行业赋能

5.1 交通运输行业应用

5.1.1 概述

交通运输是一个国家的经济命脉,各类生产活动及人们日常生活所需的物资都需要通过交通运输来得到保障,公路汽车运输是最为常见的也是最主要的交通工具。随着技术的进步,汽车在日常生产和生活中起的作用也越来越突出,实现各类车辆的有效指挥、协调控制和管理是交通运输和安全管理部门面临的一个重要问题。统计资料显示,近年来包括中国在内的许多国家由于公路堵塞而造成的直接和间接经济损失十分惊人。为了满足提高运输效率和安全保障的需要,各国都相继开展了基于卫星系统的车辆导航与定位技术的研究,基于卫星导航系统的智能交通系统是各国政府大力发展的公共管理平台。

除一般的国民生产生活所需的各种物资运输之外,特别需要重点监控和管理的物资运输及公共客运服务等关系到人民生命财产安全的客运交通,是近年来交通管理部分重点实施监控与管理的对象。此外,随着经济的高速发展,一些企业或者个人为经济利益所驱动,常常违反易燃易爆危险物品运输管理规定,在不合适的时间、地点运输危险物品,各种意外事故不时发生,对社会安全及经济健康运行带来了诸多不良影响。因此,对于各种易燃易爆危险物品运输过程的监控与管理也是当前的一个重要任务。

目前国家已明确了对于涉及国家经济、公共安全的重要行业领域必须逐步过渡到采用北斗卫星导航兼容其他卫星导航系统的服务体制，利用中国自主建设的北斗卫星系统来实现对客运运输及危险物品运输等重点运输过程的监控管理是一种必然的发展趋势，将有利于保障国家国民经济的健康发展，并有利于保障人民群众的生命和财产安全。

5.1.2 应用方案

卫星导航定位系统在交通运输领域的应用一般采用"定位终端+服务平台"的模式，即"卫星导航定位车载智能终端"与"位置服务与公共信息平台"，交通运输领域卫星导航定位系统应用整体框架如图 5.1 所示。

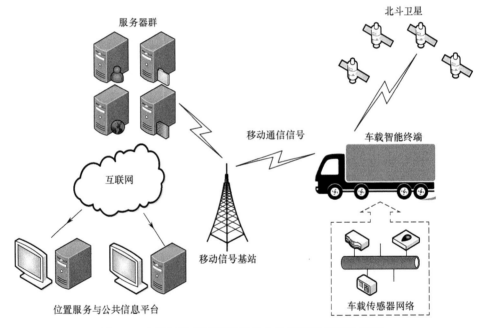

图 5.1 交通运输领域卫星导航定位系统应用整体框架

"位置服务与公共信息平台"基于卫星导航、无线通信和云计算等先进技术，采用云架构体系，提供具备高可靠性、强扩展性、高伸缩性和开放性的云平台服务，可根据具体对象使用公有云、私有云或混合云多种方式进行部署，如图 5.2 所示。这种多层次的云服务计算环境，可降低系统开发和用户使用难度，增强系统可用性，降低用户的总体投入，减少用户的系统建设成本。位置服务平台提供 PaaS（Platform as a Service）级的通用性物流信息业务的基础服务，目标是满足生产企业、商贸流通企业、物流企业、车辆用户、集团客户及其他二次开发商客户的物流位置信息服务的业务需求。开发商可以在基础云平台基础上开发物流行业的 SaaS（Software as a Service）服务系统，如物流管理系统、车辆监控系统等。位置服务平台主要包括物流位置数据云存储系统、物流地理信息云服务系统、物流车辆导航云监控系统和物流企业应用云服务系统。

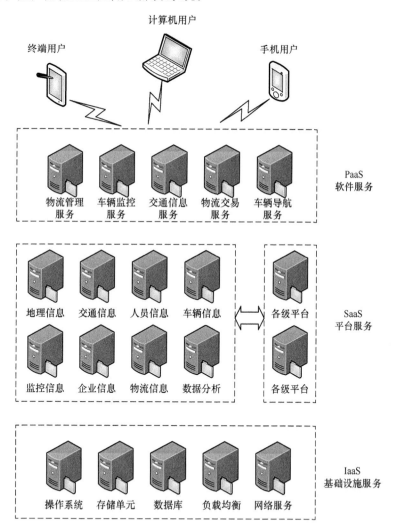

图 5.2　位置服务与公共信息平台整体框架

位置服务与公共信息平台提供的 PaaS 服务，针对交通运输行业信息化建设满足用户需求的业务应用系统，为用户提供云计算体验的运输电子政

务、运输电子商务、车辆动态监控、车辆位置服务、安全救援、信息交换分析、辅助决策等服务，利用信息化手段，提高政府和企业的管理效率，降低运行成本，实现智慧化的物流管理方式。通过平台上车辆监控、信息传输、预警报警、安全救援、信息统计、地图浏览等各项基础云服务，在平台上实现智慧交通运输公共信息平台，并搭建能为政府、车队等用户提供业务支撑的 SaaS 服务系统。平台包含运输企业管理、运输车辆管理、运输货物匹配、用户诚信认证、运输外包服务、运输 SaaS 服务等功能，能够实现政府对交通运输行业的监管和服务，实现上游生产制造企业和下游商贸流通企业之间的信息互通和业务外包，同时可以帮助交通运输企业加强业务管理和打通业务流程，提高运输车辆的运行效率，降低空载率，最终实现对人、车、路、货的全程可视化管理，使运输活动更加高效、智能。通过平台的数据交换功能可以实现交通运输的各个环节互联互通与信息共享，有利于实现跨区域的运输联动。公共信息平台主要包括交通运输公共信息门户、电子政务平台、电子商务平台和运输数据交换平台。

"卫星导航定位车载智能终端"依据与服务平台的标准接口协议进行通信，集成了 GNSS、移动通信、行车记录仪、车辆状态监测、电子地图、多媒体、智能卡/生物识别等模块，可以实现多模卫星导航定位、车辆违法监控、车辆行驶安全监测与告警、基于任务的导航、实时路况播报、车辆指挥调度、异地货物配载、车队运力上报、电子运单、影音娱乐等功能。卫星导航定位车载智能终端作为车辆信息采集、通信及发布的载体，与平台进行在线实时互动，通过终端功能体现云平台和业务系统的服务，终端与平台间通过标准协议进行通信。

卫星导航定位车载智能终端研制分为终端硬件研制和终端嵌入式软件开发。图 5.3 所示为基于 GNSS 多模导航模组的导航定位车载智能终端方案原理。双模导航模组接收 GNSS 卫星信号并通过运算处理后得到实时车辆位置、时间和速度等信息，经车载监控处理单元数据处理获取监控所需信息，通过移动通信网络与监控中心进行双向数据通信，可实现报警、定位、信息采集、人机交互等功能，可对车辆进行实时远程调度、监控及管理。

卫星导航定位车载智能终端方案中各部分功能如下：

（1）卫星导航模块：接收 GNSS 卫星信号，解算出车辆的实时位置、时间和速度等信息，并发送给车载监控处理单元。

（2）车载监控处理单元：运行监控终端的控制处理程序，进行数据处理和外围设备控制，主要包括报警、定位信息及车辆状态显示及采集、数据存储、通信协议处理及相关接口。

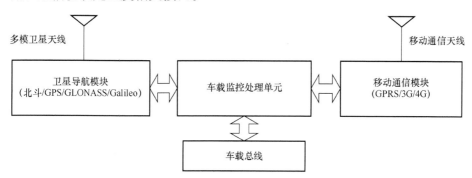

图 5.3 卫星导航定位车载智能终端方案原理

（3）移动通信模块：负责车载监控终端与控制中心之间的通信。

5.1.3 应用功能

位置服务与公共信息平台能够采用云计算、3S（GNSS、GIS、Remote Sensing）等技术接入移动通信网、互联网的服务请求，提供地图下载、位置服务、终端通信、终端控制、图像监控、报警预警、车辆调度、统计分析等基础服务，支持终端系统厂商的服务对接请求及系统开发商的二次开发需求。

位置服务与公共信息平台针对交通运输行业信息化要求，建设满足政企用户需求的业务应用系统，为不同用户提供基于云计算的交通运输电子政务、电子商务、车辆动态监控、位置服务、安全救援、信息交换、分析、辅助决策等服务，以信息化为手段，提升政府和企业的管理效率，降低运行成本，实现智慧化的交通运输管理方式。

卫星导航定位车载智能终端由嵌入式处理器（CPU）、只读内存（ROM）、随机存储器（RAM）、GNSS 导航模块、车辆行车记录模块、移动通信模块、智能一卡通读写模块、多媒体服务模块等多个模块构成，同时提供油耗传感器接口、温度传感器接口及汽车 CAN 总线接口，可以实现多模卫星导航定位、车辆违法监控、车辆行驶安全监测与告警、基于任务的导航、实时路况播报、车辆指挥调度、异地货物配载、车队运力上报、电子运单、影音娱乐等功能，具备货物配载、指挥调度、影音娱乐等功能。

该系统宏观上结合用户单位现状，顺应交通运输行业发展方向，紧扣

多方用户需求，以促进运输各环节全面发展，以及各相关部门跨行业跨地域的交流与合作，提高交通运输服务能力和效率，加强政府管理部门对交通运输市场的监管能力为主线，以北斗位置服务为抓手，以多方数据获取、整合和共享为核心，以信息安全为基础，面向行业主管部门、运输企业和社会公众，提供安全可靠、有效实时的信息服务，充分体现政、企、货、物之间信息资源的开发与利用，促进企业群体间协同经营机制和战略合作关系的建立；为政府部门之间的市场规范管理等交互协同工作机制的建立及科学决策提供依据；同时，能够提供多样化的交通运输信息增值服务。另外，该系统还从交通运输链条上的各个环节出发，重点考虑货运枢纽、物流园区等货运物流节点信息化服务发展趋势，提高车队、货运场站、物流园区信息化水平，进行规范管理，可以达到充分发挥北斗系统在货运过程中的积极作用。

卫星导航在交通运输行业的应用能够改变目前道路运输行业中政府、企业安全监管不到位的局面，尤其是对运输车辆和司机缺乏必要的监管和信息收集手段，交通运输的相关信息相对分散不易监管，同时尚未形成监管与处罚动态的有效衔接，造成从业人员信用考核基础信息不全。利用北斗卫星导航系统，可以着重解决车辆位置信息服务主要依托国外 GNSS 的不利局面。运输车辆监控监管平台在道路运输行业中的推进，可以进一步健全各级道路运输管理机构建设的监管系统功能，形成平台逐级考核管理模式，保障系统的长效运行机制。另外，在满足政府对运输行业的监管需求的同时，运输公共信息服务平台可以为生产企业和物流企业提供电子商务平台，为双方提供权威、可信的运输交易平台，实现运输业务外包和管理。

5.2 智慧物流行业应用

5.2.1 概述

物流是一个涉及很多部门和行业的综合产业，其所包含的内容十分丰富，所涉及的领域也相当宽泛，是不能简单地用运输加以概括的。物流活动贯穿制造业、商业、仓储业、运输业等，具体来说包括生产制造企业、农业加工流通企业、商业销售企业、公路运输企业、航运运输企业、外贸企业、邮政配送企业、金融保险企业等，同时所涉及的政府部门也较多，主要有各类交通运输管理部门和工商、税务、海关、检验检疫、农业等管理部门。这就要求基于卫星导航定位系统的物流运输管理系统首先要是一个信息交换的介质性平台，必须具备整合物流活动各个环节所包含的各行各业信息资源的能力，将分散在政府部门、货运与物流企业、货运场站、物流园区、社会公众、制造工厂、贸易类企业、商业销售企业等在内的信息资源整合在统一的平台上，并对用户数据进行充分挖掘、加工和利用，成为开展物流管理与服务重要的信息载体，确保政府、企业、客户、场站多方之间进行信息的充分交换与共享，参与各方有机衔接，协调配合运输管理与生产活动，进一步优化资源配置，充分发挥公路主枢纽在整个物流体系中的作用。另外，该系统能够为各方提供多种信息服务，加强物流信息资源的开发与利用，面向交通运输行业主管部门、运输与物流企业、物流场站和社会公众，提供可靠、有效、实时的物流信息服务，以保证物流信息资源充分共享，为行业监督管理、运输与物流管理、生产与服务提供强有力的技术支撑。通过该系统的建设还将提高先进信息技术的应用，如云计算、地理信息系统等，全面促进用户单位物流信息现代化的发展。

智慧物流信息平台上的诸多功能需要通过授时、导航、定位和跟踪服务进行连接，因此需要应用包括北斗在内的导航技术、物联网技术、移动位置信息服务、地理信息系统及无线通信等技术，使供应链物流全程透明可追溯，对运营进行全面管控和规范化管理，使运作过程的事故率和货损率降低。

智慧物流信息平台通过各类导航定位技术实时获取各种资源的时间、位置和装填信息，整合各类物流资源，合理化分类管理和调度，能更有效地调度更多的社会物流资源，实现集约化利用，提升区域物流发展水平和成长空间。根据各类位置信息和地理信息系统提供的服务，智慧物流信息平台能为客户提供量身打造的专业、细致、个性化的供应链物流服务，提升了物流服务营销能力。

智慧物流信息平台需要根据物流生态圈的要求，建立支持实时信息联通和工作流的信息协同机制，使供应链各节点企业、物流企业、客户、平台员工都能在智慧物流信息平台上目标统一、协同一致地运作。不仅要整合政府部门的物流服务信息，而且要使铁路、公路、水运、航空、邮政等信息可以在智慧物流信息平台上有效地协同。因此，导航、定位、跟踪等相关技术尤为重要，利用这些技术可以使物流企业和企业物流在智慧物流信息平台上开展基于供应链的一体化物流服务，使物流全程透明化、可视化，并能对物品实施全生命周期智能化管理，推动物流服务的社会化水平

进一步提高。

物流全程可视化是智慧物流的数据基础，将北斗相关导航技术与身份识别、移动通信、云计算、智能交通系统等其他物流信息平台形成联动网络，能够拓展物流信息网络的覆盖范围，促进专业化物流信息服务业的规模化发展。智慧物流信息平台将这些技术应用于自动识别、位置服务、信息交换、可视化服务，以及智能交通、物流经营管理等方面，并能通过信息技术应用影响和带动一批专业化物流信息服务企业的发展，以信息化带动供应链金融等服务创新。

5.2.2 关键技术

随着经济全球化的发展、物流企业规模的不断扩大，物流环节越来越多，物流信息量迅速增加，需求的处理过程也越来越复杂，对配送系统的要求也越来越高。而传统的物流配送系统信息化程度较低，缺乏可视化功能，针对多源、海量数据的分析处理及决策支持能力较差，另外通过传统配送模型得出的决策过于理想化，没有充分考虑实际当中多重因素的变化，与实际应用差距较大。因此，提高配送系统决策的科学可视化和信息化程度显得非常必要，北斗卫星导航系统为解决以上问题提供了手段。将北斗时空信息应用到物流配送管理的各个环节中，构建全面的智慧物流系统对于提高物流配送的效率有重大意义。

在智慧物流的发展体系下，北斗导航定位不再被视为一种孤立的技术，而是作为一个功能的集合体融入企业发展决策之中。物流管理就是对商品信息的管理，智能终端通过 RFID、激光扫描、红外识别、导航定位等技术获取商品的属性及空间信息，再通过网络传递至数据中心，然后对数据进行存储与管理，从而为订单管理、最优路径、仓库选址、货物跟踪、车辆调度及增值服务等提供监测、规划和决策等方面的依据。

结合北斗技术实现快速的导航、定位、跟踪，获取物流中运载工具和货物的实时空间和属性信息，对物流中的各类要素进行远程和可视化管理，这对于现代物流的高效率管理来说是非常关键的，图 5.4 所示为智慧物流中典型的北斗与管理系统工作原理图。

在智慧物流系统中，北斗技术不仅能够提供物流配送和动态调度功能，而且能够提供货物跟踪、车辆优先、路线优先、紧急救援、预约服务等功能。北斗技术可以利用终端设备实时地监控车辆、货物的状态，对于实现实时调配有着重大的意义。北斗技术能够帮助人、运输工具、仓库、路径及幅射区域等做出最适合的物流计划，甚至通过对顾客覆盖率、市场饱和程度、竞争状况及连锁网络的优化等的分析，为经营分区、选址等商业决策提供更好的支持。结合导航电子地图数据及实时交通路况信息，对配送车辆进行配送路径规划及行车路线的引导，可以提高车辆配送的效率，从而进一步降低物流配送的成本。同时，可利用地理信息系统（GIS）提供的地图、楼宇等数据来完善物流分析技术。GIS 的基础地理数据为物流配送提供准确、详细的信息支持，包括配送区域及中心与客户之间的位置关系及配送中心到客户所在地的路径规划信息。另因北斗技术集关系数据库管理、高效图形算法、插值、区划和网络分析等多学科的最新技术为一体，有效地将 GIS 的空间分析功能（如最佳路径分析、地址分析、缓冲区分析等）运用到物流的各项分析中去，可提高物流行业的整体技术水平。结合 GIS 还将进一步加强与企业内部 ERP、CRM 等系统的整合，物流信息也将通过导航与管理系统为企业提供整体决策。

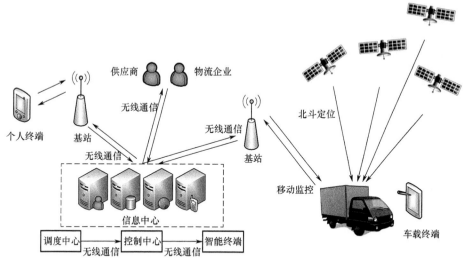

图 5.4　智慧物流中典型的北斗与管理系统工作原理图

从现代物流到智慧物流的跨跃，对时空信息提出了更高要求，同时也为北斗系统的应用提出了新挑战。基于云计算的智慧物流迫切需要实现云计算与北斗时空信息的结合，加速地理信息的智能化发展，构建智慧物流体系，云导航的概念便应运而生。

所谓云导航，就是将云计算的各种特性用于支撑导航和地理信息的各要素，包括存储、处理、分析及建模等，从而改变物流用户传统的导航、定位、跟踪的应用方法和模式，以一种更友好的方式，低成本、高效率地使用导航和地理信息资源。云导航可提供云端地图切片服务，通过将缓存地图切片上传至云端数据中心，来提高企业访问数据的效率，节省数据使用成本；云导航可通过 Web 实现数据和信息传递，解决企业高效数据管理和实时技术更新的问题；云导航可根据企业需求配置软件服务，建设多环境无缝导航系统。在物流业引入云导航因素，建设了高端的物流服务平台，有效带动了位置服务、物流运输及各种增值业务等空间信息应用行业的发展，助力智慧产业链的形成，图 5.5 所示为云导航平台架构。

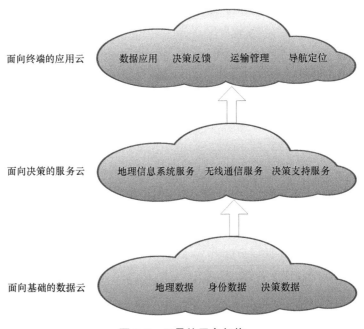

图 5.5　云导航平台架构

5.2.3　应用方案

北斗技术在物流行业最广泛的应用莫过于在流通和配送物流系统建设过程中的应用。配送是指通过现代送货的方式，根据用户需求，实现资源配置的经济行为。配送在物流系统中属于末端环节，指按照零售户的订货要求，通过合理的形式在配送中心进行货物的装配，然后用最合理的送货方式送交给零售户的过程。配送成本往往占据整个物流成本的一半以上，因此提高配送效率具有巨大的经济利益。

大量物流配送应用主要采用集中型配送网络结构，集中型配送网络的主要特点是管理费用少，安全库存低，用户提前期长等。但配送中心与用户的距离相对要远一些，外向运输成本（从配送中心到用户的运输成本）要相对高一些。但是随着零售网店的不断增加，配送规模越来越大，尤其是对于城乡配送更是具有小批量、多批次、送货点分散等特点，这对配送中心的配送能力提出了更高的要求。因此，在商业配送运输过程中不可避免地会产生一系列问题，主要有以下几个方面。

（1）无法有效监管配送车辆各项业务操作。在配送车辆驶出配送中心后，无法对车辆的行驶状态、安全状况、行驶路径等进行监控。因此，配送车辆将出现擅自偏离路线、假公济私，或在某一客户处不正常滞留等现象。

（2）无法根据实际情况实时调整物流配送过程中的线路。配送车辆的整体利用率较低。例如，如果某公司在销售旺季可以胜任 800 多件/天的配送需求，在销售淡季配送需求只有 300 多件/天时就不需要相同数量的配送车辆来完成任务。

（3）未能真正实现送货到户。一般来说，超市等大宗客户的要求能够满足，但是在实际配送过程中由于受到交通管制、客户地理位置等客观因素影响，无法完全满足中小客户的要求。

（4）配送人员违规事件时有发生。配送中心在没有任何监控的条件下很难对各个工作地点的配送人员进行管理，一部分配送人员就利用这个管理盲点，没有严格按照送货流程完成工作，擅自"截流"，使得一部分客户的订单未能及时履行，造成供货公司和客户双方的利益受损。

以上问题的出现可归结为缺乏车辆定位、车辆行进路线追踪。同时，配送中心缺少对每个配送人员在行进中进行线路指导的导航工具，造成车辆无法灵活调度，以及过于依赖配送人员的经验，增加了配送成本以及员工培训成本。尤其是缺乏业务流程的标准体系来形成责任追溯，同时零售网点与配送中心沟通不紧密造成了监管漏洞。

目前中国大部分物流配送中心已经实现利用北斗卫星导航技术在中心控制系统完成传统线路和车辆装载调度的优化。从北斗定位系统、配送系统和电话订货系统获取地图数据、定位数据、散户数据、配送车辆人员数据、订单数据，基于聚类优化算法进行科学计算，形成可用于完成配送任务的优化路线、品种搭配方案等信息，交由智能配送管理系统解决。

现代物流配送的流程如图 5.6 所示。零售户通过电话、网站等途径向客服中心发送订货信息，客服中心再把已审核过的订单数据发送到配送中心，由配送中心生成配送线路和相应的时间计划，并为每条配送线路指定相应的配送车辆，然后将这些策略信息发送给仓库，仓库根据这些信息对货物进行分拣，由指派的车辆把经过分拣的货物配送到零售户。

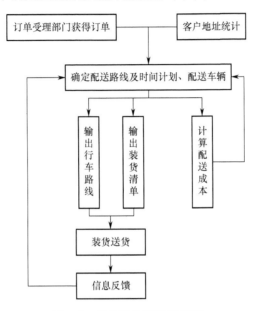

图 5.6　现代物流配送的流程

物流管理平台的基本思路是将 GIS 和北斗技术引入货物配送业务，实现图 5.6 所示的配送流程。系统总体设计思路如下所述。

（1）应用方面，在优先考虑成本最低的原则下，统筹考虑车辆的满载，并权衡配送人员的工作量，对配送路线进行规划；通过北斗实时定位，对配送车辆、配送结果等信息进行监控，并把监控数据存放在数据中心数据库中，以便其他系统查询使用。

（2）数据需求方面，采集地理空间数据（道路数据和零售户位置数据）和物流信息数据（车辆数据和订单数据），与订单信息进行集成。

（3）技术方面，引入 GIS、北斗和 Web 技术，将客户的空间位置和道路网络等信息有机结合，将原有的表格式管理变为直观的空间管理和网络管理，实现货物配送的实时导航、监控和网络化。

根据以上思路，物流管理平台应包括零售户地理信息库、配送线路智能生成、北斗车辆监控、综合地理信息分析等功能模块。这种结构建立在以目标客户（零售户）为核心的管理与应用的基础上，从对以零售户为目标的配送车辆管理、监控、调度，到对零售户本身的管理、考核、分析、统计都提供了系统的解决方案。该平台还与业务、专卖系统实施联动，把业务的关键信息实时、动态地表达在了电子地图上，为管理者提供一个直观的销售、经营状况结果，形成了一套适合行业的 GIS 应用系统。

在系统总体结构的设计上，运用传统的客户机/服务器（C/S）模式、浏览器/服务器（B/S）模式有助于分解事务、提高服务器和客户端的处理速度，也可以保证数据的安全和共享。但是，在配送过程中，户外确定零售户位置的描点工作相当频繁，而且在户外描点工作中又涉及大量的地图和零售户信息的查询与统计。同时，也不可避免地产生大量的更新数据。这些在以往的C/S、B/S 体系框架下是无法满足的。因此，系统总体框架在设计上引入了Mobile/Server（M/S）模式，建立了 C/S、B/S、M/S 相结合的系统框架。在C/S、B/S、M/S 相结合的框架结构上，又对系统的内部功能进行了模块化设计，确保在系统各功能模块开发完成后，完全可以依据业务的需求选择不同的模块进行组合，并通过设置模块的功能和模块之间的关系满足不同的业务流程，以提高软件的可靠性、可继承性、可维护性和可扩充性，真正在系统的建设方面贯彻整体规划、分布实施的原则，使系统按照系统工程的特点分期、分批逐步建设和完善。图 5.7 所示为该系统框架结构和功能分解示意图。

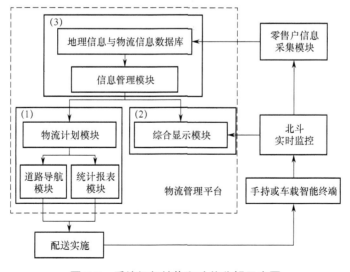

图 5.7　系统框架结构和功能分解示意图

根据业务需求，结合系统的 C/S、B/S、M/S 的一体化框架设计，将智慧物流综合信息管理平台划分为以下几个主要子系统。

（1）配送线路智能生成系统。该系统建立在 C/S 模式下，主要服务于供货公司配送中心的各个部门及下属的各个车队等基层业务单位。其主要功能以业务系统发送的订单数据为基础，综合分析路网交通信息数据、车辆信息数据、零售户的信息数据等，在满足物流任务需求和配送时间要求的基础上，提供优化的物流配送方案，从而统筹安排物流车辆和人员以节约成本。该系统的输入数据来源于业务系统，而输出为提供给配送分拣系统的分拣配货策略数据和提供给车队调度的道路导航路线数据、送货顺序等数据。该系统应具有数据编辑、数据管理、路径网络分析和辅助决策等功能。利用 GIS 平台，通过内部局域网访问集中存储于数据库中的各级空间数据和业务数据，可为配送中心各级人员提供信息管理、计划调度、信息查询、综合显示、报表统计等功能。

（2）采用 M/S 模式的手持 GIS/北斗定位系统和车载导航系统。建立在 M/S 模式下的手持 GIS/北斗终端是针对户外的工作现场，将室内的信息系统进行延伸，为现场工作人员提供现场应用服务，如提供地图浏览、零售户定位、在电子地图上描点、现场业务数据采集、纠正和批量导入物流管理平台数据库、北斗实时导航等功能。零售户批量定位系统以智能手机或平板电脑为核心，将北斗、电子地图、管理软件整合而成，为采集和更新零售户信息提供了一种新的技术手段。通过北斗差分定位技术，能在短时间内提供亚米级精度的定位信息。同时，利用移动 GIS 设备的管理软件，能在获取定位信息的同时采集详细的属性数据，并在电子地图上实时显示所获取的零售户位置。通过该系统，操作人员能够完成零售户的定位、描点、纠正漂移和批量导入物流管理平台数据库等工作。车载导航系统由平板电脑和北斗接收机、通信模块、管理软件和导入的导航路线数据组成，提供了配送车辆的导航跟踪功能。系统的北斗接收机负责接收配送车辆所处地理位置的坐标，利用管理软件在导入的配送路线图上准确显示车辆的位置及运行状态，从而实现对配送车辆的实时导航和监控，摆脱了对调度人员和司机道路经验的过分依赖。对送货车辆的导航跟踪，提高了配送车辆的运作效率，降低了车辆管理费用，抵抗了风险。

（3）采用 B/S 模式的 WebGIS 指挥中心系统。该系统利用 GIS 平台和数据服务器，主要服务对象是供货公司的各级管理人员和业务查询人员，使他们在不安装应用系统客户端的情况下，也可以通过浏览器将各经销户的信息及其销售数据以专题图的形式实时、动态地表达在电子地图上，实现业务资料查询；还可利用车载北斗导航设备把物流车辆的位置信息通过通信模块发回指挥中心，与中心系统上的电子地图匹配，使指挥中心也可以直观地掌握物流车辆的动态位置信息，以实现对移动终端的监控和调度。

5.3 电力授时行业应用

5.3.1 概述

卫星导航授时系统是关键的国家基础设施之一。精密时间是科学研究、科学实验和工程技术诸方面的基本物理参量，它为一切动力学系统和时序过程的测量与定量研究提供了必不可少的时间基准；精密授时在电力、通信、控制等工业领域和国防领域有着广泛和重要的应用。中国北斗一号采用 2.4GHz 频点，由于 2.4GHz 信号易受 WiFi、微波等相邻频点信号干扰，对北斗一号授时工程建设中的天线选址、安装、北斗授时性能都产生了较大影响，无法确保北斗一号卫星授时在电力时间同步系统中被可靠地应用，极大地影响了电力时间同步系统北斗卫星授时的规模化应用。北斗二号采用 1.5GHz 频点，2013 年已正式投入商用，空间干扰较少，有利于北斗系统授时在电力系统的大规模应用。

卫星导航授时发展迅速，已广泛应用于电力、通信、交通、军队等领域。在中国国民经济建设中，各行业对卫星授时的需求越来越多，精度要求越来越高，如电力行业中的电力调度自动化、通信系统等的时钟同步系统；通信网中的交换机、接入网、传输网、计费系统、网管系统等时间和时钟同步；移动基站的时钟同步，交换机和网管等系统的时间同步；广电领域的单频无线覆盖；交通领域的指挥调度系统；金融、证券系统的统一时间系统等。在国防建设中，时间频率是关系战争胜败的重要因素，部队协同作战、精确打击评估、军事通信、测控与武器发射等领域对时间和频率精度都提出了很高要求，武器装备、通信系统、指挥自动化系统、打击评估等都需要高精度的时间基准。目前，中国卫星时频应用呈现出需求广泛、安全隐患突出、北斗产业基础薄弱等特点。原先中国电力、通信、交通、广电等领域主要采用 GPS 授时，近年来，北斗授时应用正在改变原有局面。中国北斗系统授时需求迫切、市场前景广阔。

电力系统是时间相关系统，电压、电流、相角、功角变化都是基于时间体系的参量；超临界机组并网运行、大区域电网互联、特高压输电技术都基于统一的时间基准。电网安全稳定运行对电力自动化设备提出了新的要求，特别是对时间同步的精度和可靠性提出了较高的要求，要求继电保护装置、自动化装置、安全稳定控制系统、能量管理系统和生产信息管理系统等基于统一的时间基准运行，以满足同步采样、系统稳定性判别、线路故障定位、故障录波、故障分析与事故反演时间一致性要求，确保线路故障测距、相量和功角动态监测、机组和电网参数校验的准确性，以及电网事故分析和稳定控制水平，提高电网运行效率和可靠性。

5.3.2　关键技术

电力系统需要精确的时间同步，主要包括以下几个方面。

1．在故障分析中的应用

现代的微机型智能保护装置一般都有故障数据记录或带时标的动作报告，利用这些数据，可以方便地进行故障分析。如果没有统一时间基准，建立在这些故障记录上的分析将是没有意义的。通过在变电站（厂）内安装的故障录波器、事件记录仪、微机继电保护及安全自动装置、远动及微机监控系统中采用统一的时间，将有助于有效分析电力系统故障与操作时各种装置动作情况及系统行为，确定事故的起因与发展过程，是确保电力系统安全运行、提高运行水平的重要保障。

2．在故障测距中应用

在输电线路发生故障的瞬间，从故障点向线路两端会产生电压瞬变，即行波。行波信号基于准确的时间基准进行监测和记录后，通过分析两侧接收时间的差异就可以得到准确的故障位置。电力行波测距方法不受过渡电阻、系统参数、串补电容、线路不对称及互感器变换误差等因素的影响，是电力故障分析的重要手段。由于行波传输的速度接近光速，若两侧时间有 $1\mu s$ 的误差，则测出的距离误差为 300m。电力系统故障测距对同步时间的精度要求优于 $0.1\mu s$。

3．在自动控制中的应用

电力系统中许多控制采用定时控制策略，如自动无功/电压控制，调度根据预测的负荷曲线制定主变分接头调整计划和电容器组投退计划，准确的时间同步尤其重要。

4. 频率监视

调度上通过比较电钟（也称工频钟）与标准时间的差异计算系统频率误差积累情况。如果标准时间不准确，这一比较就没有意义，无法满足发电、输配电运行管理的要求。

5. 相位测量

通过电网各节点（电站）之间的电压、电流相位关系，可以准确地了解电力系统的静态与动态行为，进行合理的发电量及负荷调度，采取有针对性地稳定控制措施。系统采用统一的时间基准，使各电站输入信号的采样脉冲同步，准确测量电站间电压、电流的相位。为保证相位测量的准确性，采样脉冲同步误差要尽量小。电力系统要求相位误差优于 1°，就必须要求同步精度不超过 55μs。目前，电力行业技术规范要求时间同步精度小于 1μs，以满足智能电网高精度相位测量的要求。

6. 电流差动保护

在诸多种类的输电线路继电保护中，输电线路电流差动保护具有原理简单、可靠性高、适应范围广等优点，是线路保护发展的主要技术发展方向。实现数字式电流纵差保护的技术难点有两个：一是线路两端数据的传送问题；二是两端数据的同步采集问题。数据传送问题容易解决，要彻底解决两端数据的同步采集问题，就必须有高精度的时间同步。

7. 继电保护装置试验

线路纵联保护（如高频相差保护）安装在电路两端的电站里，在系统时钟统一后，两端继电保护试验装置可按预先预定的时间顺序启动产生模拟线路故障的电压电流信号，以便更全面地检验纵联保护装置的动作行为。

8. 在电度采集中的应用

电度数据在进行电网损耗分析时，统一的高精度时间基准是非常重要的，它直接影响分析结果的准确度。在调度自动化系统计费子系统中，统一的时间基准尤其重要。

综上所述，电力时间同步系统是电网安全、可靠运行的重要基础，是现有电网和智能电网的关键设备之一；电力调度自动化系统、变电站计算机监控系统、火电厂机组自动控制系统、微机继电保护设备、电力故障录波设备、

同步相量测量设备等都依赖高精度的时间基准。电力时间同步系统为各级调度、发电厂、变电站、集控中心提供统一的时间基准，确保发电、输电、变电、配电和用电各环节的时间一致性、采样信息的准确性。

5.3.3 应用方案

1. 基于北斗二号的授时终端

基于北斗二号的授时终端主要由宽带天线/前放单元、RF/IF 射频单元、数字信号处理单元、频率综合单元、定位处理和授时处理单元、显示控制单元及电源单元 7 部分组成。图 5.8 所示为基于北斗二号的授时终端系统框架。

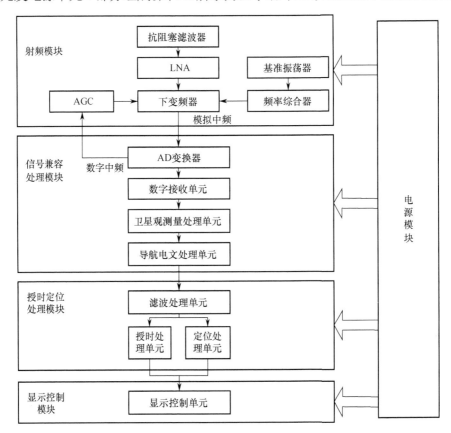

图 5.8　基于北斗二号的授时终端系统框架

基于北斗二号/GPS 的授时终端同时接收北斗和 GPS 卫星信号，北斗二号和 GPS 的射频信号经北斗二号/GPS 双模接收天线，射频信号经选择滤波器、低噪声放大器、镜像抑制滤波器，将卫星导航信号下变频、放大变换到基带附近,通过正交采样将数据送数字信号处理器。数字信号处理器将 RF/IF 单元所产生的 I/Q 采样信号和时钟,连续对多个北斗卫星和 GPS 卫星信号进行捕获、跟踪、伪距测量、电文解调,并将定位数据和完好性数据送到微处理器进行定位解算和完好性计算。频率综合器的参考频率为 5/10MHz,经锁相倍频、分频综合出所需的各种本振和采样时钟。数字信号处理器在导航定位及滤波微处理器控制下工作,对健康卫星完好性信号进行选择,根据最佳几何精度因子选定所用卫星,提供最佳定位和授时精度,获取电文和测量的伪距后,进行滤波、定位和授时解算,显示位置及时间状态信息。授时定时处理模块完成连续、精确地测出本地时标与北斗时标的瞬间时差,输出高精度的时频标。显示控制模块对接收机功能进行控制,输入初始设置参数,显示工作状态、位置、时间等信息。

2. 电力全网时间同步系统

电网全网时间同步系统采用省调、地调、变电站/电厂的三级时间同步系统架构,利用电力 SDH 网络 E1 链路传递高精度时间基准,自动消除 SDH 传输时延,卫星和地面时间基准互为备用。省调与地调、变电站/厂站之间通过 SDH 网络 E1 链路传递高精度的地面时间基准(精度优于 1μs),为所辖的地调和变电站和厂站提供统一的时间基准,实现电网各级时间同步系统的时间统一。

电力全网时间同步系统采用逐级汇接的三级网络拓扑结构,由一级时间同步系统(设在省调)、二级时间同步系统(设在地调)、三级时间同步系统(设在变电站、电厂)组成,利用电力 SDH 网络的 E1 业务通道传递地面时间基准,实现全网的时间同步。

5.4　应急救援应用

5.4.1　概述

北斗卫星导航系统具有用户与用户、用户与地面控制中心之间的双向报文通信能力。北斗二号一般用户 1 次可传输 36 个汉字,经核准的用户利用连续传送方式 1 次最多可传送 120 个汉字。而经过扩容后的北斗三号系统一次可传输 1000 个汉字。这种双向报文通信服务,可有效地满足通信信息量较小、实时性要求却很高的各类型用户的要求。短报文功能很适合集团用户在大范围监控管理和对通信不发达地区数据采集。对于既需要定位信息又需

要把定位信息传递出去的用户，北斗卫星导航定位系统将是非常有用的。需特别指出的是，北斗系统具备的这种双向通信功能，目前已广泛应用的国外卫星导航定位系统（如 GPS、GLONASS）并不具备。

基于北斗卫星导航系统的导航定位、短报文通信及位置报告功能，可提供全国范围的实时应急救援指挥调度、应急通信、信息快速上报与共享等服务，显著提高了应急救援的快速反应能力和决策能力。

北斗卫星导航系统与应急救援技术的发展相结合，可以为旅游者、户外运动、自助游、专业救援行业提供服务。利用北斗系统独有的短报文位置回报功能，建设基于北斗兼容系统的户外应急救援平台，应用北斗兼容型应急救援终端，可以在无公共通信网络覆盖的情况下，提供救援信息服务。

5.4.2 应用方案

基于北斗卫星导航系统的户外应急救援服务平台包括数据中心、运营中心、客服呼叫中心。基于北斗卫星导航系统的户外应急救援服务平台架构如图 5.9 所示，平台分为基础层、数据层、应用层、用户层。

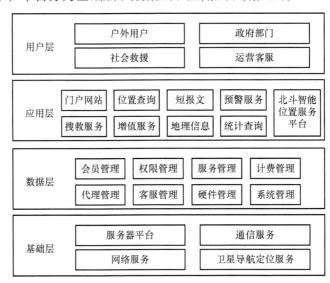

图 5.9　基于北斗卫星导航系统的户外应急救援服务平台架构

用户按下紧急求救按钮可以向北斗卫星发送信号，北斗卫星向地面站转发，地面站收到转发信号后，计算出用户的位置，并将用户信息和位置信息通过数据专线发送到带宽数据中心，数据中心将数据保存后根据运营中心设置的业务分发规则，将启动基础服务模块，调用 GIS，将用户发出紧急求救信号的位置在客服呼叫中心用声光信号进行报警提示，客服呼叫中心收到报警后向用户所在地的救援机构提供用户的位置等信息，救援机构根据用户位置等信息向用户提供救援服务。图 5.10 所示为应急救援服务系统网络图。

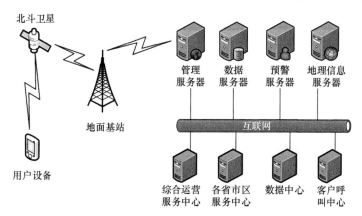

图 5.10 应急救援服务系统网络图

各中心具有以下功能。

1. 综合运营服务中心

综合运营服务中心负责主系统的正常运营、配置管理、日志管理，通过数据专线与数据中心、客服呼叫中心和各区域中心相连。

2. 数据中心

数据中心采用硬件底层虚拟服务器集群，上层使用虚拟服务器模块化堆叠，包括应急求救、文字短信的基础服务模块和足迹记录、发送微博、更新SNS 社区状态、车辆管理监控、船舶管理监控的增值服务模块。数据中心使用企业级大型数据库管理和保存用户信息、地图信息及相关业务信息，以及镜像异地热备份的方式保障数据安全。

3. 客服呼叫中心

客服呼叫中心使用数据专线与运营中心和数据中心连接，通过自动语音查询、人工坐席服务、信息资料处理，提供用户应急求救后的确认、呼叫救援机构，为应急救援终端的用户服务。

4. 各省市区应用服务中心

各省市区应用服务中心向系统用户提供增值服务。服务平台的基础服务

流程示意如下：

（1）使用者随身携带救援终端，根据不同情况，按下功能键；

（2）救援终端通过北斗系统自动发送求救信号；

（3）北斗系统接收到求救信号，通过解算，将求救信号和用户位置坐标转发给该服务平台；

（4）服务平台将救援信息通过电子邮件、短信、即时通信等多种渠道通知到呼救人员预先指定的紧急联系人，同时将救援信息发送至当地救援部门；

（5）当地救援部门根据传回的用户位置坐标，组织有效救援。

5.5　建筑物安全监测应用

5.5.1　概述

随着卫星导航定位技术的广泛应用，高效率、高精度、便携式的卫星导航定位设备在土木工程位移监测领域中的应用也越来越多。继车辆、船舶等导航领域开始逐步应用北斗系统后，随着高精度且兼容 GPS 的北斗卫星接收机的推出，土木工程的位移监测也在逐步应用北斗卫星定位系统。基于北斗的测量控制网设计、高精度位移解算及北斗位移数据评估结构状态方法是安全监测行业中的关键技术。

在大型的工程结构上安装高精度卫星定位接收机，实时连续地监测位移与变形，将位移监测与其他监测指标（应力、振动等）进行分析，掌握结构的运行状态，预测其行为特性，可以实现对大型结构的安全预警与智能管理。这种基于卫星定位的位移监测技术已经在特大桥梁、公路边坡、隧道施工、矿区安全、地震监测、水利设施等多个领域开展了应用示范。通过这种技术将卫星定位测量的高效率、高精度、强适应性充分发挥出来，完成了对大型结构物三维变形位移的实时测量。表 5.1 列举了国内外已经安装了卫星定位监测的部分重要工程。

表 5.1　国内外已经安装了卫星定位监测的部分重要工程

应用卫星位移监测的特大桥梁			
编　　号	工程名称	类　　型	应用情况
1	杭州湾跨海大桥	斜拉桥	监测主梁、桥塔等部件变形
2	润扬大桥	悬索桥	监测主梁、桥塔等部件变形

（续表）

应用卫星位移监测的特大桥梁			
编　号	工程名称	类　型	应用情况
3	广州珠江黄埔大桥	斜拉桥+悬索桥	监测主梁、桥塔等部件变形
4	宁波五路四桥	斜拉桥/拱桥	监测主梁、桥塔等部件变形
应用卫星监测的边坡			
1	福银高速南平段边坡	公路边坡	监测地表位移
2	霍林河边坡	矿山边坡	监测地表位移
应用卫星监测的过江隧道与施工测量			
1	过江隧道监测江底沉降	隧道	测量船卫星定位
2	中天山特长隧道	隧道	施工测量
应用卫星监测大坝变形			
1	小浪底大坝	水利	变形监测
2	平原水库大坝	水利	变形监测
其　他			
1	香港理工大学大厦	高层建筑	监测风振变形
2	天津地区地壳垂向形变	地震监测	监测地壳形变
3	新加坡共和广场大厦	高层监测	监测变形

　　从表 5.1 中可以看出卫星定位技术在大型工程健康监测中的应用已十分广泛，内容涉及了特大桥梁、隧道边坡、水利工程、高层建筑及地震监测。以桥梁为例，由于卫星定位测量不需要通视、可以全天候自动测试，在桥梁运营信息化管理中得到广泛应用，特别是特大桥梁的健康监测系统中都研究安装或准备安装基于卫星定位的位移监测系统。例如，法国于 1995 年对全长为 2141m 的诺曼底大桥进行了测试，证明了 GPS 能够以厘米级精度进行实时水平位移监测。英国从 1997 年开始用 GPS 进行悬索桥监测的应用研究，对主跨为 1410m 的亨伯大桥进行了振动位移测量，测试结果与模型结果吻合。青马大桥于 1998 年进行了 GPS 实时监测位移的实验，在 5 级风力时，桥体横向最大位移为 64mm，周期为 16s，测量结果符合设计计算值。虎门大桥的基于 GPS 的自动化实时位移监测系统于 2000 年开始运行，是国内首次应用 GPS 技术对悬索结构特大型桥梁进行实时监测的系统。

5.5.2　关键技术

　　利用基于北斗/GPS 双模式的兼容型高精度位移监测接收机，可以实现

远程无人值守实时监测预警网络系统，从而利用北斗卫星定位系统实现公路基础设施、大跨度桥梁、公路高边坡位移监测工程。图 5.11 是卫星定位在安全检测中的应用。

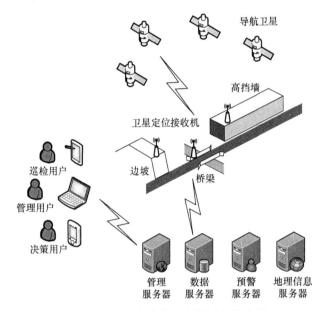

图 5.11　卫星定位在安全检测中的应用

1. 北斗/GPS 双模式的兼容型高精度位移监测接收机设备

（1）适用于大型结构物变形监测的北斗/GNSS 多频高精度接收机，需要选用具有同时接收和处理北斗/GPS 卫星双频信号能力的 OEM 模块，并且需要配置相应的双频测量型天线。考虑到数据的存储和传输，还应该配备相应的大容量存储单元和移动通信传输模块。另外，还需要配备不间断电源以保证监测的连续性。

（2）针对大跨度桥梁、公路高边坡复杂环境的多路径探测技术及消除方法。在大跨度桥梁施工及运营中，由于钢结构构件多，在进行卫星定位时，多路径效应将成为主要干扰源之一。由于多路径效应受测站环境、星座情况、观测时间等多种因素的影响，很难精确模型化，因此一般将多路径效应当作随机误差处理，这在精度要求不高或采用大量观测数据（如 1 天）进行数据处理分析时是可行的，但对于大型结构物的变形监测，如果要使单历元变形监测结果达到毫米级精度，则必须采用适当的方法，通过获取精密轨道星历，使用双差法消除对流层、电离层误差，获取接收机钟差，结合通过联测国际

IGS 站得到高精度的点位坐标,解析出多路径相应误差。

（3）兼容型北斗位移监测接收机高程测量精度达到毫米级的方法。公路高边坡、大跨度桥梁等大型结构物变形监测要求高程精度也要达到毫米级,由于高程精度与大气延迟误差等强相关,因此相比平面位置的精度,高程精度要差一些,即使在静态监测时,也很难达到毫米级精度,在动态监测时就更差。针对中长距离基线,可以采用北斗/GNSS 组合精密单历元单点定位算法提高精度,解决在变形监测当中实现毫米级精度的实时监测。

2. 大型结构物的实时监测安全预警系统

长大桥隧、公路边坡的位移监测系统需要以卫星定位系统为核心并结合其他监测指标构建大型结构物的实时监测安全预警系统,利用以位移监测为主导的多指标数据融合分析评价技术,通过卫星定位实现对大型结构物状态评估与安全预警,内容包括以下两点。

（1）特大桥梁结构位移监测、状态评估与安全预警。

形变监测系统功能框图如图 5.12 所示。

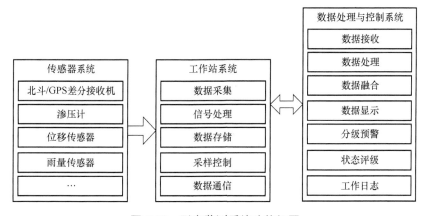

图 5.12　形变监测系统功能框图

根据《公路桥涵设计通用规范》规定,总长大于 1000m 或单跨超过 150m 的桥梁属于特大桥。中国桥梁总数 689417 座,特大桥 2341 座,建立特大桥梁的位移监测系统包括卫星测点监测网设计、卫星监测系统集成、数据分析、安全预警方面的内容。

卫星测点监测网设计主要包括结构关键位置遴选与测点控制网设计两方面。关键位置遴选是通过有限元计算找到结构物最需要的监测位置,测点控制网设计是通过优化卫星测点网的形状使精度达到最高。因此本节内容是

结合有限元结构分析与测量控制网优化两种方法，既要遴选出结构物的关键监测点，又要使监测网的形状达到最高监测精度的要求。

卫星监测系统集成研究是指通过将结构位移监测与应力监测、振动监测、环境监测结合起来，建立以位移分析为主的多指标数据融合分析评价技术。数据分析是通过对卫星位移监测数据的分析，掌握结构的位移变化，通过模态分析、有限元计算等多种手段，结合应力、振动等其他监测指标完成对结构物状态的评估。安全预警是当评估结果达到不安全的状态时进行及时的预警与报警。目前预警信息的传输主要通过电缆、光纤与手机通信网的方式，在常规条件下预警信息可以传送，但是发生比较重大的灾害（地震、泥石流）时，有线中断、通信基站倒塌手机信号无法传送时，监测信息便很难传输了。利用北斗卫星通信系统，可以将重要的监测信息通过卫星信号传输，克服了常规传送方式的局限性，从而可以构建一个利用卫星监测位移，同时又利用卫星进行信息传输的卫星安全监测平台。

（2）高等级公路边坡滑塌、隧道周边地质灾害及软质路基下沉的监测及安全评估。

公路边坡滑塌、隧道周边滑塌与软质路基下沉是目前中国频发的地质灾害，主要原因就是对土体的位移缺乏有效的监测。通过卫星定位系统可以对土体滑移进行有效监测，实现对公路边坡与隧道周边土体滑移的监测。采用北斗兼容型高精度位移监测技术、卫星遥感数据接收处理系统等技术，可以建立具有高可靠性和时效性的公路边坡、软质路基及隧道周边地址灾害监控系统；利用北斗卫星具有的定位和通信双重功能，可以解决边坡位移数据监测及数据传输的问题。

3. 基础设施安全运营监控中心

随着信息化的发展，利用卫星定位导航技术（北斗/GNSS）、地理信息系统（GIS）、遥感技术（RS）可以建立特大型桥梁、重要公路、隧道等基础设施的安全运营监控中心。北斗导航系统可以发挥卫星通信、定位监测、导航监控的功能，通过在桥梁、隧道等重要设施安装卫星监测设备，可以实现对结构物本身的位移监测、设施所处环境的遥感监控，再通过 GIS 技术构建重要基础设施的地理信息系统，通过卫星遥感监测重要公路基础设施运营环境，可以将监控结果实时地反映在监控中心，达到实时监测与安全报警的效果。

5.6 精准农业应用

5.6.1 概述

精准农业是在人口逐渐增多、耕地逐年减少的背景下，在追求最低投入、换取最大产量和最好品质及对环境最小危害的意愿下，由农业机械技术和现代空间信息技术相结合发展起来的。精准农业是对农资、农作实施精确定时、定位、定量控制的现代化农业生产技术，可最大限度地提高农业生产力，是实现优质、高产、低耗和环保的可持续发展农业的有效途径。

精准农业是在发达国家大规模经营和机械化操作条件下发展起来的，1995 年，美国开始在联合收割机上装备 GPS，标志着精准农业技术的诞生。20 世纪 90 年代，精准农业首先在美国和加拿大实现产业化应用，而后在英国、德国、荷兰、法国、澳大利亚、巴西、意大利、新西兰、俄罗斯、日本、韩国等国家开展应用。在发达国家，精准农业已经形成一种高新技术与农业生产相结合的产业，已被广泛承认是可持续发展农业的重要途径。推广利用精准农业技术，已获得了显著的经济及社会效益。

5.6.2 关键技术

中国是一个农业大国，精准农业作为一项新兴技术，在北京、陕西、黑龙江、新疆、内蒙古等地建立起一定规模的试验区，但总体上仍处于试验示范和孕育发展阶段，特别是在高精度农业机械精密控制系统产品方面，长期依赖进口产品，严重制约了中国精准农业的发展。

1. 农机精准控制

农机精准控制技术主要包括以下 3 个方面。

（1）精准控制农机行驶路线。通过卫星导航提供的精准位置实现农机的自动驾驶功能，利用卫星导航技术和农机自动驾驶技术，可以精准控制农机的行驶路径，实时定位误差可达厘米级，保证了农田的起垄、播种、施肥、喷药、灌溉，以及收割的重复性作业，无人化操作即使在夜间也能正常作业，大大提高了农田作业的效率和效果。由于采用了自动驾驶技术，降低了农机对驾驶和操作的要求，减轻了驾驶员工作负担。

（2）精准控制农具作业。通过对播种、施肥、喷灌等农具的孔道控制和

流量控制实现农具的变量作业。在农业作业过程中，利用传感器长期监测农田的土壤墒情、作物长势、病虫害分布、历史产量等信息，结合北斗时空数据进行分析和计算，生成网格化农田状态分布图谱，有针对性地对每一块农田进行精细化作业管理，发掘农田的最大潜力，根据农田特性可以调整农药化肥的投入，在一定程度上降低了对环境的污染。

（3）面向厂商的综合管理方案。卫星导航农机自动驾驶产品在精准农业上的应用最为广泛，全球有多个厂商提供农机自动驾驶产品，包括 Novariant、Trimble、Hemisphere、Topcon、Leica 等。农机自动驾驶产品的组成可分为两部分：卫星导航定位设备和自动驾驶控制设备。根据农作物、农场的不同特点，综合管理方案也有多种方式。

卫星导航定位设备采用载波相位差分定位技术，有效提高了卫星定位精度，实时定位精度可达厘米级，保证了农田作业的重复精度。根据不同的作业精度要求，用户可选择合适的卫星导航定位设备。

自动驾驶控制设备可以保证作业的农机按照预先规划的路径行驶。根据作业的要求，用户可以要求农机沿直线行驶、圆周行驶、特定曲线行驶、智能障碍避让行驶，以及在有效地块内自动规划路径行驶。自动驾驶控制设备根据农机当前的位置和姿态，结合导航规划路径分析和计算行驶轨迹误差，通过控制农机行驶和转向系统，及时修正农机的航向。自动驾驶控制设备对农机的控制方式可分机械式控制、液压式控制和 CAN 总线控制三种，不同的控制方式要根据不同型号的农机、不同的应用场合区别。

2. 变量作业控制

变量作业的基础是对农田的信息采集与数据分析处理，依靠温度湿度探测、土壤成分检测、光谱分析等自动化测量工具，甚至是人工测量的方式，结合卫星定位数据，建立详细的农田状态图谱，在此基础上进行变量作业。

国外从事变量作业控制技术研究的厂家有 Novariant、Timble、Leica、Topcon、AGLeader、Raven、TEEJET、Dickey-John 等。它们提供的变量作业控制产品包含多种数据采集传感器、数据分析软件，以及变量播种施肥机，变量喷洒机等。该变量作业控制产品能直接与农机自动驾驶系统的车载电脑连接，在自动驾驶的过程中，采集农田信息或依据农田状态图谱进行变量作业，即根据地块形状播种，根据土壤墒情决定化肥的用量，根据作物的病虫害程度有选择地进行农药喷洒，从而节约了农资的投入，也在一定程度上降低了对环境的污染。

3．面向农业组织的综合管理方案

在美国等发达国家，精准农业已发展成为空间信息技术与与农业生产相结合的综合解决方案。美国的 Trimble 公司是北美精准农业、GPS 和导航解决方案的领导者，可以帮助用户更高效地操控车辆和机具，节省开支，提高产量和生产力。Trimble 公司的 Connected Farm™是一套能够为整个农场提供实时信息传递的综合管理方案。Connected Farm™只需通过浏览器访问，即可实时管理自己的农场，可以通过自己的智能手机（从 Trimble 网站下载相关应用程序）或者 Trimble 的车载终端完成信息采集，上传至自己的关联农场账户。通过浏览器登录农场账户，即可轻松查看、排序和打印相关信息，包括车辆位置数据、发动机的性能数据、车辆报警情况、田块边界信息等，以便用户在任何地点进行管理决策，同时系统会将数据进行备份，保证数据的安全可靠性。然而，Connected Farm™这种管理方案比较适合家庭农场的模式，无法解决农机大范围跨区作业和局域作业调度的问题，因此国内无法照搬该模式。

5.6.3 应用方案

通过在农场建立北斗 CORS 站点，设置北斗地基增强网，为精量播种机提供厘米级的 RTK 差分改正服务，以提高起垄、播种的精度，改善农作物的种植环境和条件。在农机上部署监控、调度和导航型 GNSS 终端，可以提高农机监管和调度效率。在农场运用数据采集型 GNSS 终端和移动智能平板终端，进行农业作业信息无线采集、传输与管理，以及农田移动增强管理，可以提高农田信息采集效率及信息化和智能化水平，提高农业生产组织的管理效率和自动化水平。

1．农机精准控制

农机精准控制主要包括以下 3 部分。

1）基于北斗卫星导航系统的高精度测量设备研制

基于北斗 RTK 定位技术，结合 GPS 和 GLONASS 卫星综合导航定位技术，研制多模多频 RTK 高精度测量设备，包括 RTK 基准站和流动站，用于农业机械的实时位置测量。为农业机械作业提供空间标尺，使农田起垄、播种、施肥、喷药、灌溉等作业更加精准，保证农田作业的重复精度，最大限度地提高土地利用率，减少农资浪费，降低环境污染，实现农田的精细

化管理。

2）农机精准控制管理操控设备

农机精准控制管理操控设备是农机精准控制系统的控制、计算和管理中心，负责整个系统的作业任务管理、导航路径规划、配置定位测量设备和机械控制设备的工作参数，并协调系统各个部分协同工作；同时，农机精准控制管理操控设备也是农机精准控制系统的人机接口，为用户提供了一个可视化的操作环境，操作者可以通过该设备随时掌握当前的系统任务、工作状态，也可以通过该设备输入对系统的控制命令。

3）农机精准自动控制设备

农机精准自动控制设备，主要是农机自动驾驶控制设备，通过陀螺仪和角度传感器实时监视农机姿态与运动航向，实时自动调整农机的液压转向系统，保证了农机的航迹符合导航路径规划。该设备既能保证农机运动的准确性，实现高精度重复性作业，又能减轻驾驶员的工作强度，使操作者有更多精力关注作物的长势等信息，同时也使夜间作业成为可能，大大提高了农田作业效率。

2．面向农业生产组织的管理调度

1）多级农机作业管理调度

稳定的农机作业服务模式是空间信息技术成功应用的基础，也是发挥空间信息技术应用的优势。中国农机大范围的跨区作业服务模式经历了 C2C（个人与个人间的商务模式）、C2B（个人与集体间的商务模式）和 B2B（集体与集体间的商务模式）3 个主要阶段，并将逐步进入云组织与自组织形态相结合的新阶段。

中国农机作业管理体系可分为 3 个层次，即主管部门层、农业生产组织层和农机操作手层。自下而上，农业生产组织对所辖农机操作手和农业机械进行监控、管理、调度。相应地，主管部门可以对所辖农业生产组织进行监管和服务。

2）农机作业管理调度系统

农机作业管理调度系统基于空间信息技术和无线通信技术，利用各种移动智能终端，建立不同层级、办公室与田间之间的数据交互网络，获取农田信息，进行科学决策，调度农机进行田间作业。农机调度系统结构如图 5.13所示。

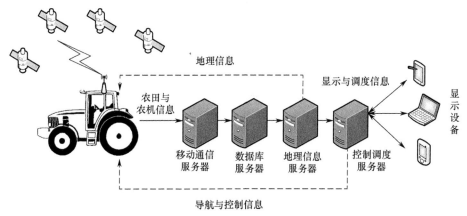

图 5.13　农机调度系统结构

面向农业生产组织的农机作业管理调度系统主要包括以下具体内容。

（1）农业生产作业信息无线采集与管理子系统。该系统通过 GNSS 进行实时定位，采集空间信息及相应属性信息（如农田电子地图、主干道、加油站、粮库等信息），采集相应位置的图像，采集农田、作物等属性信息及生产信息，实现基于本地数据库的数据管理、存储，以及与中心数据库间的远程数据实时同步。

（2）农机作业智能决策与时空调度子系统。农机、农田规划分配问题在现实中可以表现出多种形式。就数量比例而言，农田与农机的比例可以是一对多、多对一、多对多；就作业内容而言，可以是播种、施肥、喷药、收获等。从本质上分析，可以将此类问题划归为农机时空调度问题，即在规定的时间、区域内以最高的效率（最少的耗费）完成给定的任务。基于 GIS、空间数据库等技术开发的农机时空调度系统，可实现数据录入、模型运算、甘特图生成、调度指令生成等功能。

（3）农机状态自动识别与精准统计子系统。农机运行的全过程可以划分为停放、转移、作业、转场 4 个主要的工作状态。利用农机车载定位终端信息上报的农机经度、纬度、高程、速度、方向、时间和可用卫星数等信息，可实时监控和判断农机的各个状态，实现计算机信息自动提取，实现农机管理的自动监控、作业统计和路网更新。

（4）农机移动监控与中心导航子系统。车载终端定时将位置上报服务器，移动监控终端采用定时器以一定的时间间隔获取农机最新位置，局部刷

新地图区域，将农机的位置实时地显示在地图上，并根据农机的速度推测它的作业状态，以不同颜色的图标显示。管理人员可以实时、直观地了解农机的位置与状态。移动指挥人员根据作业任务的需要，在地图上选择确定所辖农机作业的目的地，下发到车载导航通信终端中。车载终端获得中心导航指令短信后，提取目的地经纬度，在终端上生成并显示最优路径，进而以语音导航的方式引导农机手前往目的地。

第 6 章

"北斗+物联网"与行业变革

6.1　市政管网行业应用

6.1.1　概述

在智慧城市管理领域，水、电、气、热等关系民生的市政管网城市生命线基础保障服务，对于精准位置的需求非常迫切。随着城市范围扩张，城市管道长度不断延伸，覆盖区域越来越大，加上城市环境复杂多变等诸多因素造成安全隐患数量多、分布广、不易发现和处理，这给城市生命线相关企业的运营管理带来了很大的挑战，往往需要投入众多的人力、物力去维持运行。随着北斗系统的不断完善，北斗精准位置服务使越来越多的城市生命线管理企业从使用传统的管理方式发展到使用更智慧化的综合管理，通过将北斗精准位置服务深度结合日常业务应用，可改善运营管理面临的诸多难点。

近年来，各类市政管网管理中事故频发，多起重大安全事故造成了极为恶劣的影响，严重损害了国家和人民群众的财产和生命安全，急需从规划建设、运营维护等多个方面展开更精细化的管理，北斗精准服务的应用迫在眉睫。由中国卫星导航定位协会推动建设的"国家北斗精准服务网"已经覆盖了全国 400 余城市，为燃气、排水、供热、电力等行业提供应用服务。目前，北京讯腾智慧科技股份有限公司在建设运营"国家北斗精准服务网"的基础上，尤其是针对市政管网行业，更是从施工建设开始提供了管网全生命周期的北斗精准服务，重点针对城市燃气行业开展了应用。

6.1.2 应用方案

随着中国经济的快速发展，与广大城市民众生命财产安全息息相关的地下管网行业越来越受到全社会的重视。其中，燃气管网由于其在安全领域的特殊属性而受到了格外的关注；与此同时，全国各大连锁及单体燃气公司原有的地下管网数据很难匹配更高精准度的管网应用需求。

1. 燃气管网施工管理

国家北斗精准服务网在燃气领域的应用正是通过简单、易用的智能精准定位终端，让燃气应用的各个环节都可以获取精准的时空信息，从而不断完善和修正地下管网数据。而在各个环节之中，管网施工作为管网数据获取的源头和初始化阶段，对其施工精准数据的采集和管理就显得尤为重要。

通过将北斗精准位置服务引入管网施工流程中，可以在施工测量、工程放样、埋设位置、焊口定位、属性回传及管网复测等环节随时采集和应用厘米级精准位置信息，再通过智能终端和定制 App 的开发，后台 GIS 及各个应用系统可以实时、准确获取现场施工的第一手信息和材料，保障管网施工的高效开展和精准数据的有效采集。图 6.1 为管网施工服务平台。

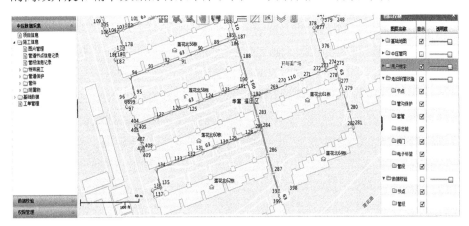

图 6.1 管网施工服务平台

2. 燃气管线寻件

长期以来，燃气公司在进行地下管线的改线、抢修等开挖作业过程中，如何快速、准确地确定地下管线、管件和焊口等关键部件的位置成为现场作业的重大难题，一方面是因为原有的地下管网数据准确性和可靠性不足，另一方面也与缺乏现场定位、寻件手段有着直接关系。

在管网 GIS 信息准确性得到保障的前提下,国家北斗精准服务网提供的厘米级精准寻件服务将人员位置与部件位置实时比对并提供导航,并在进入部件上方一米范围内进行鸣音提示,使燃气公司在现场作业的寻件时间大为缩短,节约了大量人员和工程成本,提升了现场作业的效率与管理决策的有效性。

3．燃气管线巡检

燃气管线巡检是指燃气管道管理部门对其所管辖范围内的燃气管道进行的定期巡视、检查,以保证燃气输送的安全,防止偷气、漏气的现象发生。目前,很多燃气公司虽然已使用了各种信息管理系统,但由于燃气管线巡检的特殊性,需要实地操作,因此燃气管线巡检的信息化管理几乎是个空白。一般来说,燃气管线巡检具有工作面积大、线路长、环境复杂等特点,对燃气管线巡检工作的监管提出越来越高的要求。

长期以来,燃气管线巡检采取手工记录或电子信息标签(按钮)的方式进行,并不能达到实时监管、汇总分析的效用保障要求;国家北斗精准服务网应用于燃气行业后,利用北斗精准位置服务结合各类管线巡检业务流程,使巡检人员监控能够实时与管线位置后台比对、巡线到位率精确分析,并将现场事件实时采集拍照回传,实现了高效、精准可量化的巡检业务模式。

4．燃气泄漏检测

城市燃气管线分布于城市的地下,一旦泄漏会造成巨大的经济损失及人身伤害,及时发现并迅速准确定位泄漏点的位置成为燃气泄漏检测面临的首要任务。传统的泄漏检测作业主要通过手持入户检测、道路便携巡检和车辆激光检测等手段测定附近的可燃气体浓度信息,从而判定泄漏隐患情况,数据属性较为单一,无法进行长期数据积累后的定量模型分析,不能够精确地反映管网整体的泄漏情况。

应用国家北斗精准服务网对燃气管理以来,对泄漏检测、监测设备装置进行改造,把北斗精准位置服务融入管网泄漏检测业务中,实现了检测数据与亚米级、厘米级精准位置的自动匹配,极大程度上缩小了检测盲区,增加了对日常微小隐患的发现概率,避免了次生灾害,提高了管网运营的精细化和数字化管理水平;同时,北斗精准位置服务"激活"了燃气泄漏检测历史数据,通过数据融合,经过智能分析计算,可对管网实现安全监测在时间范围和空间范围上的整体安全状态评估,为及时发现管网隐患提供了智能化技术

支撑。图 6.2 所示为燃气精准泄漏检测。

图 6.2　燃气精准泄漏检测

5．燃气防腐层探测

埋地管道是管道组成的重要部分，由于埋地铺设、地理环境复杂多变，不适合运用常规方法进行检验，随着时间的推移，在施工、土壤腐蚀、地面沉降等因素影响下，管道的防腐层会发生老化发脆剥离脱落，造成管道的腐蚀穿孔，从而引起泄漏，管道防腐管理是各个燃气公司运营管理的重要内容。

国家北斗精准服务网提供的北斗精准位置服务与原有的管线探测仪、探地雷达等防腐层检测手段相融合，一方面可以让现场作业人员根据 GIS 的精准位置信息快速确定管线阀门及阴极桩等基础设施的准确位置；另一方面可以在防腐层检测的同时记录巡检精确位置，并通过现场或后台进行自动匹配，使得每一个防腐异常点都伴随着精准位置信息，为开挖检修及排查提供了坚实准确的数据支撑。

6．燃气应急救援快速布署

城市燃气管道输送的天然气主要成分是甲烷。可燃性混合物能够发生爆炸的最低浓度和最高浓度，分别称为爆炸下限和爆炸上限。当混合气体中甲烷的含量超过阈值时，就要组织人员撤离。

应急救援快速布署系统就是专门用于危险化学品应急事故现场快速处

置手段，为应急事故的决策者和救援人员提供了多种化学危险和人员危险的监测工具，提供全方位的危险气体和化学物质的浓度分布，发布控制信息、气象信息和救援人员生命体征数据信息。

燃气应急救援快速布署系统结合北斗精准位置服务，在燃气泄漏应急现场快速部署相应防爆系统，为指挥中心及现场操作人员提供精准位置的第一手现场数据信息，实现对应急现场各个监测点泄漏浓度的实时监测，从而建立一套完整的区域监测体系，保障应急现场人员安全和作业安全。当监测点泄漏浓度超限时，复合式气体检测仪能够及时有效地进行声光报警，有力地保障应急现场人员安全和作业安全。图 6.3 所示为燃气应急救援快速部署现场。

图 6.3　燃气应急救援快速部署现场

6.2　养老关爱行业应用

6.2.1　概述

中国老龄化程度目前已经很高。"未富先老"现象意味着社会能提供的资源非常有限，各方面的准备也不够。人口老龄化快速发展，正在对中国的经济、社会乃至个人、家庭带来巨大而深刻的影响。

国内传统的养老模式无外乎家庭养老和机构养老两大类。中国老人入住养老机构的比例约为 1%，由于传统文化形成的家庭观念，绝大多数老人在选择养老方式中对家庭养老情有独钟。老人在家中养老，既方便子女尽赡养义务，也有利于老年人享受天伦之乐。但是家庭的小型化趋势造成了家庭养老功能的不足，所以必须有社会化的服务提供支持。

中国正在建设以居家养老为基础、社区为依托、养老机构为支撑、资金保障与服务保障相匹配、基本服务与选择性服务相结合的养老社会服务体系，将基本实现人人享有养老服务。在积极推进居家养老服务工作方面，鼓励社会团体和企业从事居家养老服务。以位置服务（LBS）、互联网、物联网为依托，集合运用现代通信与信息、计算机网络等智能控制技术提供养老服务的平台，建立起"没有围墙的养老院"，为老年人提供安全便捷健康舒适服务的现代养老模式。

《国家社会养老服务体系建设规划（2011—2015 年）》明确，"加强社会养老服务体系建设，是扩大消费和促进就业的有效途径"。庞大的老年人群体对照料和护理的需求，有利于养老服务消费市场的形成。据推算，中国老年人护理服务和生活照料的潜在市场规模超过 4500 亿元，养老服务行业潜在就业岗位需求超过 500 万个。

6.2.2　关键技术

基于北斗卫星定位系统、无线通信技术、家庭物联网技术、RFID 技术，采用北斗兼容型模块，结合老人对亲情服务、紧急救助、健康检测、居家养老服务等多方面的需求，可以把养老运营机构、养老服务商、救援机构、医疗机构等整合在一起，为老人打造一套现代养老整体服务解决方案，由智能位置服务平台和北斗兼容型个人位置终端两部分组成。

具有空间位置云服务及空间决策系统的现代养老智能位置服务平台，提供服务所需的所有模块，包括地理信息服务、终端管理、用户管理、社区服务管理、呼叫中心、医疗专家系统等。本地化的养老服务机构整合当地的养老和社区服务资源，提供可视化图像操作界面，使用此平台为老人提供紧急救助服务、健康参数检测及统计分析、居家养老服务与社区服务。老人的家人通过此平台随时了解老人的位置信息、身体状况，并可进行防护圈设置和语音提醒等亲情关爱服务。用户终端为老人提供一键通话、一键紧急求助、语音提醒和健康参数无线采集。目前北京长虹佳华智能系统有限公司所开发的"关护通"养老服务平台与基于北斗的用户终端已经和中国联通进行合作推广，覆盖了全国二十余省市自治区，为数十万老人提供了养老、健康和社区服务。

1. 智能位置服务平台

智能位置服务平台核心系统由应用服务、终端接入服务和数据存储系统组成。同时通过内容及服务标准接入接口层与地图服务、内容服务等系统相连接。系统总体架构主要分为三层：接入层、业务层、接口层。图 6.4 为服务平台系统框架图。

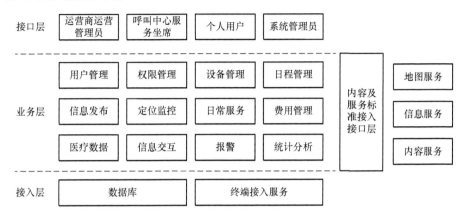

图 6.4 服务平台系统框架图

通过三层系统架构设计，可以有效支持业务功能增加所引入的变化，并且有效隔离某一个层次的变化、减轻某个层次变化而引发其他层次应做的修改，减轻不同层次之间的耦合度。通过支持系统进行扩展，如通过支持终端协议的多个版本，可以支持不同终端。

服务平台的应用服务由信息交互、信息发布、定位监控、日程管理、费用管理、统计分析、用户管理、权限管理、设备管理等业务模块组成，根据业务需求通过 B/S 模式分别向运营服务商的运营管理员、呼叫中心服务坐席、个人用户、系统管理员等角色提供服务。

2．北斗兼容型个人位置终端

北斗兼容型个人位置终端采用模块化硬件设计，通过 MCU 对任务进行调度处理，采用支持北斗/GPS/GLONASS 的定位模块，保证不同系统的可用卫星均可参与联合定位。内置 3D 运动传感器可以检测终端持有者的运动量、跌倒检测、姿势检测等，当老人跌倒时能够及时发出报警信息。底座中内嵌无线传输模块，通过串口与终端连接，组成无线医疗网关，负责采集无线医疗设备的数据，并通过无线通信传输到服务平台。服务平台可以与社区医院等医疗机构对接，将老人的健康状态及时反馈给医生。如果有紧急情况，可以非常及时地进行处理。图 6.5 所示为个人终端结构图。

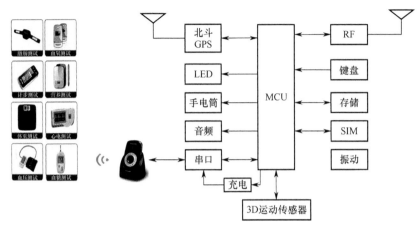

图 6.5　个人终端结构图

6.3　儿童关爱行业应用

6.3.1　概述

儿童认知能力差，容易走失；出现拐卖儿童情况，监护人防不胜防；遇到危险没有办法及时告知家长；儿童贪玩、调皮，监护人没有时间时刻注意儿童，这些是儿童出现走失等安全问题的主要因素。扩大儿童保护范围符合国际社会对儿童问题认识基本统一的发展趋势。据统计，每年中国中小学生非正常死亡人数达到 1.6 万人，相当于平均每天就有一个班的学生消失。安全教育是个沉重的话题，国家和社会各层非常重视，采取了不同方式的安全管理、安全教育，并将每年 3 月的最后一个星期定为全国"安全教育日"。孩子失去了安全，家长就失去了一切。抽样调查表明，95%的学生家长对孩子的关心排序，第一就是安全，第二是健康，第三才是成绩。

对于儿童安全的界定应是使儿童在人身、精神和网络等社会生活各方面都免于侵害，并得到特殊保护。当前中国儿童安全的现状不容乐观，主要表现为因意外伤害造成儿童死亡率高、校园生活中的受伤时常发生、家庭暴力的存在等。中国儿童安全问题原因主要有受传统社会对儿童安全观理解不全面的影响、独生子女教育的误区、对生命与权利教育的忽视、对网络及其由此带来的安全问题缺乏准备等。儿童安全是一项系统工程，在建立新的儿童安全观、进一步加强生命教育、强化学校管理制度建设、确立新的家庭教育观念、学习借鉴发达国家经验等方面提升的同时，也应通过互联网、物联网等多种创新型科学技术手段来加强对儿童安全的保护。

儿童位置信息的采集是实现儿童安全防护的基础，也是真正实现儿童关爱的关键。北斗卫星导航系统除军事用途之外，对经济建设和加快人类工作和生活的智能化进程，同样具有重要意义和作用。北斗系统创新融合了导航与通信能力，具有"实时导航、快速定位、精确授时、位置报告和短报文通信服务"等功能。儿童的服务范围及活动轨迹与精准时间和位置密切相关，北斗系统对加快推动儿童安全事业的主动性和针对性具有重要作用。

6.3.2 应用方案

基于北斗卫星导航系统、无线通信技术、家庭物联网技术、RFID 技术，结合家长对孩子精准位置、紧急救助、安全警示和服务指挥调度等多方面的需求，把幼儿园、小学、救援机构、医疗机构等整合在一起，以服务网络和呼叫中心为主要实现形式，向儿童及家长提供全方位安全防护服务，可实现儿童、家长、本地化儿童运营机构整合的整体儿童关爱解决方案。基于北斗的儿童关爱应用系统的建设目标是建设一个以可靠性、安全性、可扩展性、可管理性、先进性、实用性为原则的能满足儿童监测数据的采集、传输、存储、分析、处理的系统。儿童关爱服务平台总体架构如图 6.6 所示。

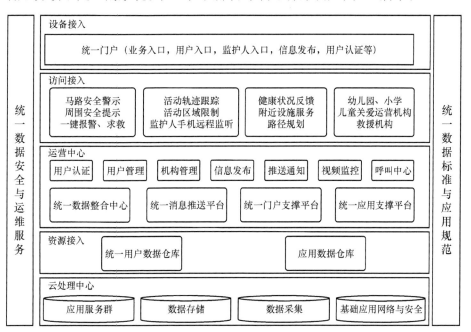

图 6.6 儿童关爱服务平台总体架构

北斗系统作为完全自主知识产权的卫星定位系统及特有的技术优势，在信息安全、运行可靠性方面有着不可替代的优势，可以有效保障个人信息的采集、处理和传输过程中的安全性，因此采集北斗卫星定位来实现定位需求是必然选择。儿童关爱服务平台主要功能分为五大部分：资源接入、云处理中心、运营中心、访问接入、设备接入。

资源接入的基础定位数据包含统一用户数据和仓库应用数据，儿童携带的定位终端接收北斗信号，并向平台发送相关的位置和时间信息，平台连续跟踪儿童的活动轨迹。第三方资源接入，包括地图提供商、内容提供商和服务提供商等。

云处理中心采取"云+端"系统建设模式，构建集成儿童关爱应用平台。"云"即统一的私有云平台，包含基础设施服务（IaaS）、平台服务（PaaS）及软件服务（SaaS），充分满足系统定位基础设施服务及软件应用服务需求。"端"即应用端，每个儿童和家长都是私有云平台的应用端，对采集到的数据和事件信息进行存储和加工处理，利用信息化相关技术，通过监测、分析以及智能响应的方式，综合第三方资源，进行整合优化提供服务。

运营中心运营服务的运营管理、服务管理、人员管理、呼叫中心、计费管理，可实现工作流程进度的可视化监控、信息查询与监控、历史数据分析、相关专家协同分析等。

访问接入将物联网、通信技术融入监护儿童的各个环节当中，实现生活、娱乐、安全为一体，为儿童监护人、幼儿园、小学、儿童关爱运营机构及政府部门提供通过多种平台访问手段（计算机、手机等）获得信息。

设备接入负责个人位置终端的接入和鉴权，采集终端位置信息，报警信息数据，以及平台与终端之间的指令发送。可根据用户终端对设备进行选择是否接入，系统将根据用户终端的选择进行匹配对应服务。

6.3.3　应用功能

综合儿童生活中的具体需求，利用北斗系统的定位功能，可在儿童位置、安全警示、附近设施、一键求助、服务指挥调度等领域提供服务。

1. 儿童位置服务

儿童携带的定位终端设备可以通过国家北斗精准服务网提供的精准服务信息，全方位地为监护人提供高精度连续空间坐标数据，实现全天候跟踪监控儿童功能，并通过无线通信通道将获取的位置信息定时传输至位置服务平台。儿童的监护人可通过计算机或使用智能手机 App 访问智能位置服务平台，随时了解儿童的位置信息，并进行位置监控、防护圈报警等亲情关爱服务。当儿童长时间位置没有变化或变化异常，儿童应用平台会自动发送报警和位置信息并拨打电话，通知家人和相关服务人员。当儿童离开设置的防护区域时，家人会收到报警和位置短信，此功能对防止儿童走失尤其重要，能及时帮助家长找到走失的儿童，避免悲剧的发生。

2．安全警示服务

基于北斗的儿童关爱应用的优势是实时定位，时刻了解儿童位置，设置儿童活动区域半径、儿童出入围栏等。终端可以全天候记录儿童移动轨迹，了解儿童活动区域；当儿童周围有车辆时发出提示音，过马路时会依照交通规则给予提示。

3．附近设施服务

根据儿童定位位置，确定儿童所在区域有哪些最快捷的服务提供商，如学校、图书馆、游乐场所、饭店、宾馆救援机构和医疗机构等，并为其规划路径，可根据要求进行智能导航，更明确更清晰地引导儿童到达目的地。

4．一键求助服务

以往当儿童遇到危险时，需家长或热心群众报警后，警方才能接收到信息，还需具体调查和询问案发时间及具体地址。人们往往很难说清具体位置，因而会耽误宝贵的救援时间。而采用北斗定位系统的服务终端，在儿童遇到危险时，通过触发 SOS 按键，报警信息迅速发送到监护人手机，并进行远程监听儿童周围声音环境，便于走失后及时寻找。在儿童需要帮助时，按下终端上的服务按键，即可拨打儿童运营机构的服务电话，呼叫中心座席人员，运营机构将安排对应服务人员或志愿者给予帮助。

5．服务指挥调度服务

儿童需要任何服务时，可按下终端上的服务按键拨打儿童运营机构的电话。呼叫中心座席人员在接到儿童电话同时，会在智能位置服务平台上看到儿童当前的位置，座席人员可以根据儿童的需求，在位置服务平台上由近及远搜索服务商。由儿童或监护人选择后，接指定服务下单，服务商实施确认，安排服务人员提供上门的相应服务。服务人员完成服务后，可根据具体的北斗定位和无线通信的接收终端，通知儿童关爱运营机构。儿童关爱运营机构座席人员

通过智能服务平台对服务的全过程进行可视化监控，可以看到服务人员何时出发，何时到达，何时完成任务。如果服务商家或人员未能及时响应任务，座席人员可重新选择服务商和服务人员，保证儿童及时享受优质的服务。

6.4 城市精细化管理

6.4.1 概述

自 2004 年开始，北京市东城区通过运用现代信息技术，结合 3S（GNSS、GIS、RS）技术，优化管理流程，探索"网格化城市管理模式"，搭建数字化城市管理平台，明显提高了城市管理效率和政府管理水平，很好地解决了城市运行中的多发问题，取得了明显成效。新模式采用"万米单元网格管理法"和"城市部件事件管理法"，实现了管理区域的精细化与管理责任的精细化；并创建了监管分离的管理体系，使各类城市管理问题得以高效解决。在信息采集方面，创新地研发出"城管通"系统，一改过去传统的手工记录、电话上报的模式，实现了信息实时传递，提高了问题发现的效率。

网格化城市管理模式为城市管理领域带来了巨大的变革，无形中推动了整个城市管理行业的发展，其作用已经在北京市东城区、杭州、常州、成都、石家庄等多个城市得到了充分的体现。目前全国在两百多个城市的实践中，网格化管理模式被证明在其他领域也能够发挥极大的作用。东城区建国门街道借鉴网格化管理模式的理念，结合社会管理创新工作的具体要求，整合基础地形数据、卫星遥感数据、城市三维数据、城市实景影像数据等多项地理信息数据，搭建了全国首创的网格化社会管理服务平台，实现了网格化管理模式从城市管理向社会管理服务领域的拓展。鄂尔多斯市东胜区、昌吉市等积极探索网格化管理模式对地下管线及设施的管理，实现地上地下一体化的监管。宁波市将视频智能分析、管理资源定位及智能调度等先进技术手段引入数字化城市管理中，实现"数字化城市管理"到"智慧城市综合管理"的转变。网格化城市管理在全国范围内全面推广，推动了整个城市综合管理行业的发展，引领了行业一个新的方向。

城市管理部门一直以来都在努力通过各种信息技术手段提升城市管理与服务水平，但由于职能划分等体制上的限制，城市管理信息化建设往往陷于自发零散、各自为战的局面，其实施效果因而也相对有限，在加快城市产业转型、提升城市综合竞争力、实现城市可持续发展、推进政府服务升级等方面，往往显得捉襟见肘，难以满足城市迅猛扩张所带来的运营与服务的需求。

城市化进程的持续深入，给城市发展带来了少有的机遇，同时也给城市的规划与管理、社会的稳定与安全、城市的可持续发展等方面带来了严峻的挑战。民生问题亟须解决，城市运营与服务水平亟待提高。在城市管理各类问题日益突出的情况下，不但要积极推广数字化城市管理信息系统的建设，更要利用新技术、新理念、新思路，深化城市管理平台的研究，将卫星遥感、卫星导航、物联网、云计算等新一代信息技术融入智慧城市的建设中，实现一个集信息获取、信息处理、全过程监控督办、分析决策、视频监控、应急联动、联合指挥调度等多位一体的智慧化、全覆盖、全流程的综合性城市管理平台，并基于此平台实现城市各类资源的高度共享，各业务单元的协同联动、快速反应和精确管理，全局统筹指挥、全过程监督考核，面向行动、支撑一线，以人为本、强化服务。

6.4.2　应用方案

智慧城管立足于建立智慧化的城市管理新模式，采用多种新兴的技术手段，实现城市管理对象、城市管理主体的精细化和智能化。在城市管理对象上，利用部件事件划分法、物联网技术等进行数字化、智能化标识与管理；在城市管理主体上，利用手持、车载等终端设备实现人员及各类管理资源的数字化与智能化标识与管理；在管理流程上，利用物联网、视频智能分析等一些列智能化手段，以提升管理效率，降低人员消耗。综上所述，根据城市管理监管的需要，智慧城管对位置服务能力、空间基础数据获取和更新能力、专业管理数据获取和更新能力的需求强烈。因此，基于北斗导航和遥感数据的卫星技术被认为能够在智慧城管中得到很好的应用。

在智慧城管的应用主要包括以下内容。

（1）利用基于北斗兼容系统的城管精细化实景信息采集处理系统进行智慧城管监管范围内的实景三维数据采集和部件数据建库。

（2）利用网格化城市管理卫星技术综合应用服务平台中的智能位置服务平台及其终端设备，根据智慧城管需求，用户终端能够提供路面巡查、监督考评、现场执法与执法任务处理及数据分析和监察督办等功能。

（3）利用城管特种车辆监管系统对城市管理相关的环卫车辆、执法车辆和渣土运输车辆实施智能管控。

（4）利用基于高分辨率遥感与定位实景数据融合技术的城管业务动态监

管系统，在城市户外广告、违法建设、行业监管、工地渣土、河道监管、灾后分析等重点管理领域开展示范应用。

网格化城市管理卫星技术综合应用服务平台分为基础层、数据层、平台层、应用层及用户层。

基础层中包括满足网格化城市管理平台正常运行所需的网络环境、软硬件配套设施、场地、安全体系、规范制度等内容。

数据层包括基础地形数据、卫星导航定位数据、卫星遥感影像数据、城管部件事件及网格划分数据、地理编码数据、实景影像数据及城管业务数据。

平台层包括城市管理智能位置服务平台、网格化城市管理基础应用平台、城市管理卫星综合技术应用服务平台及实景信息采集处理平台4个核心平台，为应用层各功能模块提供支撑服务。

应用层包括信息采集处理、专业数据更新、特种车辆管理、实景影像管理、数据统计分析、业务动态监管、城管智能位置服务等内容。

用户层是直接面向用户的功能系统，包括城管、政府、监督、指挥、处理等基于卫星导航与位置服务的系统，以及对环卫车辆、渣土车辆、执法车辆等城管特种车辆的监管系统。

图6.7是网格化城市管理卫星技术综合应用服务平台总体架构。

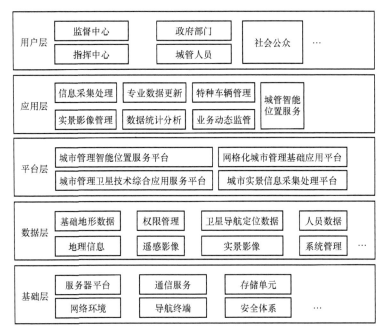

图6.7　网格化城市管理卫星技术综合应用服务平台总体架构

6.5　工程机械数字化施工

6.5.1　概述

近年来，中国工程机械产业发展迅猛，据中国工程机械工业协会统计，截至 2016 年年底，中国工程机械主要产品保有量为 672 万～728 万台，并且伴随着城市建设的大规模机械化普及，国内工程机械车辆仍以较快的速度在增长。大多数工程机械的作业环境除了工厂、车间，更多的是河流、山林等复杂、恶劣且多变的环境，同时随着工程质量要求的不断提升，传统工程机械运行作业方式已经难以满足现代化工程作业高标准、高质量的需求，亟须通过结合外部资源促使工程机械的发展达到新的高度。

21 世纪的新经济时代是智能化的时代，智能化技术逐渐被运用到社会发展的各个领域。工程机械影响着人们生活的各行各业，为人们的生存提供了必要的物质条件。随着社会的进步，人们越来越重视工程机械的发展进程，智能化在工程机械中的运用也随之成为一个具有研究价值的科学问题。

近年来，与工程机械技术相关的产品市场被美国、俄罗斯等发达国家垄断，使得工程机械技术在其国家发展的各个领域都做出了卓越的贡献，以美国和俄罗斯的工程机械产品为例。美国的卡特 992c 装载机作为美国卡特家族早期的产品之一，以其顽强的生命力现在仍服役于世界各国的煤矿产业，究其原因主要有亮点：①该装载机内装有无线遥控系统，可以通过远程人工操作实现其在危险区域内的作业；②具有加固支撑的驾驶室和护顶，给操作人员的安全带来了保障。俄罗斯的无人矿山自卸车的最大亮点是无人驾驶和作业过程的精准度，该自卸车可以深入近千米的坑道进行精确作业，提高了工程机械的作业效率。

中国在工程机械智能化技术方面的研究始于 20 世纪末，正值国家启动"863"计划，研究主要从工程机械机器人化、挖掘机智能化、推土机智能化和自动牵引车技术 4 个方面开展。国内工程机械智能化控制系统的发展主要经历了引进并学习国外先进技术、二次开发核心技术、模仿开发和独立研发 4 个阶段。2010 年前后，国内科研单位开始自主设计并研发工程机械控制策略，主要采用基于模型的开发模式进行相关的工程机械控制系统的系统化研发，同时在国内投入生产，设备智能化得到进一步提升。目前，中国的工程机械智能化已经进入高速发展阶段。基于北斗卫星导航系统提供的精准时空

服务，解决机械作业实际应用中的各种难题，形成技术体系架构，可以为中国工程机械从传统的产业升级转型为与电子信息相结合的现代化产业，并在世界市场中打造核心竞争力提供必要的借鉴意义。

6.5.2 应用方案

卫星导航定位系统在工程机械领域的应用，综合了北斗卫星定位技术、通信技术、物联网、云计算技术等多项前沿技术于一体，高度集成辅助施工作业，为施工企业提供信息化管理和远程管理。图 6.8 所示为基于北斗精准定位的工程机械精准施工作业的引导管理系统应用整体框架。

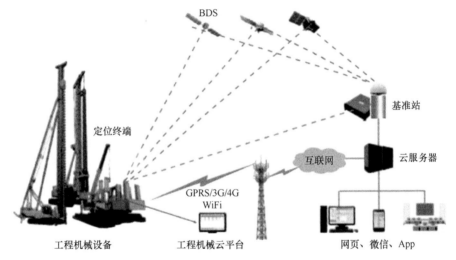

图 6.8　基于北斗精准定位的工程机械精准施工作业的引导管理系统应用整体框架

1. 基于北斗精准定位的工程机械精准施工作业的引导管理系统软件系统

基于北斗精准定位的工程机械精准施工作业的引导管理系统软件系统如图 6.9 所示。基于北斗精准定位的工程机械精准施工作业引导管理系统，以嵌入式微处理器的智能机载监控器为核心，采用扩展 GSM/GPRS/CDMA/4G 无线通信模块和北斗卫星定位技术，以及各种数据采集、智能化电子监测、实时控制、地理信息系统、信息安全等技术手段，通过可互联互通的信息服务管理中心及满足个性信息化要求的机载终端，根据工地实际情况，采用高精度一体双天线模式来接收基站的差分改正数据，确定并解算前后天线坐标与姿态，结合布设在关键位置的传感器和工程机械内部算法模型，精确计算其工作部位的三维坐标值。车载控制器可读取三维电子图纸数据，并与定位值进行比对计算，从而实时给予操作手及时的指导，控制和测量精度能达到厘米级，提高了工作工作效率，并减少了测量所带来的时间消耗及误差。同时可以为用户提供创建施工任务、作业管理、施工进度监控、作业成果统计、自动生成施工记录表和竣工图等在内的完整在线云服务，为工程机械智能化作业提供了便捷高效的项目级数据云平台，可随时随地掌握工程的质量与进度，缩短施工工期，降低施工成本，大大提升工作效率。

基于北斗精准定位的工程机械精准施工作业的引导管理系统，是工程机械厂商自属的物联网基础平台，其组建数据交换中心、制定统一标准的通信协议，可兼容不同厂家终端产品。数据实时收集存储在工程机械厂商本地服务器，兼容已有系统平台，保留历史数据，支持已有 GPS 平台数据的平滑迁移，支持从终端上传的数据进行数据挖掘。通过数据清洗、挖掘可实现对位置数据（场地变化、区域分布）、工作量数据（工时、油耗）、工况数据（产品相关参数）进行收集、统计、分析，并形成报表进行展示，进而实现智能搜索。可基于车载终端进行远程控制，并支持与工程机械厂商 DMS、ERP 和 CMR 等信息系统对接，提供其他卫星车辆定位系统接入接口，实现数据共享。

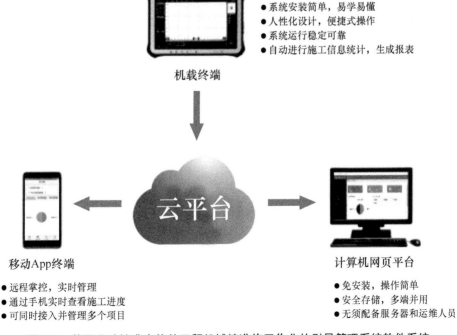

图 6.9　基于北斗精准定位的工程机械精准施工作业的引导管理系统软件系统

2. 基于北斗精准定位的工程机械精准施工作业的引导管理系统硬件系统

基于北斗精准定位的工程机械精准施工作业的引导硬件终端包括北斗基准站、北斗高精度接收机、多模多频天线、工业级平板电脑及相关传感器。

北斗高精度接收机具备定向定位功能，基于惯性导航技术，内置高精度卫星定位模块，采用双天线设计，大大提高了空间利用率。结合陀螺仪、加速计等传感器，装于工程车辆上，通过融合算法，准确输出工程车辆的位置、航向角、度仰角、横滚角等姿态信息。在净空条件恶劣、GNSS 信号受到遮挡时，可以由惯性导航模块继续推出准确的位置信息。

多模多频天线采用多馈点设计方案，实现相位中心与几何中心的重合，将天线对测量误差的影响降到最小。该天线单元增益高，方向图波束宽，确保低仰角信号的技术效果，在一些遮挡较严重的场合仍能正常工作。该天线带有抗多路径扼流板，可有效降低多路径效应对测量精度的影响，同时采用分体式设计，防水、防紫外线，可在恶劣环境下正常工作。

工业级平板电脑采用坚固的全铝质结构，寿命长、可靠性高，响应快速、时间无拖尾、无抖动，视角超宽，可在大角度观看清晰画面，同时集成电阻式触摸屏，其面板可以达到 IP66 防水防尘等级。

6.5.3 应用功能

基于北斗精准定位的工程机械精准施工作业引导管理系统将倾斜、深度、激光等单一功能传感器的信号处理元件及电路，借助微电子和微细加工技术，集成在一个系统中，达到缩小传感器体积、提高可靠性、增强抗干扰能力的目的。该系统采用开放式 API 架构，采用面向对象、面向接口及领域驱动设计的方式进行系统抽象和设计，以基于 Java 构建的自有软件平台进行系统设计与开发，预留标准的扩展接口，支持系统后续扩展。系统部署完毕后，不仅可实现对各类机械产品的功能支持，还可面向各类用户提供不同的服务，面向车主提供车辆增值服务、面向车场领导提供数据分析服务、面向售后人员提供车辆维保流程管理等。

基于北斗精准定位的工程机械精准施工作业引导管理系统支持多种类型工程机械设备，包括打桩机、挖掘机、推土机、平地机、压路机、摊铺机等，可构建高效、精准、智能的辅助施工模块，实现工地信息化辅助施工作业的引导与管理。

工程机械装备制造业是一个国家科技水平的重要体现，是为国民经济建设提供技术装备的战略产业，是世界各国发展经济、提高国家综合竞争力的重要途径。但长期以来工程机械安全作业形势十分严峻，工程机械产品由于其系统组成复杂，工作环境恶劣，通常要求高负荷、长时间运行，机毁人亡重大事故时有发生，严重影响了建设项目的进度、效益及人民财产安全。卫星精准定位在工程机械精准施工作业引导管理中的应用，通过充分发挥北斗精准定位服务的核心技术优势，解决了工程施工现场安全监管的技术难题，现场一线管理的无序、返工、进度延迟被大幅减少，为工程现场一线建设带来的人力、物力及时间成本节约预计有 5%～10%的提升空间，有效满足了工程建设高效率、精细化管理需求，有效提高了工程施工的精准性和安全性，为提高中国工程机械装备制造业的自主创新能力及核心竞争能力提供有效参考，推动工程现场施工方式由依赖人工主观判断向依据客观数据决策转变，是工程机械设备智能化运行管理的重要组成部分。

6.6 水务领域应用

6.6.1 概述

水是人类生活的源泉，然而随着城市的发展，水污染问题也越来越严重，水资源监管和治理成为城市发展的一大困扰，水质监控不及时、水灾预警不及时更是直接关系民生问题。水务管理除了水资源本身，还包括水资源开发利用和保护过程的不同环节，如防洪排涝、供水、用水、排水、节水、污水处理、再生水利用、水环境保护和水生态建设等多个方面。随着水务运营企业规模的日渐增大，企业如何提高业务管理水平，有效降低运营成本，政府部门如何对市场化运营的水厂进行有效监管，都是亟待解决的难题。就水务运营企业而言，要管理的水厂数量逐年增多，并且分布在全国各地，企业需要实现对所辖水厂的实时运营管理。就政府监管体系而言，监管者并不直接介入运营企业的生产管理，但又必须监管到位，以保证水资源这一公共产品的质量。如果仅仅依靠有限的人力、物力资源，对多家运营企业的生产状况进行动态和全方位监控，是非常困难的事情。因此，充分运用现代科学

技术发展成果和信息化手段，是促进和带动水务现代化、提升水务行业社会管理和公共服务能力、保障水务可持续发展的必然选择。

在"智慧水务"理念的引导下，水务集团的管理也逐渐发生了变革，它们基于卫星定位技术，结合数据采集、传输等传感设备在线检测水务系统的运行状态，并采用可视化的方式有机整合水务管理部门设施，形成"水务物联网"。水务集团通过水务数字化管理平台将海量数据进行及时分析与处理，即在各水厂、泵站安装数据采集前置机或数据采集 DSP 模块，将自控系统中的生产运行数据通过有线/无线网络实时传输到水务集团总部，进行集中存储和应用。通过对各类关键数据的实时监视和智能分析，再提供分类、分级预警，且利用短信、光、警报声等通知相关负责人，同时给予相应的处理结果辅助决策建议，以更加精细和动态的方式管理水务运营系统的整个生产、管理和服务流程，使之更加数字化、智能化、规范化，从而达到"智慧"的状态。

6.6.2　应用方案

充分利用物联网、北斗卫星导航定位、遥感、雷达遥测、视频监控与信息感知等技术方法，形成对水安全、水资源、水生态、水环境四位一体的立体监测网络，建设成布局合理、结构完备、功能齐全、高度共享的空天地一体化水务基础信息采集与传输系统，全面提高流域防洪排涝管理、水资源调度与水环境改善的监控抓手能力。智慧水务系统总体框架如图 6.10 所示。该框架分为 3 层：物联感知层、数据中心层和业务应用层。

充分结合业务流程，以水务信息化的统一运作为前提和基础，建立一体化的管理系统应用平台。采取"云+端"系统建设模式，构建集成智慧水务应用平台，适应管理创新和信息系统的持续优化。"云"即统一的私有云平台，包含基础设施服务（IaaS）、平台服务（PaaS）及软件服务（SaaS），充分满足水务集团及下属单位基础设施服务及软件应用服务需求。"端"即应用端，水务集团及下属各单位都是私有云平台的应用端，私有云平台统一为应用端提供服务。智慧水务系统综合展示管网安全一张图、管网漏损一张图、用户服务一张图、污水等多种专题图，并基于集成的各类数据实现管网运行监测、DMA 分析、水力模型、应急调度、客户服务、二次供水等辅助综合运营分析决策。该系统集成具有国际前沿水平的实时调度技术，实现实时的模型分析和调度决策支持，从而帮助自来水公司构建先进的城市供水综合监控、预警、决策和指挥平台。基于数据中心平台构建，打通企业生产型数据的壁垒，全面整合企业各种实时生产信息；基于 GIS 的地图展现模块，实现数据整合，构建深度整合的动态信息应用平台。

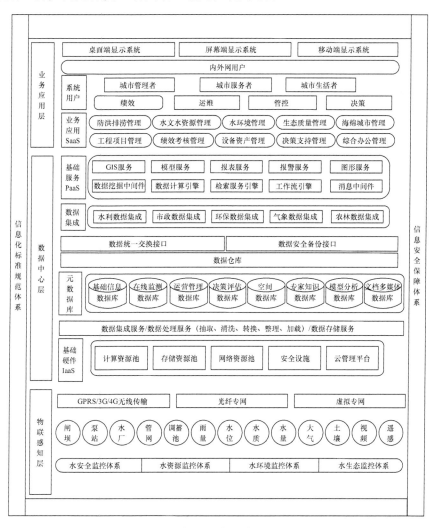

图 6.10 智慧水务系统总体框架

1. 物联感知层

物联感知层采用各种传感器，如水浊度传感器、水位传感器、水压传感器等来获取设备的各类信息，通过设备控制台或专用控制箱（PLC）来采集数据并通过各种网络（包括互联网、WiFi、宽带、电信网）传递和处理通过感知层获取的信息。平台可以接入市面上各种传感器，而不是绑定自己的专

属硬件，从而给用户更大的选择空间，最大限度地利用已有采集硬件，降低系统的实施成本。

2. 数据中心层

数据中心层是智慧水务业务拓展的数据信息基础设施和重要支撑，承担着数据存储、数据云节点、云数据共享、云计算服务、云计算分析、异地灾难备份服务等的任务。采集存储数据包括各类北斗终端导航/定位数据、水务状态监测数据、水务管理数据、应急调度数据等。通过云计算技术，应对海量数据并发访问和大量异构数据查询，实现各类应用系统的数据交互和共享。

3. 业务应用层

业务应用层是物联网和用户的接口，它与行业需求结合，实现物联网的智能应用。对异常状态自动报警，如极限低水位报警和连锁保护，高水位报警等。加装摄像头可以对设备状态进行实时和多角度的监测，尤其是偏远地区和人不容易到现场查看的地方（包括水库、污水井、狭窄空间等）。

6.6.3　应用功能

智慧水务系统能够为各水务集团提供坚实、可靠的数据共享平台，为各部门提供完善的地理空间数据服务，既解决了管网数据动态更新的问题，又节约了各部门在基础地理和专题数据采集方面投入的资金。紧密结合供水管理的业务流程，实现用户各部门共享各类数据，及时有效地提供准确、可靠的数据，能够在大屏、PC 端和移动端随时随地地同步查阅数据，实现各种业务主题分析、资料填报等，大幅减少各部门统计人员工作量，通过自动提取报表，废除了人工统计和纸质报表。各级管理人员能够及时掌握生产运行状况，解决了以往出现的数据收集不全或者系统反应延期滞后带来的问题，提高了数据化决策能力，保障安全供水，并对突发性污染事件进行动态、可视化模拟预测，为事故应急处理提供决策支持，为规划、设计、调度和改扩建方案等多种应用提供合理的参考依据，从而提升供水企业运行效率和管理水平。

在信息共享方面，通过搭建信息共享服务台实现企业各部门之间、企业与企业之间、企业与政府之间的空间基础地理信息、管网信息、业务数据、监控数据的发布和共享，为权限管理、数据更新、安全管理等提供依据。

6.7 生态环境监测

6.7.1 概述

北斗时空生态环境管家服务平台是为地方政府排忧解难,帮助政府扛起生态文明建设重大责任的重要抓手。该平台能够深入推进大气、水和土壤污染防治,全面落实各项强化措施,同时以先进的科学技术和更完善的解决方案,助力各级政府正确处理经济发展与环境保护的关系,提高政府资金使用效率,实现地方政府生态环境良性发展。图 6.11 所示为"北斗时空生态环境管家"服务平台。

图 6.11 "北斗时空生态环境管家"服务平台

为深入解决各地区存在的环境质量问题,提供包括顶层设计、生态监测网络建设、污染成因解析、管控对策制定、经济影响分析、达标规划编制及效果模拟评估等子服务,"北斗时空生态环境管家"服务平台依托专家会诊和生态网络大数据分析技术,辅助政府决策的制定,快速、精准、靶向地指导重点行业提标改造,并对效果进行反演模拟和评估,不断完善决策的有效性和经济性,最终通过有效治理和供给侧改革的方法,达到污染防治和经济发展双赢。图 6.12 所示为"北斗时空生态环境管家"生态监测网络大气污染监测技术示例图。图 6.13 所示为"北斗时空生态环境管家"子服务平台。

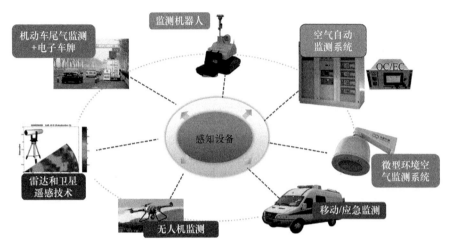

图 6.12 "北斗时空生态环境管家"生态监测网络大气污染监测技术示例图

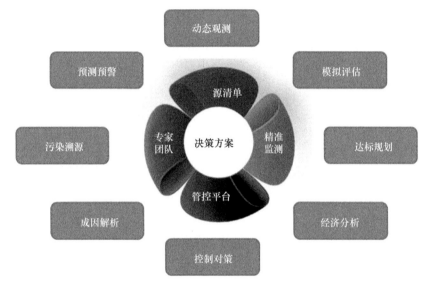

图 6.13 "北斗时空生态环境管家"子服务平台

6.7.2 应用方案

1．统一管控平台建设

现有系统不能满足环保局现代化办公和协同联动的需求，为解决环保"数据孤岛"的痛点，实现数据互联互通，达到环境相关信息综合展现分析的目的，统一管控平台的主要建设内容如下：

（1）整合环保内外部现有系统；

（2）系统数据支撑平台和信息共享互通平台（环保资源目录）；

（3）网格化管理系统；

（4）企业环境信息管理系统（一企一档）；

（5）环境地理信息专题图应用系统；

（6）信息综合分析展现系统；

（7）环境总量控制系统；

（8）协同工作（OA）系统；

（9）智慧环境综合门户系统；

（10）智慧环境 App。

指挥中心和"领导驾驶舱"的设计便于环保工作统一指挥调度，作为集中处理空气质量问题的指挥部，可提高效率，缩减人力物力的消耗；领导驾驶舱结合 BI 技术，可实现数据统计的全面展示。实时数据呈现和分析结果展示，包括污染日历、污染排名、历时数据浏览、趋势分析、统计等数据展示和分析功能，便于各级领导快速了解全区域内的环境质量现状（见图 6.14 和图 6.15）。

图 6.14   大屏控制中心效果图

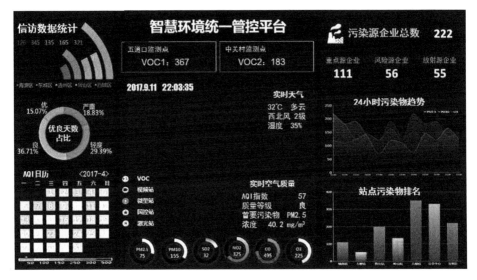

图 6.15　领导驾驶舱界面展示

2．生态环境监测网络建设

全面加强生态环境监测网络建设，需要在现有监测网格的基础上补充完善，形成一套全面、科学、有效的天地空一体生态环境监测网络体系，该项目建设内容主要包括：

（1）开展机动车尾气遥感监测，提升在用车环境保护监督管理水平；

（2）开展港口码头空气质量自动监测点位建设以推进港口船舶污染治理；

（3）推进 VOCs 在线监测设备建设，加强对排放企业的监测和监管；

（4）在施工工地和余泥渣土回收场安装 TSP 在线自动监测和视频监控设备，深入开展扬尘污染整治工作，在重点道路实施扬尘监测；

（5）在核心控制区基准灶头及以上餐饮业安装油烟排放在线自动监控设备，配合强化餐饮业治理与监管；

（6）采用北斗无人机智能监控、遥感监测提高对大气重点污染源的监测能力；

（7）为加强大气监测能力建设和空气质量预测研判工作，开展大气复合污染超级观测站建设和镇街空气质量监测子站建设，并在核心控制区开展高密度网格化监测（含监测 TVOC、NO_x、O_3 等）网络体系建设。

3．环保大数据辅助决策和评估服务

针对目前臭氧等污染物超标的现状和减排目标，"北斗时空生态环境管家"项目提出了针对性的环保大数据辅助决策等服务，其流程图如图 6.16 所示。

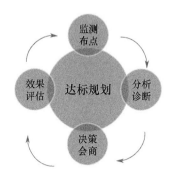

图 6.16　环保大数据辅助决策流程图

（1）监测布点：凭借专业的技术和实践经验，为生态监测网络建设和监测种类与点位的选择进行设计指导，确保监测结果的有效性和参照性。

（2）分析诊断：在环保大数据分析的基础上，定性和定量地识别环境受体中污染物的来源，可有效分析复合型污染物排放源的排放种类和排放源的贡献率，为有针对性地治理方案提供数据依据。

（3）决策会商：在决策制定、分析研判和突发事件应急等情况下，不仅需要统一管控平台的监管功能和基于模型和算法的环保大数据分析，更需要结合环保监测、治理专家和环保局等专业技术人员的经验判断和分析，才能得出针对性的结论，保证决策的快速落地和获得预期效果。

（4）效果评估：达标规划及效果评估是在以上综合工作基础上，为地方编制达标规划建议书，并对达标规划提及的内容进行效果评估。效果评估工作的结构又能有效地指导大数据监测、分析和辅助决策等工作。

6.7.3　运作模式

项目建设一般采用 EPC+O 模式，该模式是指承包商负责项目的设计、采购、施工安装全过程，并负责后期运营服务，即由承包商负责运营的服务交钥匙模式，如图 6.17 所示。

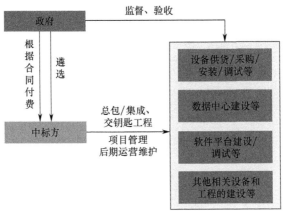

图 6.17   EPC+O 模式架构图

6.8   大气污染监管

6.8.1   概述

据统计，目前大气主要污染源为以下四类：散煤燃烧、化工企业污染、机动车尾气与扬尘。以上四者都不属于单一固定污染源，这些复合型污染与单一固定污染相比，监控与治理的复杂程度都更高，对监管部门的管控技术手段和决策实施流程都提出了更高的要求。另外从城市应用的经验上看，对于跨行业和委办局的行业管控，比如移动源污染防治、扬尘污染治理、散煤污染治理、综合防治等工作，协调联动比较困难，及时性和有效性难以保障。由于各管理机构信息不能互通，数据难以共享，因此通常无法形成有效的合力，最终导致政策不能有效落实，质量改善目标难以实现。

多层次、广覆盖的天地一体化大气环境监测系统，统筹先进的科研、技术、仪器和设备优势，充分利用全天候、多尺度、多门类的监测手段，提升环境监测能力，同时由污染排口监测向污染排放全过程监管的模式转变，有效控制污染物的违规排放，逐步控制和减少向环境主体排放的污染物总量，进而提升环境监管能力。

基于北斗的大气监测应用方案将按照"定区域、定职责、定人员、定任务、定考核"的要求，建立省、市、区、镇、村五级网格环境监管体系，强化各级政府对本行政区域环境监管执法工作的领导责任，按区域派驻监管执法人员，将监管责任落实到单位、到岗位，推进监管重心下移、力量下沉，实现环境监管执法全覆盖。结合网格化监测技术，可以对各级网格进行排名和考核，并筛选出热点网格进行重点关注，为环保部门内部实现业务系统互联互通，打破"数据孤岛"，形成针对区域大气环境问题的数据共享与业务协同平台，实现业务系统统一管理、数据资源统一存储、业务流程统一规划，与其他政府部门实现相关数据实时共享，打破跨部门环保相关业务的数据壁垒，实现"大环保"，并推动大气环境日常化管理、定量化考核水平的不断提高。

6.8.2　应用方案

1. 基于北斗的天地一体化大气环境监测智能网格化管理系统

武汉大学天津空间信息研究院开发的基于北斗的天地一体化大气环境监测智能网格化管理系统以卫星遥感技术、先进激光雷达监测技术和北斗地面网格化监测技术为核心，采用多层次、多尺度组网监测方案，建立北斗天地一体化大气环境立体监测体系和北斗智能网格化巡查管理平台，从而全面掌控监测区域的空气污染情况，助力环境管理者科学管理、综合施策。

该方案首先建立卫星遥感和大气模式监测，解决大尺度范围的大气污染物分布和总体趋势监测；其次，建立激光雷达遥感组网监测系统，实现大气污染源定位和追踪；最后，通过建立密集分布的近地面监测网格站点，实现对大气污染源成因的精确分析，通过 3 个层次的大气污染空地一体化监测体系（见图 6.18），形成"立体化、多手段、高密度、广覆盖"的北斗空地一体化大气污染监测管理模式，科学指挥调度，获得本地及周边多尺度、多参数大气污染物分布信息，掌握污染物的时空变化规律。

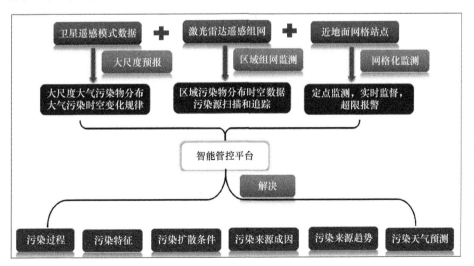

图 6.18　空地一体化大气监测体系

2．卫星遥感全区域覆盖监测

通过对多源、多时相的大气环境及污染物监测卫星进行数据处理，为大气污染的趋势和来源判断提供重要的技术支撑。

大气环境及污染物监测卫星具有主被动大气环境综合监测能力，发射后能为中国大气环境污染监测和预警提供数据支撑。

该卫星的主要任务是探测以下环境要素：

（1）细颗粒物（PM2.5等）；

（2）CO_2；

（3）污染气体（SO_2、NO_2、O_3等）；

（4）秸秆等生物质焚烧；

（5）北方沙尘天气等。

卫星数据覆盖范围广，因此可以利用卫星数据判断大气污染的趋势。但由于卫星有一个过境周期，在时间方面和精细空间分辨方面难以满足对区域大气污染监测的时间要求和重点区域的空间分辨率要求，因此必须配合地面的高时空监测手段来实现对区域大气污染的高精度实时监测。

3．先进激光雷达大气污染组网监测

很多国际知名环境和大气专家在 *Science*、*JGR* 等顶尖期刊上发表文章，指出气溶胶垂直分布是大气传输、空气质量变化研究以及气候应用等必不可少的最重要参数。而激光雷达由于工作波长较短，能够与气溶胶或云粒子直接发生相互作用，同时它具有高单色性、高指向性、高垂直分辨的突出特点，是公认的气溶胶垂直观测最佳手段，可以用来测量气溶胶、云、能见度、大气成分、空中风场、大气密度、温度和湿度的变化，对城市上空环境污染物的扩散过程进行有效的监测。

高精度、多要素和实时的大气环境监测是中国当前大气环境治理的主要依据。打造新型的大气污染遥感监测新设备，实现业内大气探测仪器的革新至关重要。大气探测激光雷达，可以水平方向大范围自动扫描（作用距离5～10km），用于观测城市上空水平方向的烟尘、沙尘等的分布状况和时间演变。该系统具有体积小、移动携带方便的特点，可全天候全自动观测，具有突出优势。同时，其模块化结构确保了雷达工作的稳定性和探测数据的可靠性。这些优点使激光雷达的建网观测成本更低，激光雷达的应用也更加广泛。

激光雷达遥感算法反演在对重点区域进行激光扫描监测时，能提供更加精准可靠的污染源追踪和定位。

激光雷达大气监测作业方法如下（见图 6.19）：

（1）24 小时不间断监测 10km 半径范围内的颗粒物和气溶胶等浓度情况；

（2）水平扫描获得二维颗粒物污染地图；

（3）准确定位污染物最密集地方的经纬度；

（4）用于高度监测，配合地面微型空气监测站形成三维监测结果。

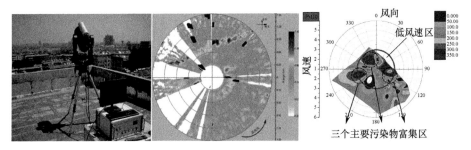

图 6.19　激光雷达大气监测技术

通过对比激光雷达不同波长的消光图像，结合近地面气象参数数据，对不同污染源的光学特性进行对比，可掌握不同区域污染源的污染特征，进一步通过结合雷达图像与宏观天气形势，深入分析当地污染的清除机制。

由于单台雷达难以判断污染物来源，为了更好地对当地污染情况分析，需要根据地形特点在主要输送通道上与具有特征地形位置处放置多台激光雷达，方便分析当地污染情况与监测污染物来源。

通过将气象模式输出结果输入大气模式，并对模式参数进行本地化调整，实现重污染去向追踪，能够分析出外来污染发生后 72 小时内污染物的扩散轨迹，并能在 GIS 地图上进行动态展示，为制定污染应急措施提供辅助。当激光雷达发现外来污染时，可以结合后向轨迹情况初步判断外来污染源情况，同时结合卫星数据，定性定量说明区域污染情况。激光雷达是能够在垂直方向上进行遥感探测污染物分布的唯一手段，因此利用激光雷达实施纵向观测，对污染物的垂直结构进行绘制，研究污染物的高度分布变化情况，辅以后向轨迹模型，用来完成对污染物的追踪探查，同时纵向观测可以定量描述大气边界层高度，是重度污染天气预测的重要手段。

通过多站点的组网观测，将气象模式输出结果输入大气模式，并对模式参数进行本地化调整，实现重污染去向追踪。当激光雷达发现外来污染时，

可以结合后向轨迹情况初步判断外来污染源情况，同时结合卫星数据，说明区域污染情况。

该技术有以下几个特点：

（1）大气颗粒物网络化观测——雷达网络、区域污染事件追踪；

（2）气溶胶垂直分布观测——气溶胶、云层立体分布和时间变化监测；

（3）颗粒物移动观测——污染源扫描和追踪，捕获污染源位置；

（4）无须接触测量，能够获得人类不易到达区域的观测资料。

建成多站点激光雷达遥感组网系统，激光水平扫描半径 5km，未能覆盖的区域通过卫星数据覆盖，达到区域全覆盖，重点区域实时数据，其他区域准实时数据。实现重污染去向追踪，能够分析出外来污染发生后 72 小时内污染物的扩散轨迹，并能在 GIS 地图上进行动态展示，为制定污染应急措施提供辅助。

提供精确的区域大气污染日报（重污染天数）、周报、月报、年报，以及污染态势分析报告，对政府和各级机关提出有专业数据支撑的提案、预案和整治策略。

4．地面网格化监测

通过先进激光雷达大气污染遥感组网监测手段，可以判断出监测区域的重点污染源情况，但尺度仍比较大，需要结合地面北斗网格化监测手段，精确定位污染源，完善主要污染源分布图。

全覆盖、立体化的空气质量监测扫描体系，是北斗智慧环境体系中的重要组成部分，也是核心技术和综合能力的体现。该体系针对城市居民区、农村乡镇、工业园区、重点工业企业、道路交通、建筑工地、区域边界、污染物传输通道等多种环境监测对象，形成覆盖整个区域的在线监控平台，不仅能够实时监控区域内主要污染物动态变化，快速捕捉污染源的异常排放行为并实时预警，而且可以通过大数据分析区域污染的主要来源，实现更精准的预警预报，对区内污染实现靶向治理，对跨界污染进行有效甄别。

1）微型环境空气检测站

微型环境检测站的测量参数主要有以下几种。

（1）颗粒物：PM2.5、PM10；

（2）常规污染源：SO_2、NO_2、CO、O_3；

（3）气象（选配）：温度、湿度、风速、风向、气压；

（4）环境（选配）：噪声、电子鼻、视频监控；

（5）特征污染源（选配）：VOCS、H_2S、HCl、HCN、NH_3等。

2）布点原则

首先根据实际情况布设标准站，为更加有针对性地分析污染状况，采用网格化结合重点污染源加密监测的方案。在标准站 5km 内按照 1km×1km 的原则进行网格化布点，在标准站周边的重点排放企业、道路、餐饮等重点源进行加密监测，以评价各类型污染源对标准站的贡献。

为更好评估污染来源，在标准站附近布设气象监测设备，用于说明街镇评价点的高值事件，评估周边污染源排放对标准站造成的影响，并且可以用来评价外来污染传输对区域的影响。

同时，微站布点要遵循以下原则。

（1）代表性：基础网格布点应该具有代表性，能客观反映一定空间范围内环境空气质量水平和变化规律，客观评价区域环境空气状况。

（2）可比性：同类型监测点位设置环境条件应尽可能一致，使各个监测点获取的数据具有可比性。

（3）科学性：环境空气质量网格化监测系统各网格应考虑布点区域自然地理、气象等综合环境因素，以及工业布局、人口分布等社会经济特点，在布局上应反映区域主要功能区和主要大气污染源的污染现状及变化趋势。

（4）合理性：网格化布点的合理性主要体现在对于不同的污染主体采用不同的布点方式，对重点地区或企业应适当加密。

3）空气质量微型站布点

空气质量微型站是用于布设的主要仪器设备，专门用于网格化高密度布设，精细化绘制空气污染地图，定位并监控污染源。

4）气象监测

布设一台气象监测设备，实时掌握各点位区域内的气象条件，并配合微站的监测数据，实时监控污染传输过程，精准溯源并可预测污染传输路径。

如图 6.20 所示为气象五参数产品展示。

5）移动监测

利用社会化资源，在移动车辆上搭载空气质量传感设备，并通过整合城市道路监控系统、

图 6.20　气象五参数产品展示

车流量、人口密度及城市功能区等多维度大数据，可实现"多网融合"，更好地为城市发展、环境治理、政府规划等方面服务，加快智慧化城市的建设进程，并且可以及时发现局部道路污染源并报警，同时基于北斗精准定位，还能绘制出整个城市的污染物分布图，为大气污染管控提供科学高效的管理手段。

基于北斗的天地一体化的大气环境监测技术的实施，能够把大气污染监测的科技水平提升到国内顶尖水平，将该系统建设成为国内领先的大气污染监测示范系统，实现对区内重点监控区域的精准监控，最终形成"立体化、多手段、高密度、广覆盖"的北斗空地一体化大气污染监测管理模式，实现科学指挥调度。

5. 基于北斗的天地一体化大气环境监测智能网格化管理系统

基于北斗的天地一体化大气环境监测智能网格化管理系统（简称系统）采用北斗、多维 GIS 融合技术，将污染源分布、环境质量实时监控、大气污染趋势变化等在一张地图上显示出来，真正实现了"物联网前端感知、应用时态分析、管理虚拟仿真、多维 GIS 空间分析"一体化的 GIS 可视化应用创新模式，实现了对环境质量和管理直观把控，对环保决策及监督进行有力支撑。

系统将整合有卫星遥感监测数据、激光雷达组网监测数据、北斗地面网格化监测数据、标准站数据、气象数据、预测数据等，能够实现污染事件报警、污染来源分析、区域排名、空气质量预报等功能。系统还将北斗天地一体化监测数据与标准站监测站数据有效结合，分析制定空气质量日报、月报、季报、半年报、年报和专报，分析区域主要环境问题，明确治理方向，为城市环境管理者提供简单、实用、有效的空气质量达标管理工具。图 6.21 所示为大气污染防治网格化监控指挥中心。

6. 监测点实时地图

系统内所有监测点位按所属行政区域进行归类和展示，监测点位图标颜色按其当前空气质量指数 AQI 动态显示，图标上方注有具体的地理位置，方便用户直观掌握各个行政区域内监测点位的部署情况和空气环境质量现状，系统提供多种方式的地图效果来实时显示空气子站的位置和其他实时数据。

图 6.21 大气污染防治网格化监控指挥中心

7. 站点数据实时查看

用户单击监测点位图标后系统自动显示空气质量指数 AQI、站点地理位置、首要污染物、发布时间、各项监测因子实时数据等信息。空气质量指数 AQI 数值与表示颜色搭配显示，直观展示站点当前污染情况，监测因子可以按照不同需求进行定制，显示时间段分为实时状态值、最近 1 小时值、最近 24 小时值等。

8. 站点环境远程视频实时监控

监测现场可以安装视频监控设备，通过窗口视图直观了解监测站点的周边情况和污染物实时排放数据，当周围污染源浓度超标时自动抓拍，为公众和环保部门监督与执法提供依据，同时可以了解监测设备的实时状况。当数据异常提醒之后，可以通过回传影像资料判断现场情况，当发生不可抗力因素时，同样可以根据影像资料来判定事故详情。图 6.22 所示为回传的影像资料。

9. 预警、日报通知

系统提供预警、日报通知功能，预警包括超标预警、断线预警和异常值预警，在监测数值超标、数据连接中断和出现异常值时，自动给设定联系人发送提醒信息，保证系统的正常、稳定运行，日报通知将辖区内各个行政区空气质量指数日均值以短信形式发送给站点负责人或主管领导，让环境管理者及时掌握环境空气质量变化情况，在空气质量恶化时第一时间知道详细信息。

图 6.22　回传的影像资料

10．数据图表展示

数据展示支持折线图、柱状图、表格等多种形式，展示的内容包括空气质量指数和各项监测因子浓度的分钟值、小时值，方便用户查看时间段内空气质量变化趋势和污染物浓度变化情况，同时可以进行监测点位之间各项参数的对比分析，用户可以自主设定展示的时间区间。数据导出打印时支持选用 JPG、PDF、Excel、Word 等多种格式。图 6.23 所示为空气质量综合指数对比分析图，图 6.24 所示为污染物浓度变化对比分析图。

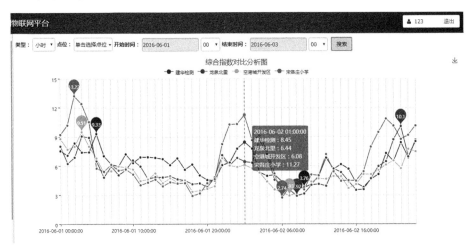

图 6.23　空气质量综合指数对比分析图

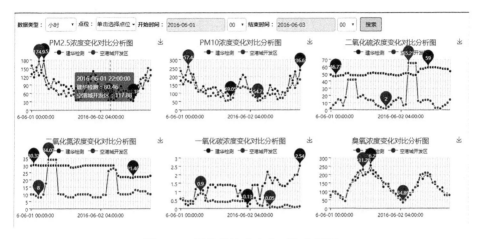

图 6.24 污染物浓度变化对比分析图

11．环境质量数据排名

针对相关环境管理部门及用户个性化定制需求，系统设置独立排名系统，目前采用 AQI（空气质量指数），提供日排名、小时排名数据，用户可以查询当天排名信息和历史数据，除了空气质量指数 AQI 外，还列出了 PM10、PM2.5、CO 等监测因子小时值、日均值、首要污染物、空气质量类别等信息。

12．AQI 实时报、日报自动生成

按照 HJ 633—2012 环境空气质量指数（AQI）技术规定要求，系统可自动生成实时报、日报数据报表，发布的指标包括各监测站点的监测站点信息、空气质量指数（AQI）、首要污染物、空气质量指数类别及空气质量指数说明等信息，可自动生成 Word、Excel、PDF 多种报表格式，空气质量指数排名如图 6.25 所示，空气质量数据报表如图 6.26 所示。

13．污染物来源分析

收集点位数据后，平台对各项污染物统计值进行计算分析，初步建立点位污染源模型（当前采用方法为首要污染物比重饼状图解析法），如果监测点位条件允许，能够实现现场采样，则可以更加精确地进行污染物对比分析，将各时间段污染物比重模型与地区现状结合来分析具体污染源和现场实际情况，并提供针对性治理方案（见图 6.27）。

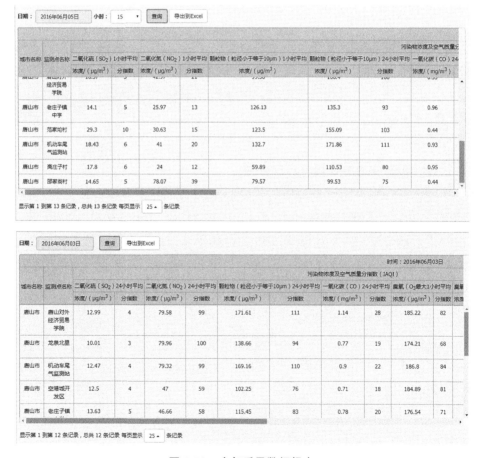

图 6.25　空气质量指数排名

图 6.26　空气质量数据报表

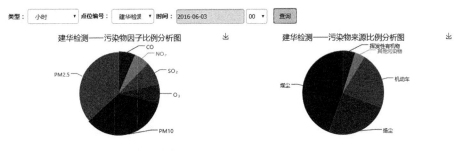

（1）扬尘源：包括土壤风尘沙、建筑施工工地、道路扬尘等排放源。

（2）燃煤源：包括电力燃煤、供热、工业锅炉以及城乡民用散烧等排放源。

（3）机动车源：包括各类机动车农用机械、建筑机械等排放源。

（4）挥发性有机物排放源：包括石化、化工、表面涂装、使用溶剂的工业企业及各类储油库，加油站油品及和泄漏等排放源。

（5）其他污染源：包含秸秆焚烧、露天烧烤、外来输送等排放源。

（6）颗粒物：包括由污染源直接排放的一次粒子和有污染源排放的污染物在大气中发生化学反应生成的二次粒子。

（7）臭氧：不是直接排放的污染物，是由环境空气中氮氧化物，挥发性有机物等在强日光作用下发生光化学反应生成的二次污染物。

图 6.27　污染源分析

14．设备监控

系统可以实现实时监视在线监测仪器是否正常工作，数据上传是否正常，从而清楚设备的运行状况及运行进度。当前端数据采集设备或仪器出现故障时，系统自动提供报警信息方便站点负责人及时知晓，并采取相应的解决措施，保证系统的正常、稳定运行。

15．环境数据动态云图展示

由于区域间空气质量状况的差别，系统基于各个区域内监测数值实时以污染物浓度云图形式渲染这种差别，云图取每小时点位数值，采用不同颜色表示空气质量指数 AQI，实现由"点"到"面"全面展示大范围内空气质量状况。

16．空气质量、气象数据导出

系统提供空气质量、气象数据导出功能，用户在设置时间类型、站点、时间段以后即可实现数据导出，内容包括点位信息、数据更新时间、常规 6 参数浓度值、主要污染物、空气质量指数 AQI。其中数据有效率按照国家标准进行计算，分钟值以后端数据传输判定为准，小时值以每小时收集 45 个分钟值为准，日均值以每天收集 22 个小时值为准，其余时间区间以日均值有效天数为准。图 6.28 所示为设备监控数据样例。

搜索

点位编号	点位名称	在线状态	最新上线时间	最新注册时间	最新上报时间
XQ003	建华检测	✔	2016-06-19 09:40:18	2016-06-28 15:20:23	2016-07-15 13:55:01
XQ004	唐山对外经济贸易学院	✔	2016-06-06 17:01:38	2016-06-28 15:20:47	2016-07-15 13:55:38
XQ005	龙泉北里	✔	2016-06-19 09:26:50	2016-06-28 15:20:03	2016-07-15 13:55:27
XQ006	机动车尾气监测站	✔	2016-06-28 05:06:11	2016-06-28 15:20:18	2016-07-15 13:55:01
XQ007	空港城开发区	✔	2016-06-23 12:23:44	2016-06-28 15:20:53	2016-07-15 13:55:36
XQ008	老庄子镇中学	✔	2016-06-27 09:12:56	2016-06-28 15:20:41	2016-07-15 13:55:18
XQ009	宋各庄小学	✔	2016-06-27 18:38:19	2016-06-28 15:20:00	2016-07-15 13:55:41
XQ010	高庄子村	✔	2016-06-27 11:46:23	2016-06-28 15:20:40	2016-07-15 13:55:25
XQ011	崔家屯小学	✔	2016-06-28 09:33:20	2016-06-28 09:40:42	2016-07-15 13:55:45
XQ012	范家坨村	✔	2016-06-28 10:34:43	2016-06-28 15:20:31	2016-07-15 13:55:23
XQ013	毛家坨小学	✔	2016-06-28 09:28:07	2016-06-28 09:41:16	2016-07-15 13:55:16

显示第 1 到第 14 条记录，总共 14 条记录 每页显示 50 条记录

图 6.28　设备监控数据样例

17．站点管理

在站点管理模块可以实现监测点位信息的增、改、查、删等基本操作。点位信息包括监测点位名称、地址、经纬度、站点 ID、所在区域名称等内容。站点管理模块还可实现点位信息的动态管理（区域与编号为锁定状态），可自行配置名称、经纬度、排名、公开、掉线预警等选项（参见图 6.29 和图 6.30 ）。

类型： 小时　站点： 全部点位　时间： 2016-05-31　00　查询　导出到Excel

点位	时间	温度	湿度	气压	风速	主导风向
建华检测	2016-05-31 00:00:00	20.93	53.75	1010	0.09	142.68
唐山对外经济贸易学院	2016-05-31 00:00:00	21.45	53.14	1009.3	0.07	96
龙泉北里	2016-05-31 00:00:00	99	0	1009	0.14	269.41
机动车尾气监测站	2016-05-31 00:00:00	20.34	59.09	1008	0.79	177.48
空港城开发区	2016-05-31 00:00:00	20	57.11	1009	0.04	251.73
老庄子镇中学	2016-05-31 00:00:00	20	61.75	1011	0	133.25
宋各庄小学	2016-05-31 00:00:00	18.52	51.11	1011	0	104.11
高庄子村	2016-05-31 00:00:00	19	63.48	1010	0.57	138.21
崔家屯小学	2016-05-31 00:00:00	0	0	0	0	0
范家坨村	2016-05-31 00:00:00	0	0	0	0	0
毛家坨小学	2016-05-31 00:00:00	20	41.73	1008	1.21	152.48

显示第 1 到第 13 条记录，总共 13 条记录 每页显示 25 条记录

图 6.29　空气质量、气象数据导出

| 添加点位 | ↻ | ⊞ ▾ | ▲ ▾ | 搜索 |

点位编号	点位名称	位置经度	位置纬度	详细地址	是否排名	掉线检测	默认显示	添加时间	操作
XQ003	建华检测	118.167217	39.691356	楼顶	✔	✔	✔	2016-04-23 13:17:45	编辑 | 删除
XQ004	唐山对外经济贸易学院	118.167153	39.680597	楼顶	✘	✘	✘	2016-04-23 13:17:45	编辑 | 删除
XQ005	龙泉北里	118.199488	39.677589	北侧商业楼楼顶	✔	✔	✔	2016-04-23 13:17:45	编辑 | 删除
XQ006	机动车尾气监测站	118.18429	39.660783	大庆西道、建设北路	✔	✔	✔	2016-04-23 13:17:45	编辑 | 删除
XQ007	空港城开发区	118.024108	39.734972	管委会3层楼顶	✔	✔	✔	2016-04-23 13:17:45	编辑 | 删除
XQ008	老庄子镇中学	118.128776	39.719454	老庄子镇中学教学楼楼顶	✔	✔	✔	2016-04-23 13:17:45	编辑 | 删除
XQ009	宋各庄小学	118.172376	39.725313	宋各庄小学二楼楼顶	✔	✔	✔	2016-04-23 13:17:45	编辑 | 删除
XQ010	高庄子村	118.008468	39.699544	高庄子村党支部楼顶	✔	✔	✔	2016-04-23 13:17:45	编辑 | 删除
XQ011	崔家屯小学	118.029804	39.69594	崔家屯小学锅炉房顶	✔	✔	✔	2016-04-23 13:17:45	编辑 | 删除
XQ012	范家坨村	118.047944	39.688879	范家坨村村民中心	✔	✔	✔	2016-04-23 13:17:45	编辑 | 删除
XQ013	韩家坨小学	118.049817	39.709863	韩家坨小学教学楼楼顶	✔	✔	✔	2016-04-23 13:17:45	编辑 | 删除

显示第 1 到第 14 条记录，总共 14 条记录 每页显示 50 ▲ 条记录

图 6.30　站点选择

18．短信配置

在短信配置模块可以查看短信配置详情，添加条目可以新增加短信推送人员信息和发送内容，编辑选项可对接收短信用户推送内容进行管理操作，配置的信息内容包括预警信息、日报、状态预警、掉线预警，完成设置以后，列表中人员可以收到短信信息，如图 6.31 所示。

| 添加条目 | 搜索 |

手机号	姓名	是否接收预警	预警开始时间	预警结束时间	是否接收日报	是否接收状态预警	是否接收断线预警	操作
15522667966	测试2	✘	--	--	✘	✘	✘	编辑 | 删除
15620618916	测试1	✘	--	--	✔	✘	✔	编辑 | 删除
13802021212	网格员	✔	11	23	✔	✔	✔	编辑 | 删除
15077003388	测试员	✘	--	--	✘	✘	✘	编辑 | 删除

显示第 1 到第 4 条记录，总共 4 条记录

图 6.31　短信配置

19．污染物浓度预警

一旦空气质量状况出现异常波动，系统启动超标报警。此功能中分数据上下限与预警上下限，数据上下限为数据有效性判定标准值，超过界限的则

被判定为无效，当监测因子不在设定的预警上下限范围内一定时间之后，则会发送预警短信（参见图 6.32）。

图 6.32　污染物浓度预警

20. 数据修约

数据修约模块可对程序中未拣出的有误数据进行人工修正，单击数据修约选项即可进行修正，当值被设定为无效时，数据被拣出，不参与统计运算，如图 6.33 所示。

图 6.33　数据修约

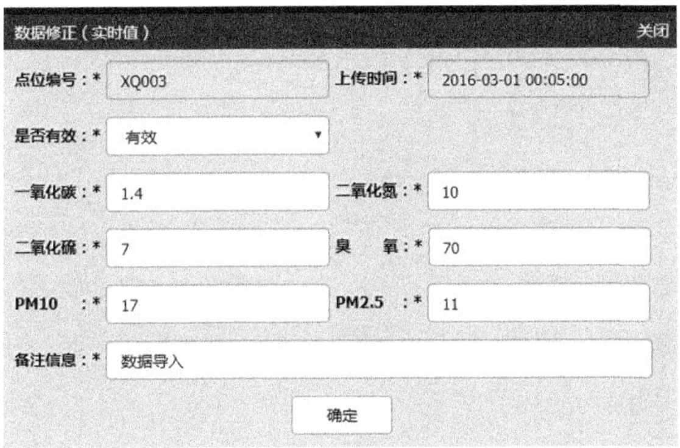

数据修正（实时值）				关闭
点位编号：*	XQ003	上传时间：*	2016-03-01 00:05:00	
是否有效：*	有效　　　　　▼			
一氧化碳：*	1.4	二氧化氮：*	10	
二氧化硫：*	7	臭　　氧：*	70	
PM10　：*	17	PM2.5　：*	11	
备注信息：*	数据导入			
		确定		

图 6.33　数据修约（续）

6.8.3　应用功能

1. 数据分析服务

数据分析服务将互联网数据与标准站监测站数据有效结合，分析制定空气质量日报、月报、季报、半年报、年报和专报，分析当地主要环境问题，明确治理方向。

（1）月报要求每月一期，对本月空气质量情况进行分析，与去年同期空气质量的情况对比，给出地区排名情况，分析本月度大气污染防治的主要问题，并提出管控建议。

（2）季报要求每季度一期，对本季度空气质量情况进行细颗粒物溯源分析，与去年同期空气质量的情况对比，给出地区排名情况，分析本季度大气污染防治的主要问题并提出管控建议。

（3）半年报要求每半年一期，对半年空气质量情况进行细颗粒物溯源分析，与去年同期空气质量的情况对比，给出区域排名情况，分析半年大气污染防治的主要问题对半年大气污染防治工作进行总结，指出治理成果及经验教训，同时根据去年监测数据和本年大气污染防治重点工作分析下半年的主要问题，并提出具体管控建议。

（4）年报要求年终提供，对本年度空气质量情况进行分析，给出细颗粒物源解析结果，与去年同期空气质量的情况对比，给出区域排名情况，分析本年度大气污染防治的主要问题，对本年度大气污染防治工作进行总结，指出治理成果及经验教训。

（5）专报：污染天气成因/溯源分析。服务地出现重度污染以上天气时，在重污染天气结束后的 72 小时内提交一份重污染天气成因/溯源分析。

（6）专题研讨会：针对重点任务、重要活动、重点工程不定期邀请行业专家开展专项研讨会。

2．卫星遥感识别污染区域服务

卫星遥感识别污染区域服务基于卫星遥感数据，利用定量遥感技术、北斗、GIS技术，实现大气污染物反演监测，提供多种空间和时间尺度的PM2.5浓度时空分布图，识别出项目区及周边区域污染分布状态，每日出具分布图。空间分辨率为3km，时间分辨率为日均值。

3．日常大气污染源巡查

日常大气污染源巡查服务帮助建立巡查队伍，对标准站附近5km范围进行日常巡查，并借助拍照等手段实现日常及应急管控期间对区内工业企业、工地、扬尘、机动车、餐饮油烟、各类焚烧和露天烧烤等重点污染源的调查确认与举报监管，发现的问题及时发布在大气污染防治工作调动群中，督促责任单位及时整改，并持续跟踪整改情况。

4．预报预警

开发空气质量预测预报系统，对未来72小时的空气质量状况进行精准预测，并提供未来5天的趋势预报，专家组根据预报的结果，提前提出应对举措，做到提前防范，以实现有效降低污染天气造成的危害和损失。管理部门可通过此平台预报的结果，及时、准确、全面掌握空气质量信息和大气污染发展态势，为大气污染联防联控政策制定和实施及会商工作提供重要技术支撑。

6.9 车辆自动驾驶应用

6.9.1 概述

目前国内基于北斗的自动驾驶农机，已经实现量产与大规模应用。自动驾驶农机已经在本书部分章节进行了详细介绍，本节主要介绍乘用车领域内的自动驾驶技术。

自动驾驶车辆，又称无人驾驶车辆，是一种通过计算机系统实现的智能车辆。自动驾驶车辆依靠人工智能、视觉计算、雷达、惯导、监控装置和卫星导航定位系统协调合作，让计算机可以在没有任何人类的主动操作下，自动安全地操作机动车辆。

自动驾驶在 21 世纪初呈现出接近实用化的趋势，如谷歌自动驾驶车辆于 2012 年 5 月获得了美国首个自动驾驶车辆许可证。中国则在 2017 年 12 月 18 日，由北京市推出了国内首个自动驾驶标准，由北京市交通委联合市公安交通管理局、市经济和信息化委员会等部门，制定发布了《北京市关于加快推进自动驾驶车辆道路测试有关工作的指导意见（试行）》和《北京市自动驾驶车辆道路测试管理实施细则（试行）》两个指导性文件，明确在中国境内注册的独立法人单位，因进行自动驾驶相关科研、定型试验，可申请临时上路行驶。

两个指导性文件将自动驾驶车辆定位为符合《机动车运行安全技术条件（GB 7258）》的机动车上装配自动驾驶系统的车辆。自动驾驶车辆不需要驾驶员执行物理性驾驶操作，自动驾驶系统能够对车辆行驶任务进行指导与决策，并代替驾驶员操控车辆完成行驶。自动驾驶包括自动行驶功能、自动变速功能、自动刹车功能、自动监视周围环境功能、自动变道功能、自动转向功能、自动信号提醒功能、网联式自动驾驶辅助功能等。

在国内自动驾驶车辆领域，百度无人驾驶车辆较为领先，于 2015 年 12 月在国内首次实现城市、环路及高速道路混合道路下全自动驾驶，于 2017 年 4 月 19 日，向汽车行业及自动驾驶领域的合作伙伴提供开放了的 Apollo 软件平台，帮助合作伙伴结合车辆和硬件系统快速搭建一套属于自己的完整自动驾驶系统。下文以百度无人车为例介绍自动驾驶技术及卫星导航在其中的应用。

6.9.2 关键技术

百度自动驾驶技术主要包括高精度地图模块、定位模块、感知模块、智能决策与控制模块四大模块，利用采集和制作的高精度地图记录完整的三维道路信息，利用卫星导航系统与惯性导航系统组合在厘米级精度实现车辆定位，利用交通场景物体识别技术和环境感知技术实现高精度车辆探测识别、跟踪、距离和速度估计、路面分割、车道线检测，为自动驾驶的智能决策提供依据。

1. 高精度地图模块

高精度地图模块将深度学习和人工智能技术广泛应用于地图生产，使得无人车具有高精度的地图数据，并且开发了高精度地图数据管理服务系统，

封装了地图数据的组织管理机制、屏蔽底层数据细节，对应用层模块提供统一的数据查询接口，包含元素检索、空间检索、格式适配、缓存管理等核心能力，为无人车提供高精度地图解决方案。

2. 定位模块

定位模块主要基于卫星导航定位系统、IMU，结合高精度地图及多种传感器数据，使得定位系统可提供厘米级综合定位解决方案。

3. 感知模块

感知模块通过安装在车身的各类传感器如激光雷达、摄像头和毫米波雷达等获取车辆周边的环境数据，利用多传感器融合技术，车端感知算法能够实时计算出环境中交通参与者的位置、类别和速度朝向等信息。

支持感知模块的是大数据和深度学习技术，海量的真实路测数据经过专业人员的标注变成机器能够理解的学习样本。

4. 智能决策与控制模块

智能决策模块可以使无人车进行综合预测、决策和规划，根据实时路况、道路限速等情况做出相应的轨迹预测和智能规划，同时兼顾安全性和舒适性，提高行驶效率。

控制模块可以使无人车的控制与底盘交互系统具有精准性、普适性和自适应性，能够适应不同路况、不同车速、不同车型和底盘交互协议，其循迹自动驾驶能力，可以使控制精度达到 10cm 级别。

第 7 章

北斗与物联网融合应用的未来展望

7.1　从北斗系统创新到北斗应用创新

　　北斗卫星导航系统是中国着眼于国家安全和经济社会发展需要，自主建设、独立运行的全球卫星导航系统，是为全球用户提供全天候、全天时、高精度的定位、导航和授时服务的国家重要空间基础设施。中国高度重视北斗系统建设发展，自 20 世纪 80 年代开始探索适合国情的卫星导航系统发展道路，形成了"三步走"发展战略：2000 年年底，建成北斗一号系统，向中国提供服务；2012 年年底，建成北斗二号系统，向亚太地区提供服务；计划 2020 年，建成北斗三号系统，向全球提供服务。2035 年前，将以北斗系统为核心，建设完善更加泛在、更加融合、更加智能的综合时空体系。

　　北斗卫星导航系统是中国重要工程全面创新的典范，北斗工程从自身的科技创新出发，引领了企业的创新及行业的创新。从技术角度，我们可以将创新分为自主创新、协同创新和开放创新等多种模式，北斗系统的发展恰恰涵盖并体现了以上所有创新。

　　自主创新代表了技术研发过程中取得的原始性创新。自主可控的北斗系统有很多技术都是中国的原始创新，从北斗一号的短报文到北斗三号的星间链路，这些都是前沿创新的典型代表。

　　协同创新代表了利用群体的力量，实现了关键技术方面的突破。北斗系统在卫星轨道设计、星载原子钟、火箭发射、地面运控、卫星测控等多个方面实现了关键技术突破，各分系统建设的顺利进行也保障了工程总体的稳健发展。

开放创新代表了技术对产业的赋能和多系统的跨界融合。北斗系统为行业应用提供了便捷的精准时空信息，"北斗+物联网"为产业赋能的理念已经深入各个行业，而行业应用也从传统的交通物流、应急救援等行业扩展至市政管网、数字化施工等新兴领域。同时，它又代表了技术的可持续发展。北斗系统正是通过持续创新，才能按照当初"三步走"的战略规划不断前进，跻身为受到国际认可的全球卫星导航系统，并成为今后国家综合 PNT 体系的核心。

与其他全球卫星导航系统相比，北斗系统在星座设计、信号体制和短报文通信等多个层面独具优势，在建设速度方面也快于 GPS、GLONASS 和 Galileo 系统，尤其是 2018 年 10 箭 19 星的成功发射，为北斗三号基本系统建成、服务覆盖"一带一路"国家和地区奠定了基础。在北斗系统快速、稳健发展时，面对国内巨大的应用市场，北斗的创新性应用也层出不穷，如驾考驾培、管网巡检等。

北斗的创新性应用来源于需求的牵引，也来源于对行业痛点的挖掘。例如，在驾驶员培训和考试中，针对驾驶人考训设备不统一、信息不共享、考试效率低、重复投资大、考试不透明、设备故障多等问题，以北斗高精度定位定向技术为核心，建设的新一代驾驶人考训系统，能够实现驾驶人考试、训练全过程数字化和可视化，显著提升驾驶人考试、训练的效率和科学性。又如，在燃气管网应用中，在北斗精准位置服务的基础上，将地理信息系统、互联网、物联网、大数据等技术与燃气管网业务相融合，利用北斗精准时空数据，在管网建设及运行过程中实现施工管理、智能巡检、防腐检测、泄漏检测、应急开挖等精准管控，达到及时发现管网设备和管理流程中的安全隐患，预防管网安全事故发生的目的。从用户的需求出发，从为用户带来价值的创新设计出发，置身用户的应用环境，通过深度分析业务流程，由用户参与提出设计方案、技术研发、验证与应用的全过程，发现并解决用户的现实与潜在需求，通过各种创新的技术与产品应用，也推动了北斗系统的技术创新。

7.2 时空信息与万物互联的协同发展

从 2003 年建成的试验系统北斗一号，到 2012 年服务亚太地区的北斗二号，直到到 2018 年服务"一带一路"沿线国家和地区、2020 年覆盖全球的北斗三号，北斗系统的发展历程与全球的技术发展趋势能够很好地结合在一起。

从 20 世纪末到 21 世纪初，互联网浪潮深入每家每户，网络成为社会生产服务中必不可缺的一部分，移动通信业务也开始走入千家万户，这个时期恰好北斗一号建成并开始服务。除了军事用途，北斗在渔业领域广泛应用，尤其是短报文服务，极大降低了渔民的通信成本。移动通信与网络监控平台和北斗系统的行业应用的有机结合，使得北斗的民用化开始起步。

21 世纪第一个十年到第二个十年是移动互联网的快速发展时期，2G 通信向 3G、4G、5G 的发展，智能手机和各类 App 层出不穷，便捷的无线连接方式促使各类智能终端和后台监控平台广泛地应用到智慧城市的建设中。此时北斗二号系统开始覆盖亚太地区，区别于北斗一号的主动式导航定位授时方式，北斗二号的被动式导航定位授时与 GPS 一致，可以更加广泛应用到民用领域。随着北斗二号的成熟，北斗/GNSS 多模芯片、模组和终端的价格不断下探，国产的多模芯片价格也已经与国外的单一 GPS 芯片价格达到同样水平甚至更低。成本上的优势对北斗的民用化推广起到了至关重要的作用，随着天基与地基等多模增强系统带来的更为精准的时空信息，北斗的行业应用和区域应用也开始不断深化。

在这个时期，物联网也开始了快速的发展，多种类型的传感器、便捷的无线传输、基于云计算大数据的分析平台，促使物联网向着万物互联的方向发展。结合了北斗时空信息的物联网使得各类业务信息在一个统一的时空框架内感知、传输、分析与服务。需要注意的是，时空信息只是抓手，更重要的是如何与不同应用中的业务属性信息结合，并由分析平台提供决策，这些需要协同发展。北斗系统需要与物联网结合，时空大数据落地在各种行业应用上，才是真正的时空信息与万物互联的协同发展。

2018 年年底，北斗三号基本系统已经建成，能够为全球大部分地区提供有效的定位导航授时服务。时空信息是智能感知的刚性需求，是未来智能服务发展的核心技术，融合创新是产业发展的必然选择，中国卫星导航与位置服务产业正全面迈向技术融合和产业融合发展的新阶段。北斗技术与通信、室内定位、汽车电子、人工智能、移动互联网、物联网、地理信息、遥感、大数据等先进技术融合，将通过终端产品和系统服务的集成化应用，呈现出创新化发展的新形态。产业链各个环节将与高端制造业、先进软件业、综合数据业和现代服务业各环节相互融合，形成集合化发展的新业态。而这种技术融合与产业融合发展的新形态与新业态，能够实现在精准时空关联下的人、财、物有序流动，最终将为人们带来真正意义上"天上好用、地上用

好"的服务体验。

7.3 人工智能视角下的北斗时空智联

人工智能的应用包括准确的分析决策和精准的执行操作，两者一软一硬相辅相成，共同促进人工智能的发展。执行操作需要在精准的时空框架下完成，因此能够为各类应用提供精准时间和空间位置信息的北斗系统是执行操作的基础所在。准确的分析决策依赖基础数据的质量，高质量的数据不仅能够准确地反映对象的特征，还包含有可追溯的时空信息。因此，北斗时空智联是解决实际工程应用问题的有力手段。

北斗系统可以提供精准统一的时空基准，相应的感知信息通过 5G 通信传输至管理平台，利用人工智能方法进行决策与分析，由具体的执行机构形成闭环。北斗、人工智能、5G 通信所构成的技术共同体与其他产业深度融合，可以催生出更多的产业应用。不仅可以对传统行业进行赋能与拓展，还可以对新兴产业进行辅助与提升。

以传统的城市管理行业为例，数字孪生城市将成为解决城市管理各类问题的有力支撑，以北斗为核心的综合 PNT（定位、导航、授时）体系将提供统一的时空基准；以 5G 为核心的低时延、低功耗、高并发通信技术将提供实时的、万物互联的传感器网络；以人工智能为核心的深度学习、精准执行能力将提供从自动到自主的提升。因此，在人工智能视角下，数字孪生城市应用可以被视为多种分类、识别、检测、决策问题的集合。泛在精准定位、自驱动数据获取、知识型大数据服务等核心技术起到了提取特征的作用；国家北斗精准服务网、行业专用设备和软件平台、数据分析平台等基础设施起到了聚合特征的作用；精准定位授时、跨行业全过程智能感知协同计算、知识驱动型城市运营综合决策等数据集合起到了匹配特征的作用，最终在数字孪生城市的管网、电力、水务、环卫、交通、应急、养老等应用场景中得到实现。

伴随着人工智能技术的不断发展，从只有少量有效数据的欠驱动到各类有效数据相互独立的事件驱动，到具有海量有效数据的数据驱动，到有效数据被知识化的知识驱动，"北斗+人工智能"的应用效果和范围在各类场景中也会随之提升与拓展。